Haben Sie eines gesehen?

Christian B. Lang · Leopold Mathelitsch

Haben Sie eines gesehen?

Eine unterhaltsame Teilchenphysik

 Springer

Christian B. Lang
Universität Graz
Graz, Österreich

Leopold Mathelitsch
Universität Graz
Graz, Österreich

ISBN 978-3-662-67971-5   ISBN 978-3-662-67972-2   (eBook)
https://doi.org/10.1007/978-3-662-67972-2

Die Deutsche Nationalbibliothek verzeichnet diese Publikation in der Deutschen Nationalbibliografie; detaillierte bibliografische Daten sind im Internet über http://dnb.d-nb.de abrufbar.

Planung/Lektorat: Caroline Strunz
Springer ist ein Imprint der eingetragenen Gesellschaft Springer-Verlag GmbH, DE und ist ein Teil von Springer Nature.
Die Anschrift der Gesellschaft ist: Heidelberger Platz 3, 14197 Berlin, Germany

Das Papier dieses Produkts ist recyclebar.

Vorwort

Seit Jahrtausenden sind wir Menschen auf der Suche nach den kleinsten Bausteinen unserer Welt. Mit dem Atom glaubten wir, dieses Unteilbare gefunden zu haben. Das war ein Irrtum. Es gibt noch kleinere Elemente: Wir nennen sie Elementarteilchen.

Aber leider ist die Natur in diesem Bereich kompliziert. Aus Energie kann Materie entstehen und bei näherem Hinsehen entpuppt sich das Elektron als umgeben von einer Wolke aus Teilchen und sonderbaren Antiteilchen. Das war eine Herausforderung für die Physikerinnen und Physiker, aber in den vergangenen 120 Jahren wurden enorme Fortschritte erzielt: Wir haben heute einen Katalog von Elementarteilchen und eine Theorie der Kräfte, die alle Experimente sehr gut beschreibt.

Doch das Bessere ist der Feind des Guten. Trotz aller Erfolge haben sich weitere Fragen aufgetan und es ist fast verwunderlich, dass die bisherige Theorie so erfolgreich war. Und neueste Experimente könnten bereits auf noch kleinere Einheiten hinweisen. Aber das ist dann eine andere Geschichte.

Leben und Werk von handelnden Personen sind auch in der Physik eng verflochten. In einem Lehrbuch beschränkt man sich auf die Darstellung von Phänomenen und deren experimenteller Erforschung und theoretischer Erklärung. Aber dahinter stehen Menschen und ihr oft kompliziertes Leben. Diesem „Menschlichen" möchten wir in diesem Buch durch Einbindung kurzer Biografien Raum geben. Schärfer charakterisiert werden berühmte Personen aber häufig durch Erinnerungen von Zeitgenossen und durch Anekdoten. Für manche Physiker, wie zum Beispiel Einstein oder Feynman, gibt es unzählige solcher Beiträge, oft sogar in eigenen Sammlungen. In diesem Buch haben wir versucht, eher unbekanntere auszuwählen. Viele Anekdoten und Zitate sind im Original in englischer Sprache, die Übersetzungen stammen von den Autoren. Zusätzlich haben wir kurze Einbettungen in die Zeitgeschichte gegeben, Erinnerungen an jeweils aktuelle Themen der Politik und des Alltags.

Wir folgen in diesem Buch dem Weg zum heutigen Verständnis und gehen daher näherungsweise chronologisch vor. Wir werden bei der Beschreibung die damals aktuelle Bezeichnung Elementarteilchen verwenden, selbst wenn sie inzwischen vom Podest gestoßen wurde.

Die Darstellung der Physik kann hier nicht so ausführlich und präzise wie in der wissenschaftlichen Fachliteratur sein, die Biographien nicht so detailliert wie in historischen Texten. Auf mathematische Formeln verzichten wir nach Möglichkeit. Unser vorrangiges Ziel ist, die wichtigsten Ergebnisse der experimentellen und theoretischen Forschungen zur Teilchenphysik allgemein verständlich und durch Einbindung von Anekdoten unterhaltsam zu beschreiben.

Wir wünschen viel Interesse und Vergnügen an der Welt der Elementarteilchen und deren Erforscherinnen und Erforscher.

Christian B. Lang
Leopold Mathelitsch

Danksagung

Besonderer Dank gilt Wolfgang Schweiger, der es auf sich genommen hat, das Manuskript in einer frühen Fassung zu lesen! Wir danken Heinrich Mitter und Ludwig Streit für viele Hinweise und Thomas Lang für Kritik und Diskussionen. Ein großes Dankeschön gilt auch dem Lektorat; zu Beginn hat uns Tobias Kompatscher betreut, dann hat Caroline Strunz übernommen. Bei der Produktion waren Jeevitha Juttu und Tanika Kawatra hilfreich. Die tägliche praktische und moralische Unterstützung durch Elly Lang und Anni Mathelitsch hat uns bei der Abfassung sehr geholfen, vielen herzlichen Dank!

Inhaltsverzeichnis

1

Das Atom

Zusammenfassung Das Konzept des unteilbaren Kleinsten aus der Antike wurde im 19. Jahrhundert wieder aufgenommen und erlaubte es Ludwig Boltzmann, seine Theorie der Wärme aufzustellen. Nicht alle Physikerinnen und Physiker waren von der Existenz von Atomen überzeugt. Ernest Rutherford gelang es, die Struktur von Atomen experimentell zu zeigen: Atome haben einen kleinen Kern, der von Elektronen umhüllt ist. Niels Bohr zeigte, dass die Quantenhypothese es erlaubt, die Energiewerte der Elektronen in der Atomhülle und damit die atomaren Energiespektren zu erklären. Noch gab es aber keine Theorie, die begründen könnte, warum das so ist.

1.1 Unteilbar

Als Erfinder der Idee, dass es Atome, kleinste Teilchen, gibt, gelten die beiden griechischen Naturphilosophen Leukipp und Demokrit. Über Leukipp ist wenig bekannt, verschiedene Quellen führen ihn aber als Lehrer Demokrits an. Über diesen hat man gesichertere Informationen: Er wurde um 460 v.Chr. in Abdera (Thrakien) geboren, unternahm zahlreiche Reisen, auch nach Persien und Ägypten, kehrte dann aber wieder nach Abdera zurück und war Mittelpunkt einer sogenannten atomistischen Schule.

A 1.1 Demokrit mangelte es nicht an Selbstbewusstsein, denn er schrieb über sich: „Von allen Philosophen kam ich am meisten in der Welt herum, habe die meisten Länder besucht und die meisten gelehrten Männer gehört."

C. B. Lang und L. Mathelitsch, *Haben Sie eines gesehen?*,
https://doi.org/10.1007/978-3-662-67972-2_1

Die Grundidee des Atomismus besagt, dass die gesamte Welt aus unteilbaren (*atomos*) Teilchen zusammengesetzt ist. Sie sind unzerstörbar und immer in Bewegung. Die Zahl der Atome ist unbegrenzt, sie unterscheiden sich jedoch in der Größe und Form. Mittels Haken und Ösen können sie sich in unterschiedlicher Weise verbinden, was zu den spezifischen Eigenschaften von Stoffen führt.

Zwischen den Atomen befindet sich leerer Raum. Dieser ermöglicht den Atomen die Bewegung, er ist aber ohnehin unabdingbar: Gäbe es keinen leeren Raum zwischen den Atomen, so wären alle Gegenstände unendlich hart und physikalisch unteilbar.

A 1.2 Demokrit: „Nur scheinbar hat ein Ding eine Farbe, nur scheinbar ist es süß oder bitter. In Wirklichkeit gibt es nur Atome und den leeren Raum."

Diese atomistischen Ideen wurden von vielen antiken Philosophen, wie etwa von Platon oder Aristoteles, aus unterschiedlichen Gründen abgelehnt: Ein Argument betraf die planlose, zufällige Bewegung der Atome, ein anderes kritisierte die Leere zwischen den Atomen – es kann nicht „Nichts" sein, es darf kein Vakuum geben *(horror vacui)*.

Aus heutiger Sicht kamen die Ideen Leukipps und Demokrits dem Verständnis moderner Naturwissenschaften weitaus näher als alle anderen antiken Vorstellungen und Denksysteme.

Epikur, der etwa 150 Jahre nach Demokrit lebte, übernahm die atomistischen Ideen mit wenigen Veränderungen. So gab er die Anzahl von Atomformen nicht als unendlich, aber als unvorstellbar groß an. Zusätzlich als Eigenschaft kam bei Epikur neben Größe und Gestalt noch das Gewicht hinzu. Durch dieses fallen die Atome nach unten. Allerdings müssen immer einige von ihrer Bahn abweichen, damit es zur willkürlichen Bewegung und zu den notwendigen Kontakten zwischen den Atomen kommt.

A 1.3 Im Mittelpunkt von Epikurs Lehre stehen Lust, Lebensfreude, Abwesenheit von Schmerz und Leid. Von seinen Gegnern und nachfolgenden Generationen bis ins christliche Mittelalter wurde er deshalb häufig als Schlemmer und sittenloser Strolch diffamiert. Epikurs Sicht- und Handlungsweise war aber diffiziler: So empfahl er, um zufrieden zu sein, sich aus der Politik herauszuhalten, keine Geschäfte einzugehen, nicht zu heiraten.

Epikurs Schriften fanden im antiken Rom weite Verbreitung, viele gingen allerdings verloren. Seine naturphilosophischen Gedanken sind im Werk

De Rerum Natura von Titus Lukrecius Carus, zumindest in Wiedergabe, erhalten geblieben. Das erste Buch dieser naturwissenschaftlichen Bücher ist gänzlich der atomistischen Theorie gewidmet, wobei neben Epikurs auch Leukipps und Demokrits Beiträge gezeigt und gewürdigt werden.

> **A 1.4** Lukrez: Denn zunächst bewegen sich von selbst die Atome, von ihnen werden die nächstkleineren Körper durch unsichtbare Stöße vorangetrieben, und sie wiederum bringen etwas größeres in Bewegung.

Auch im Mittelalter gab es etliche Denkansätze, die zum Großteil auf Lukrez basierten. Im Gegensatz zu Leukipp und Demokrit gingen sie jedoch auf den Raum zwischen den Atomen, auf das Vakuum, nicht ein. Für christliche atomistische Denker war die Zufälligkeit der Bewegung der Atome nicht akzeptabel.

Der französische Theologe und Naturforscher Pater Pierre Gassendi übernahm im 17. Jahrhundert die Gedanken Demokrits, ebenfalls aus den Schriften Epikurs. Für die christliche Kritik daran, dass Atome unzerstörbar seien und sich zufällig bewegten, fand er folgende Lösung: Atome sind nicht ewig, sondern von Gott geschaffen; Atome bewegen sich nicht willkürlich, sondern nach Gottes Willen.

> **A 1.5** Jean-Baptist Poquelin, besser bekannt als Moliere, hörte während seines Jus-Studiums Vorlesungen von Pierre Gassendi. Inwieweit dessen aufklärerische, religionskritische Ideen Molieres späteres Werk beeinflusst haben, ist schwer nachzuvollziehen.

In weiterer Folge gab es zwei gewichtige Entwicklungen, welche die atomistische Sicht unterstützten, eine von physikalischer, die andere von chemischer Seite.

Der Italiener Evangelista Torricelli und der Deutsche Otto von Guericke zeigten, dass ein luftleerer Raum, ein Vakuum, tatsächlich existiert. Torricelli stülpte ein mit Quecksilber gefülltes und oben geschlossenes Glasrohr in ein Quecksilberbad. Wurde das Glasrohr angehoben, so stieg die Quecksilbersäule mit, aber nur bis 76 cm über dem Quecksilberbad. Bei weiterem Anheben des Rohrs entstand ein luftleerer Raum über der Quecksilbersäule. Torricelli erkannte, dass die Ursache dafür im äußeren Luftdruck besteht, der die Quecksilbersäule hebt. Der luftleere Raum hat unabhängig von seiner Größe keinen Einfluss auf die Höhe der Säule.

A 1.6 In den letzten Lebensmonaten des völlig erblindeten Galileo Galilei war Torricelli dessen Vorleser und Sekretär. Torricelli wurde auch der Nachfolger von Galilei in dessen Funktionen als Hofmathematiker des Herzogs von Toskana und als Professor an der Universität Florenz.

Der Magdeburger Bürgermeister Otto von Guericke verbesserte die Qualität von Luftpumpen beträchtlich. Damit konnte er aus zwei aneinandergepressten Halbkugeln so viel Luft entleeren, dass der äußere Luftdruck so stark war, dass sechzehn Pferde die Halbkugeln nicht trennen konnten.

Durch die Versuche von Torricelli und Guericke übte das Vakuum keinen „Schrecken" mehr aus.

A 1.7 In seiner Begeisterung für Naturwissenschaft schoss Otto von Guericke manchmal über das Ziel hinaus. 1663 wurden nahe Quedlingburg in Lößablagerungen eiszeitliche Knochen gefunden. Er ordnete die Knochen so an, dass sie die Form eines Einhorns hatten. Eine Zeichnung davon schickte er an den Philosophen Gottfried Wilhelm Leibniz, der sie in seinem Werk Protogäa veröffentlichte. Guerickes Einhorn bestand in Wirklichkeit aus einer Mischung der Knochen eines Mammuts und eines Wollnashorns.

Chemiker, wie der Franzose Joseph-Luis Proust, fanden heraus, dass sich chemische Elemente nur in bestimmten Massenverhältnissen miteinander verbinden. Der Engländer John Dalton zeigte, dass sich zwei Stoffe A und B in verschiedener Weise verbinden können, etwa AB (ein Teil A und ein Teil B), oder AAB (zwei Teile A und ein Teil B), ABB, aber nicht (A/2) B. Dieses Gesetz der multiplen Proportionen kann durch eine Atomhypothese perfekt erklärt werden: Die zugrunde liegenden Atome können sich ja nur in ganzzahligen Verhältnissen verbinden. Dalton führte die atomare Masseneinheit ein.[1]

A 1.8 Dalton war Quäker und kleidete sich in grauer Kniebundhose, grauem Mantel und Stiefeln mit Schnallen. Anlässlich eines Besuchs bei seiner Mutter brachte er ihr ein rotes Tuch als Geschenk. Auf ihre Verwunderung hin und seine Bemerkung, dass das Tuch die gleiche Farbe habe wie sein Mantel, wurde die Farbenblindheit von Dalton bemerkt – und dies erst in relativ hohem Alter.

---

[1] Eine atomare Masseneinheit u ist 1/12 des neutralen, nicht gebundenen Kohlenstoff-12 Atoms im niedrigsten Energie-Zustand und in Ruhe.

1.2   Ham's eins g'sehn?

Nein, hatte er nicht. Um die Jahrhundertwende 1900 hatte noch niemand ein Atom „gesehen". Das würde noch ein paar Jahre dauern. Mit dieser Frage ärgerte jedoch Ernst Mach wiederholt seinen geschätzten Kollegen Ludwig Boltzmann. Der war ein Vertreter der Atomistik und davon überzeugt, dass Atome real existieren. Er hatte seine Theorie der Thermodynamik darauf aufgebaut, dass Wärme auf der Bewegung von kleinen Teilchen, eben Atomen und Molekülen, beruht.

Ludwig Boltzmann, 1844 in Wien geboren, musste in jungen Jahren einige Schicksalsschläge ertragen. Als er 15 war, starb sein Vater, zwei Jahre danach sein jüngerer Bruder. Ab 1863 studierte er Mathematik und Physik an der Universität Wien und hörte Vorlesungen von bekannten Wissenschaftlern wie Andreas von Ettingshausen, Josef Stefan und Josef Petzval. Mathematik und Physik waren damals Institute der Philosophischen Fakultät. Mit 22 promovierte er zum Doktor der Philosophie. Er legte auch die Lehramtsprüfung für Mathematik und Physik ab und unterrichtete, wie vorgeschrieben, ein Probejahr, und zwar am Akademischen Gymnasium in Wien. 1868 erhielt er die akademische Lehrbefugnis „Venia Legendi" und hielt eine Vorlesung über die Grundprinzipien der mechanischen Wärmelehre.

A 1.9 Boltzmann war ein hervorragender Vortragender. Seine Schülerin Lise Meitner schrieb: „Er war ein ungewöhnlich guter, temperamentvoller, anregender Vortragender, immer lebhaft diskutierend, und konnte … seine eigene Begeisterung auf die Zuhörer übertragen."

Ernst Mach wurde 1838 in Chirlitz bei Brünn geboren, er war damit um sechs Jahre älter als Boltzmann. Mach wurde zum Teil von seinem Vater unterrichtet, er besuchte aber auch das Stiftsgymnasium Seitenstetten und das Piaristengymnasium in Kremsier. Ab 1855 studierte er Naturwissenschaften in Wien, sein Doktorat schloss er 1859/60 ab. Nach seiner Habilitation 1861 nahm er 1864 eine Stelle an der Universität Graz an. 1867/68 wurde er an die Universität Prag berufen.

Boltzmann bewarb sich um diese freie Stelle in Graz und wurde 1869 zum ordentlichen Professor der mathematischen Physik an der Universität Graz ernannt. Allerdings lag Graz geographisch nicht so zentral wie die Hauptstadt des Österreich-Ungarischen Kaiserreiches. Darum nahm er 1873 eine Stelle als Ordinarius für Mathematik an der Universität Wien an.

Abb. 1.1 Boltzmann mit Gästen und Mitarbeitern (Graz, 1887). Von links (stehend): Walther Nernst, Heinrich Streintz, Svante Arrhenius, Richard Hiecke; (sitzend): Eduard Aulinger, Albert von Ettingshausen, Ludwig Boltzmann, Ignaz Klemenčič, Victor Hausmanninger. |commons.wikimedia.org/wiki/File:Boltzmann-grp.jpg, Universität Graz, gemeinfrei]

Nach zwei Jahren kehrte Boltzmann als Ordinarius und Leiter des Physikalischen Instituts nach Graz zurück. Er blieb dort von 1876 bis 1890 und verbrachte 14 wissenschaftlich sehr produktive Jahre (Abb. 1.1). Privat gab es Freude und Kummer. Vier seiner fünf Kinder kamen zur Welt, seine Mutter starb, bald danach sein ältester Sohn, und dann seine Schwester in geistiger Umnachtung.

A 1.10 Aus dem Heiratsantrag von Ludwig Boltzmann an Henriette von Aigentler vom 27. 9. 1875:

Hochgeehrtes Fräulein,

..... . Ich möchte Sie aber schon Ihres eigenen Lebensglücks wegen bitten, nur nach sorgfältiger Prüfung Ihres Inneren und ruhiger Überlegung der Umstände mir zu antworten. Denn so wenig ich glaube, dass die kalten und unerbittlichen Konsequenzen der exakten Naturwissenschaft irgendwie auf das Gemüt hemmend wirken sollen und können, so ziemt es doch uns Vertretern derselben, in unseren Handlungen nur besonnener Überlegung, nicht momentanen Stimmungen zu folgen…

Ihr Sie innigliebender und verehrender Freund Ludwig Boltzmann

Für Boltzmann war die Existenz von Atomen insofern real, als dass diese Hypothese zu physikalisch nachprüfbaren Aussagen führte. In seinen ersten Arbeiten beschäftigte er sich mit kinetischer Gastheorie, wobei sich aus der statistischen Behandlung der Bewegung vieler Gasteilchen messbare Größen ableiten lassen. So lieferte dieser Ansatz unter anderem eine theoretische Begründung des zweiten Hauptsatzes der Wärmelehre, dass Wärme von selbst nur von wärmeren auf kältere Gegenstände übergeht.

Diese Wahrscheinlichkeitsberechnung bestimmter Zustände zeigte sich aber auch für Flüssigkeiten und Festkörper als äußerst erfolgreich, und Boltzmann gilt heute als einer der Begründer der Statistischen Physik. Seine Arbeiten waren auch bereits zu seinen Lebzeiten bekannt, wurden sehr geschätzt und führten zu Berufungen an zahlreiche Universitäten. Er suchte den Kontakt zur internationalen Fachwelt und unternahm zeitlebens zahlreiche Auslandsreisen.

Bezüglich seiner Anstellungen war Boltzmann unstet und wankelmütig. Einen Ruf an die Friedrich-Wilhelms-Universität zu Berlin (die heutige Humboldt-Universität) nahm er an, wurde ernannt, sagte ab, und wollte die Absage rückgängig machen, was nicht gelang. Max Planck erhielt die Stelle.

A 1.11 Bei einem Bankett anlässlich seiner möglichen Berufung nach Berlin wurde Ludwig Boltzmann mit einem heiklen Problem auseinandergesetzt. Er vertiefte sich so darin, dass er nicht merkte, dass er sich mit der Gabel hinter dem Ohr kratzte. „Das hätte ich nicht tun sollen", berichtete er später, das kaiserliche Berlin war entsetzt – und die Missgunst blühte.

1890 nahm Boltzmann eine Professur an der Ludwig-Maximilians-Universität in München an. 1894 wurde an der Universität Wien das erste Ordinariat für Theoretische Physik gegründet und Boltzmann kehrte mit einer beträchtlichen Gehaltserhöhung nach Wien zurück.

A 1.12 Der hervorragende Wissenschaftler war im Alltagsleben unbeholfen. Stefan Meyer erinnerte sich: „Unvergesslich sind mir die Einladungen zu Boltzmanns wegen deren unglaublicher Naivität und Unbeholfenheit [...] Man bekäme wohl ein ganz falsches, schiefes Urteil [...], wollte man ihn nach solchen ‚Geschichteln' beurteilen. Er war nicht nur ein großer Gelehrter, sondern trotz all seiner Wunderlichkeit ein innerlich guter Mensch, mit stark ausgesprochenem Familiensinn und Wohlwollen für Andere."

War in Graz Boltzmann der Nachfolger von Mach, so trafen sich ihre Wege in sehr ähnlicher Weise wieder in Wien. Auch für die Berufung von Ernst

Mach wurde an der Universität 1895 ein neuer Lehrstuhl geschaffen, nämlich der für Philosophie.

Obwohl die Existenz von Atomen und deren Klassifikation im Perioden-
system bei den Chemikern seit Mitte des 19. Jahrhunderts unumstritten
war, stellten sich immer noch einige Physiker dagegen, unter anderem Ernst
Mach und Wilhelm Ostwald. Beide waren gegen Boltzmanns Ansatz der
realen Atome, wenn auch aus unterschiedlichen Gründen. Mach war der
Meinung, was man nicht sehen könne, nicht mit Sinnen erfassbar sei, das
dürfe auch nicht als naturwissenschaftliche Theorie behandelt werden.

Mach erlitt 1898 einen Schlaganfall und trat 1901 in den Ruhestand.

A 1.13 Anlässlich seiner Pensionierung wurde Mach der Adelstitel angeboten,
den er aber wegen seiner politischen Anschauungen ablehnte. Sehr wohl nahm
er die lebenslange Ernennung zum Mitglied des Herrenhauses (Oberhaus
des Österreichischen Reichrates) an. Und er nahm diese Aufgabe sehr ernst:
1901 lag das Gesetz zum Neunstundentag zur Abstimmung vor. Da der Aus-
gang sehr kritisch war, ließ sich Mach im Krankenwagen zur Sitzung bringen.
Dasselbe wiederholte sich 1907 bei der Abstimmung über die Wahlreform.

Ostwald vertrat die Vorstellung, dass Materie eine besondere Erscheinungs-
form von Energie ist, physikalische Prozesse seien Übergänge verschiedener
Energieformen. Bei der Naturforscherversammlung in Lübeck 1895 kam es
zu einer heftigen Auseinandersetzung zwischen Boltzmann und Ostwald, bei
der Boltzmann als Sieger hervorging.

A 1.14 Erinnerungen von Arnold Sommerfeld an die Naturforscherversammlung in Lübeck, 1895.
„Der Kampf zwischen Boltzmann und Ostwald glich, äußerlich und innerlich,
dem Kampf des Stiers mit dem geschmeidigen Fechter. Aber der Stier besiegte
diesmal den Torero trotz all seiner Fechtkunst. Die Argumente Boltzmanns
schlugen durch. Wir damals jüngeren Mathematiker standen alle auf der Seite
Boltzmanns.“

Boltzmann verbrachte ab 1900 zwei Jahre in Leipzig, eine Entscheidung, die
er bald bedauerte. Wilhelm Ostwald, der als Begründer der Physikalischen
Chemie gilt und der 1908 für seine Arbeiten zur Katalyse den Nobelpreis
für Chemie verliehen bekommen würde, war ebenfalls dort. Die Familien
pflegten freundliche Kontakte mit gemeinsamen Hausmusik-Abenden,
aber die wissenschaftlichen Konflikte belasteten Boltzmann sehr. Seine
psychischen Probleme nahmen zu und er hatte Suizidgedanken. Als sich
1902 die Möglichkeit ergab, kehrte er nach Wien zurück.

Boltzmann besuchte drei Mal Amerika (Abb. 1.2). Seine dritte Reise führte ihn 1905 nach San Francisco. Seine Vorlesungen in Berkeley waren aufgrund seines schlechten Englisch schwer verständlich. Sein humorvoller Bericht „Reise eines deutschen Professors ins Eldorado" ließ nicht erkennen, unter welchen Beschwerden er litt.

A 1.15 Boltzmanns Erinnerungen „Reise eines deutschen Professors ins Eldorado" beginnen folgendermaßen:
Noch am 8. Juni wohnte ich der Donnerstagssitzung der Wiener Akademie der Wissenschaften in gewohnter Weise an. Beim Fortgehen bemerkte ein Kollege, dass ich nicht wie sonst nach der Bäckerstraße, sondern nach dem

Abb. 1.2 Boltzmann nach seiner Rückkehr aus den USA 1905. (Zeitgenössische Karikatur von K. Przibram, einem Studenten Boltzmanns). [Eigenes Archiv]

Stubenring mich wandte und fragte, wohin ich gehe. Nach San Franzisko antwortete ich lakonisch.

Im Restaurant des Nordwestbahnhofes verzehrte ich noch in aller Gemütlichkeit Jungschweinsbraten mit Kraut und Erdäpfeln und trank einige Gläser Bier dazu. Mein Zahlengedächtnis, sonst erträglich fix, behält die Zahl der Biergläser stets schlecht.

Seit Jahren plagten Boltzmann Nervenschmerzen, Asthma, Nasenpolypen, Kopfschmerzen, Nieren- und Blasenleiden und verschiedene andere körperliche Beschwerden, und er unterlag extremen Stimmungsschwankungen. Obwohl er für seine Arbeit internationale Anerkennung erfuhr, traten vermehrt physische und psychische Probleme auf. 1906 setzte er seinem Leben ein Ende.

Boltzmann ist auf dem Wiener Zentralfriedhof begraben. Auf dem Grabstein ist seine berühmteste Gleichung $S = k \log W$ eingemeißelt. Dabei bezeichnet S die Entropie, W die Wahrscheinlichkeit eines Zustands, und k ist die universelle Boltzmann-Konstante.

A 1.16 Können oder sollen Theorien oder Formeln „elegant" sein?
Im Vorwort zu seinem Buch „Über die spezielle und die allgemeine Relativitätstheorie." zitiert Albert Einstein Boltzmann:
„...man solle die Eleganz Sache der Schneider und Schuster sein lassen".

Zur Zeitgeschichte: 1900–1909

Die Weltausstellung 1900 in Paris erfreut sich über 48 Mio. Besucher. Auch die 2. Olympischen Sommerspiele finden 1900 in Paris statt. Cricket ist zum ersten und auch letzten Mal olympische Sportart.

Das Deutsche Kaiserreich zählt 56 Mio. Einwohner, Österreich-Ungarn 47 Mio.

Die Kolonialisierung des afrikanischen Kontinentes ist in der Hochphase des Imperialismus. Europäische Staaten (Belgien, Deutschland, Frankreich, Großbritannien, Italien, Portugal, Spanien) beherrschen fast ganz Afrika. Queen Victoria stirbt 1901 im Alter von 81 nach einer Regentschaft von 64 Jahren. In China beginnt der Boxeraufstand gegen Kolonialisierung und Missionierung.

Die erste Telefonleitung zwischen Berlin und Paris wird freigeschaltet. Marconi gelingt die erste drahtlose Übertragung über den Atlantik. Er sendet den Morsecode „…" von Cornwall nach Neufundland in Kanada.

Giacomo Puccinis Oper „Tosca" hat 1900 erfolgreich Premiere. Vier Jahre später wird „Madama Butterfly" bei der Uraufführung an der Oper am Teatro alla Scala in Mailand ausgepfiffen. Gustav Mahler beendet die Komposition seiner 4. Sinfonie (Uraufführung 1901). Arnold Schönberg wechselt von der Tonalität zur Atonalität.

Arthur Schnitzlers „Reigen" wird als liederlich beschimpft. Thomas Mann veröffentlicht seinen ersten Roman „Buddenbrooks".

Gustav Klimt malt „Adele Bloch-Bauer". Ein französischer Kritiker bezeichnet Werke einiger Künstler um Henrie Matisse (1869–1954) als die Kunst „wilder Tiere" (fauves) und prägt damit den Begriff „Fauvismus" für die ausdrucksstarke Malerei der Franzosen.

David Hilbert präsentiert 23 Kernprobleme der Mathematik (drei davon sind auch heute noch ungelöst.). Sigmund Freud publiziert „Zur Psychopathologie des Alltagslebens". Die Brüder Lumiere zeigen 1907 die ersten Farbfotos der Öffentlichkeit.

San Francisco wird durch das Erdbeben von 1906 und das anschließende Feuer schwer beschädigt. In der heutigen Region Krasnojarsk ereignen sich am 30. Juni 1908 eine oder mehrere große Explosionen, vermutlich verursacht durch einen Asteroiden, der in der Erdatmosphäre in einigen Kilometern Höhe explodierte (Tunguska-Ereignis).

Melitta Bentz gründet 1909 die Firma „Melitta", mit der sie rechtlich geschützte Filtertüten vermarktet.

Robert Edwin Peary erreicht im selben Jahr als erster Mensch den Nordpol.

1.3   Das Rutherfordsche Atommodell

Mitte des 19. Jahrhunderts, bald nachdem 1840 die britische Krone sich im Vertrag von Waitangi mit den Eingeborenen, den Maori, geeinigt hatte, begann die große Einwanderungswelle in Neuseeland. Die Eltern von Ernest Rutherford (Abb. 1.7) wanderten als Jugendliche ein, und Ernest wurde 1871 als viertes von zwölf Kindern geboren. Dank eines Stipendiums konnte er das Nelson College auf der Südinsel besuchen. Von 1890 bis 1894 studierte Rutherford am Canterbury College in Christchurch und schloss als Bachelor of Science ab. Er bewarb sich um ein Stipendium in Großbritannien und erhielt es als Zweitgereihter, da der Erstgereihte absagte. Im Sommer 1895 verließ er seine Heimat und im Oktober begann er mit Forschungsarbeit, der Verbesserung eines Detektors für Radiowellen, am Cavendish-Laboratorium der University of Cambridge. Joseph John Thomson, der Leiter des Instituts, erkannte seine Begabung und lud ihn ein, mit Hilfe der kurz zuvor entdeckten Röntgenstrahlen die elektrische Leitfähigkeit von Gasen zu untersuchen.

Neuartige Strahlen waren der Hype um die Jahrhundertwende. Es begann 1895 mit Wilhelm Conrad Röntgens Entdeckung der nach ihm benannten Strahlung (auch X-Strahlung genannt; Nobelpreis 1901). Dann ging es Schlag auf Schlag. Joseph John Thomson entdeckte 1897 das Elektron (Nobelpreis 1906), fast zeitgleich mit Emil Wiechert. Das Elektron hat die negative Ladung -e und definiert die Elementarladung e. Alle Elementarteilchen sind entweder neutral oder haben eine Ladung, die ein positives oder negatives ganzzahliges Vielfaches von e ist. Eine Ausnahme bilden die Quarks, wie wir in Kap. 10 sehen werden, diese können allerdings nicht als freie Teilchen beobachtet werden.

Antoine Henri Becquerel fand 1896 heraus, dass unbelichtete, lichtdicht verpackte Fotoplatten dennoch belichtet werden, wenn sie neben Uransalzen gelegen waren. Nach dem in der Fotografie damals notwendigen chemischen Entwicklungsbad fand er geschwärzte Stellen. Uran musste also eine Strahlung aussenden, welche die Verpackung durchdringen kann. Damit wurde er der Entdecker der Radioaktivität. Marie und Pierre Curie isolierten chemisch die Uran-Zerfallsprodukte Radium und Polonium, die ebenfalls strahlten. Die Curies und Becquerel erhielten 1903 den Nobelpreis für Physik.

A 1.17 Die Polin Marie Skłodowska heiratete in Paris den Wissenschaftler Pierre Curie. Geld hatten sie keines, auf die Hochzeitsreise gingen sie mit zwei Fahrrädern. Nach dem Aufpumpen der Reifen bemerkte ein Freund: „Na, dann lebt halt schön von Luft und Liebe."

Rutherford verbrachte drei Jahre in Cambridge, 1898 wurde der 27-Jährige an die McGill-Universität in Montreal (Kanada) berufen. Das neu errichtete Physikgebäude der McGill-Universität zählte zu den modernsten Forschungseinrichtungen seiner Zeit. Nachdem er 1897 festgestellt hatte, dass die Uranstrahlung verschiedene Komponenten hat, klassifizierte er diese 1903 als Alpha-, Beta- und Gammastrahlen. Für seine Forschungsergebnisse aus dieser Zeit wurde ihm 1908 der Nobelpreis für Chemie „for his investigations into the disintegration of the elements, and the chemistry of radioactive substances" verliehen. 1907 wechselte er an die Universität Manchester.

A 1.18 Rutherford erzählt über eine Begegnung mit dem berühmten und bereits sehr betagten William Thomson (Lord Kelvin):
Ich betrat den halbdunklen Raum und entdeckte bald Lord Kelvin im Publikum und erkannte, dass ich im letzten Teil meiner Rede, der sich mit

dem Alter der Erde befasste, in Schwierigkeiten geraten war, da meine Ansichten mit seinen im Widerspruch standen. Zu meiner Erleichterung schlief Kelvin schnell ein, aber als ich zum wichtigen Punkt kam, sah ich, wie sich der alte Vogel aufsetzte, ein Auge öffnete und mir einen bösen Blick zuwarf! Da kam eine plötzliche Eingebung, und ich sagte, Lord Kelvin habe das Alter der Erde begrenzt, vorausgesetzt, dass keine neue Quelle (von Energie) entdeckt wurde. Diese prophetische Äußerung bezieht sich auf das, was wir heute Abend betrachten, Radium! Siehe da! Der alte Knabe strahlte mich an.

Es waren spannende Zeiten mit zahlreichen neuen Erkenntnissen. Allerdings gab es auch unterschiedliche Erklärungen für experimentelle Befunde, so auch über die Gestalt der Atome. Der aufgrund der Entdeckung des Elektrons hochangesehene Joseph Thomson war der Meinung, dass ein Atom aus einer gleichmäßig verteilten positiv geladenen Substanz besteht, in der die Elektronen wie Rosinen in einem Plumpudding eingebettet sind.

Rutherford hatte eine andere Vorstellung: Es gibt einen kleinen, schweren Atomkern, der den Großteil der Masse trägt und positiv geladen ist. Die Elektronen befinden sich in einer Hülle rund um den Kern. Für neutrale Atome hebt die positive Kernladung die negative Ladung der Elektronenhülle auf. Sie musste daher ebenfalls ein ganzzahliges Vielfaches der Elementarladung sein.

A 1.19 Ein Student in Rutherfords Labor war sehr fleißig. Rutherford hatte es bemerkt und eines Abends gefragt:
Arbeitest du auch morgens?
Ja, antwortete der Student stolz und sicher, dass er gelobt werden würde.
Aber wann denkst du? erstaunte Rutherford.

Zu Rutherfords Idee, wie diese Diskrepanz experimentell zu beheben sei, soll uns ein Gedankenexperiment führen:
Stellen wir uns vor, wir schießen mit einem Kleinkalibergewehr mit Gummikugeln auf zwei Eisenstangen, eine mit quadratischem Querschnitt, eine mit rundem. Da wir keine perfekten Schützen sind, werden wir die Stangen nicht immer genau im Zentrum treffen. Die Kugeln werden an den Stangen gestreut. Die runde Stange wird die Geschosse in alle möglichen Richtungen ablenken. Die eckige Stange lenkt die Kugel nur in zwei Richtungen, abhängig davon, auf welche der Seitenflächen die Kugel auftrifft. Wenn eine Kantenfläche zu uns schaut, werden die Kugeln sogar zu uns zurück reflektiert. Wir lernen daraus, dass wir aus der Richtung der

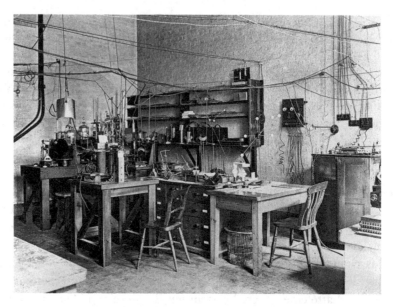

Abb. 1.3 Die Apparatur, die Ernest Rutherford in seinen Atomspaltungsexperimenten verwendete, aufgestellt auf einem kleinen Tisch in der Mitte seines Forschungsraums der Univ. Cambridge – Cavendish Laboratory (1926). [commons.wikimedia.org/wiki/File:Sir_Ernest_Rutherfords_laboratory,_ early_20th_century._(9.660.575.343).jpg BY Science Museum London/Science and Society Picture Library licensed under CC BY-SA 2.0 Generic]

Ablenkung der Gummigeschosse etwas über die Form der Stangen lernen können. Wir brauchten dazu Gummikugeln, die im Vergleich zum Stangenquerschnitt nicht zu groß sein dürfen, mit Fußbällen wäre die Richtungsabhängigkeit zu ungenau.

Rutherford wollte auf diese Weise die Form oder Struktur von Atomen erkunden. Als Ziel wählte er eine Goldfolie. Von allen Metallen kann Gold am dünnsten gewalzt werden und damit sollten sich in der Folie möglichst wenige Goldatome hintereinander befinden. Die Projektile mussten kleiner als die vermuteten Goldatome sein und er hatte auch bereits welche zur Hand: 1908 zeigte Rutherford, dass die Alpha-Teilchen sich wie Helium-Atomkerne verhielten und damit hatte er die gesuchten kleinen Projektile (Abb. 1.3).

Im Jahr 1911 führte Rutherford sein berühmt gewordenes Experiment aus. Da die Alphateilchen nicht direkt beobachtbar sind, wurde folgende Apparatur entwickelt: Die gestreuten Alphateilchen prallten auf eine Fluoreszenzschicht und lösten einen Lichtblitz aus. Dieser war allerdings so schwach, dass er nur mit einem Mikroskop zu beobachten war. Das

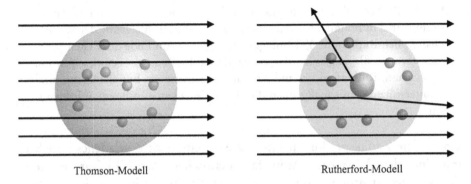

Thomson-Modell   Rutherford-Modell

Abb. 1.4 Unterschied Thomson- vs. Rutherford-Modell

Experiment musste im Dunkeln durchgeführt werden und die Beobachter (unter anderem Rutherfords Assistenten Marsden und Geiger) mussten vor jedem Experiment einige Zeit im Dunkeln sitzen, um das Auge zu adaptieren.

A 1.20 Bei der Vorführung eines Experiments sprach Rutherford die legendären Worte: „Sie sehen jetzt, meine Herren, dass sie nichts sehen. Warum Sie nichts sehen, werden sie gleich sehen."

In Thomsons Plumpudding-Modell hätte man erwartet, dass die Teilchen durch die Atome nur schwach abgelenkt werden (Abb. 1.4 links). Im Rutherford-Modell sollten die Alpha-Teilchen ungehindert durchgehen, wenn der Atomkern nicht getroffen wird. Trifft das Teilchen auf den Kern, sollte das zu starker Ablenkung, ja sogar Reflexion führen (Abb. 1.4 rechts). Im Experiment zeigte sich genau dies, und Rutherford schrieb: „It was almost as incredible as if you fired a 15-inch shell at a piece of tissue paper and it came back and hit you."[2] [„Es war fast so unglaublich, als würde man eine 15-Zoll-Granate auf ein Stück Seidenpapier abfeuern und sie würde zurückkommen und einen treffen."].

Die Existenz eines Atomkerns war damit bestätigt. Und, unerwartet, der Kern war sogar hunderttausendmal kleiner als das ganze Atom!

Die Jahre in Manchester waren für Rutherford sehr erfolgreich. Er konnte 1917 zeigen, dass Atome durch Bestrahlung mit Alpha-Teilchen zerfallen und in Atome anderer Ordnungszahl umgewandelt werden können.

---

[2] Zitiert nach: Laylin K. James: Nobel Laureates in chemistry, 1901–1992, S. 57.

A 1.21 Rutherford benötigte für seine Experimente auch Radium, das in Joachimsthal in Böhmen gewonnen wurde. Die Wiener Akademie der Wissenschaften lieh Rutherford 350 Milligramm Radium. Am Ende des Ersten Weltkriegs wollte die englische Regierung dieses Radium als Feindeseigentum konfiszieren. Rutherford bestand auf einer angemessenen Entschädigung, und er unterstützte damit maßgeblich die Wiener Akademie in ihrem Wiederaufbau.

Unter den Zerfallsprodukten entdeckte er ein positiv geladenes Teilchen mit einer dem Wasserstoff-Atom fast identischen Masse. Es war der Kern des Wasserstoff-Atoms, und er nannte es Proton nach dem griechischen Wort für „Erstes". 1919 ging Rutherford als Professor und Direktor des Cavendish-Laboratoriums nach Cambridge.

A 1.22 Aussprüche, die Rutherford zugeschrieben werden:
Alle Wissenschaft ist entweder Physik oder Briefmarkensammeln.
Wir haben kein Geld, also müssen wir nachdenken!

A 1.23 Das sogenannte Mond-Gebäude des alten Cavendish-Labors wurde 1933 von der Royal Society für Peter Kapitza gebaut, um seine Arbeit in starken Magnetfeldern fortzusetzen. Kapitza bat darum, das Gebäude mit einer Schnitzerei eines Krokodils zu dekorieren. „Krokodil" war Kapitzas Name für Rutherford. Rutherford sei wie das Krokodil in der Erzählung „Peter Pan". Man höre es durch das Ticken von Captain Hooks Uhr im Bauch näher kommen, so wie sich Rutherford mit dröhnender Stimme ankündigte.

Die Ladung des Protons ist gleich groß wie die des Elektrons, aber entgegengesetzt. Dadurch ist das Atom neutral. Wenn die Ladungen sich nicht neutralisieren würden, dann wäre die Materie nicht stabil. Alle Atome würden sich abstoßen.

Das Rutherfordsche Atommodell hatte allerdings einen Angriffspunkt. Dass die Elektronen um den Kern kreisen, wie der Mond um die Erde, klang plausibel. Die Anziehungskraft zwischen dem positiv geladenen Kern und den negativ geladenen Elektronen wird durch die Fliehkraft im Gleichgewicht gehalten. Nach den Gesetzen des Elektromagnetismus müssten die Elektronen dabei allerdings aufgrund ihrer Richtungsänderung elektromagnetische Strahlung aussenden und dadurch Bewegungsenergie verlieren und nach kürzester Zeit in den Kern stürzen. Das passiert aber nicht, die Atome sind stabil. Irgendetwas an dem Modell war noch krank.

1.4   Das Bohrsche Atommodell

Dabei war die Medizin zur Heilung schon vorhanden. Bereits 1900 hatte Max Planck (Abb. 1.5) eine Formel für die temperaturabhängige Strahlung eines „schwarzen Körpers" (das ist zum Beispiel ein Hohlraum oder ein glühendes Metall) „glücklich erraten", wie er es in seiner Nobelpreisrede 1920 selbst ausdrückte. Darin kommt eine Konstante vor, die wir heute als Plancksches Wirkungsquantum h kennen. Die Formel ergibt sich aus der Annahme, dass elektromagnetische Strahlung, also auch Licht, nur in portionierten Energiepaketen auftritt, in Quanten.

Andererseits manifestiert sich die Strahlung auch als Welle. Die Verbindung zwischen der Energie E der Quanten und der Frequenz der Welle ν ist durch die universelle Konstante h gegeben: $E = h\nu$. Da die Kombination $h/2\pi$ häufig vorkommt, hat man dafür ein neues Zeichen erfunden: $\hbar$ (ein h mit einem kleinen Querstrich, gesprochen als „h-quer", auch als reduzierte Planck-Konstante bezeichnet). Die physikalische Dimension von h und $\hbar$ ist Energie mal Zeit, das ist auch die Dimension der physikalischen Wirkung oder des Drehimpulses. Der Drehimpuls ist ein Maß für die kreisförmige Bewegung eines Objekts.

A 1.24 Planck war musikalisch sehr begabt, er spielte Geige, Klavier und die Orgel. Er komponierte sogar eine Operette „Die Liebe im Wald". Als er nach dem Abitur einen Professor nach den Aussichten für ein Musikstudium befragte, meinte dieser: „Wenn sie schon fragen, studieren sie etwas anderes."

A 1.25 Werner Heisenberg suchte bei einer Zugreise nach einem passenden Abteil. In einem sah er einen Eispickel hängen und dachte, wer mit dem Eispickel reist, ist sicher ein netter Mensch. Er behielt recht, denn der 70jährige Max Planck betrat das Abteil.
Planck erstieg noch mit 85 Jahren einen Dreitausender. Er saß gerne mit Holzfällern und Bergsteigern zusammen: „Von jedem gescheiten Menschen, der seinen Beruf gut ausfüllt, kann man noch was lernen."

Mit dieser Lichtquantenhypothese erklärte der damals 26 Jahre alte Albert Einstein (Abb. 1.5) den photoelektrischen Effekt: Experimente hatten gezeigt, dass Licht erst über einer Grenzfrequenz Elektronen aus einer Metalloberfläche lösen kann, egal wie stark das Metall bestrahlt wird. Entscheidend ist also die Frequenz des Lichts, nicht dessen Intensität. Mittels Lichtquanten konnte dieser Befund erklärt werden: Die Energie der Lichtquanten, und damit die Frequenz, muss größer sein als die Energie, die zum Herauslösen der Elektronen aus dem Metall nötig ist. Diese Austrittsarbeit entspricht der Grenzfrequenz. Ist die Energie der Quanten höher als die Austrittsarbeit, ergibt sich aus der überschüssigen Energie die Bewegungsenergie der herausgelösten Elektronen. Einstein wurde 1921 für die Erklärung des Photoeffekts der Nobelpreis für Physik verliehen, obwohl er damals bereits sowohl die Spezielle als auch die Allgemeine Relativitätstheorie veröffentlicht hatte.

Quanten mussten also ernst genommen werden. 1913 heilte Niels Bohr das „kranke" Rutherfordsche Atommodell und formulierte das Bohrsche Atommodell: Er erweiterte das Quantenprinzip auf die Elektronen der Atomhülle. Bohr zufolge bewegen sich diese auf klassischen Kreisbahnen mit einem Drehimpuls, der ein ganzzahliges Vielfaches von $\hbar$ ist. Man kann daraus die Radien der Kreisbahnen und die Energien E_n der Elektronen für $n = 1, 2, \ldots$ berechnen. Für das Wasserstoff-Atom gilt $E_n = -E_R/n^2$, wobei die sogenannte Rydberg-Energie E_R aus der Elementarladung, der Elektronenmasse und h berechnet wird. Das negative Vorzeichen zeigt an, dass es sich um eine Bindung handelt, es muss Energie aufgewendet werden, um das Elektron aus dem Atom zu entfernen. Je größer n ist, desto weiter weg vom Atomkern bewegt sich das Elektron und desto weniger Energie muss zugeführt werden, um es aus der Hülle zu lösen und das Atom zu einem Ion zu verwandeln.

A 1.26 Als Siebzigjähriger sagte Einstein: Die Arbeit Bohrs erschien und erscheint mir wie ein Wunder, die höchste Musikalität auf dem Gebiet der Gedanken.

Bohl postulierte: Die Elektronen bewegen sich auf gequantelten Bahnen und können nicht kontinuierlich Energie abstrahlen, daher sind die Bahnen stabil. Übergänge zwischen verschiedenen Bahnen sind möglich, dabei wird die Energiedifferenz entweder abgestrahlt oder aufgenommen, je nachdem, ob das Elektron auf eine niedrige Bahn wechselt oder auf eine höhere Bahn gehoben wird. Dies erklärte das Jahrzehnte alte Rätsel der Spektrallinien.

Wenn man zum Beispiel ein Natriumsalz in einer Flamme verbrennt, ist die Flammenfarbe Orange. Die Zerlegung mit einem Prisma zeigt eine starke Spektrallinie im orangen Bereich des sichtbaren Spektrums, eine Art Fingerabdruck des Natrium-Atoms (Abb. 1.6). Andere Metalle ergeben andere Farben, so dominiert bei Kupfer grün. Die Wasserstoff-Flamme liefert im sichtbaren Bereich mehrere solche Linien, die sogenannte Balmer-Serie. Man spricht vom Emissionsspektrum. Wenn man weißes Licht durch Wasserstoffgas betrachten, ergeben sich an diesen Stellen des Spektrums

Abb. 1.5 Von links nach rechts: Walther Nernst, Albert Einstein, Max Planck, Robert A. Millikan, Max von Laue (1931). [commons.wikimedia.org/wiki/File:Nernst,_Einstein,_Planck,_Millikan,_Laue_in_1931.jpg, Nationaal Archief Den Haag, by unknown, gemeinfrei (heruntergeladen 04/11/22)]

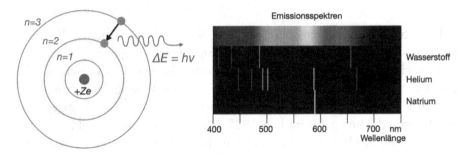

Abb. 1.6 Die Energie-Unterschiede zwischen den Elektronen-Niveaus entsprechen den Spektrallinien

schwarze Streifen, da die entsprechenden Lichtanteile absorbiert wurden (Abb. 1.6).

Das Bohrsche Atommodell konnte diese Spektrallinien erklären: Geht, wie in der Abb. 1.6 gezeigt, ein Elektron vom dritten auf das zweite, tiefere Energieniveau über, so wird ein Photon ausgesandt, dessen Energie sich aus der Differenz der beiden Niveaus ergibt. Diese Energie E entspricht einer bestimmten Frequenz $\nu = E/h$ oder Wellenlänge $\lambda = c/\nu = h\, c/E$ des ausgesandten Lichts (c bezeichnet die Lichtgeschwindigkeit) und erscheint als Linie im entsprechenden Spektrum.

J.J. Thomson	Ernest Rutherford	Niels Bohr
(1856 – 1940)	(1871 – 1934)	(1885-1962)

Abb. 1.7 Die Vertreter der Atommodelle. [Thomson: en.wikipedia.org/wiki/ J._J._Thomson#/media/File:J.J_Thomson.jpg by Unknown, gemeinfrei. Rutherford: en.wikipedia.org/wiki/Ernest_Rutherford#/media/File: Sir_Ernest_Rutherford_LCCN 2014716719_-_restoration1.jpg by Unknown, gemeinfrei.Bohr: de.wikipedia.org/wiki/ Niels_Bohr#/media/Datei:Niels_Bohr.jpg. Alle gemeinfrei (heruntergeladen 04/11/22)]

Es gab einen weiteren Hinweis auf die Existenz atomarer Energieniveaus, wie im Bohrschen Atommodell angenommen. James Franck und Gustav Hertz beschleunigten 1914 Elektronen in einem elektrischen Feld und schickten sie anschließend durch ein Gas aus Quecksilberatomen. Sie stellten fest, dass Energie nur in festen Portionen an die Atome abgegeben wurde und erhielten dafür im Jahr 1925 den Nobelpreis für Physik.

Niels Bohr (Abb. 1.7) wurde 1885 in Kopenhagen in eine Professorenfamilie geboren. Niels und sein Bruder Harald waren beide in Fußballvereinen aktiv tätig, und Harald schafft es sogar in die dänische Nationalmannschaft. Nach dem Gymnasium studierte Niels Bohr ab 1903 Physik und schloss sein Studium 1911 mit einer Arbeit über magnetische Eigenschaften von Metallen ab. Nach einem einjährigen Aufenthalt in Cambridge an Thomsons Cavendish-Laboratorium – die Chemie zwischen ihm und J.J. Thomson stimmte nicht – ging er nach Manchester, wo Rutherford gerade sein entscheidendes Experiment zur Atomstruktur plante.

A 1.27 Bohr hatte manchmal die Kreide in der rechten Hand, den Schwamm in der linken. Er schrieb Formeln und löschte sie gleich darauf wieder. Einmal bei einem Vortrag rief sein alter Freund Ehrenfest „Bohr". Erschrocken wandte sich Bohr ihm zu. „Bohr! Gib den Schwamm her." Bohr folgte der Aufforderung und Ehrenfest behielt den Schwamm bis zum Ende des Vortrags.

In Manchester lernte er seine spätere Frau kennen, mit der er sechs Söhne hatte, zwei davon starben in jungen Jahren. Sein Sohn Aage Niels Bohr erhielt 1975 den Nobelpreis für Physik für die Entwicklung der Theorie der Struktur der Atomkerne.

Nach seiner Rückkehr nach Kopenhagen veröffentlichte Bohr 1913 in kurzem Abstand drei Arbeiten zum Atommodell. Es begegnete zunächst allgemeiner Skepsis. Allerdings meinte zum Beispiel Max Born 1914 anlässlich Bohrs Besuch in Göttingen, der junge dänische Physiker sähe wie ein echtes Genie aus, also müsse was dran sein. Das Bohrsche Modell setzte sich durch und Bohr wurde berühmt.

Niels Bohr gründete 1921 ein eigenes Institut für Theoretische Physik an der Universität Kopenhagen. Im Juni 1922 hielt er eine Reihe von sieben Vorträgen an der Universität Göttingen, die sogenannten „Bohr Festspiele". Arnold Sommerfeld kam aus München, Alfred Landé aus Tübingen, Paul Ehrenfest aus Leiden und viele junge Physikerinnen und Physiker, darunter auch der 21 Jahre junge Heisenberg, kamen angereist, um zuzuhören. Im gleichen Jahr wurde Bohr der Nobelpreis verliehen. Sein Kopenhagener Institut am Blegdamsvej wurde zum Treffpunkt für Quantenphysiker aus aller Welt und ist es bis heute geblieben.

A 1.28 Bohr erzählte von einem Besuch Einsteins 1923:
„Einstein war auch nicht praktischer veranlagt als ich, und als er nach Kopenhagen kam, holte ich ihn natürlich am Bahnhof ab. Von dort nahmen wir die Straßenbahn. Wir waren so ins Gespräch vertieft, dass wir viel zu weit fuhren. Wir stiegen aus und fuhren zurück, aber wieder zu weit. Ich weiß nicht mehr, wie viele Haltestellen, jedenfalls fuhren wir mit der Straßenbahn […] viele Male hin und her. Was die Leute davon hielten, ist eine andere Frage."

A 1.29 Heisenberg erzählte folgende Anekdote:
Nach dem Essen [in einer Berghütte] ergab sich bei der Verteilung der Pflichten, dass Niels [Bohr] das Geschirr waschen wollte, während ich den Herd sauber machte, andere Holz hackten oder sonst Ordnung schufen. Dass in einer solchen Almküche die hygienischen Anforderungen nicht denen der Stadt entsprechen können, bedarf keiner Erwähnung. Niels kommentierte diesen Sachverhalt, indem er sagte: „Mit dem Geschirrwaschen ist es doch genau wie mit der Sprache [der Physik]: Wir haben schmutziges Spülwasser und schmutzige Küchentücher, und doch gelingt es, damit die Teller und Gläser schließlich sauberzumachen."

A 1.30 Bohr war auch sehr schlagfertig. Eines Tages bekam er Besuch von einem Kollegen. Dieser bemerkte, dass über dem Eingang zum Haus ein Hufeisen hing.

Der Besucher war erstaunt und fragte: „Sie, Herr Professor Bohr, und ein Hufeisen. Glauben Sie etwa im Ernst daran?"

Bohr soll geantwortet haben: „Selbstverständlich nicht. Aber es soll auch dann helfen, wenn man nicht daran glaubt!".

Seit dem Ende des 19. Jh. war die Auflösungsqualität der Spektrometer so gut, dass man in den Spektrallinien des Wasserstoff-Atoms eine weitere kleine Aufspaltung – eine Feinstruktur – erkennen konnte. Mathematik war nicht Niels Bohrs Stärke, er war intuitiv und fast philosophisch in seinen Texten. Er suchte und fand Mitarbeiter mit guten Mathematikkenntnissen.

Arnold Sommerfeld war ein wesentlich besserer Mathematiker als Bohr und ergänzte das Bohrsche Modell 1915/16 um einen Korrekturterm, der die Bewegungsgleichungen der Speziellen Relativitätstheorie berücksichtigte. Dadurch konnte die Feinstruktur berechnet werden. In der Rechnung wurde die dimensionslose Größe $\alpha = e^2/(\hbar c) = 1/137{,}035999084(20)$ (dabei bezeichnet e die Elementarladung) eingeführt, die den Namen Sommerfeldkonstante oder Feinstrukturkonstante erhielt. Einige Jahre danach wurde der Effekt mittels der Dirac-Gleichung bestätigt.

Dank verfeinerter Experimentiertechniken wurden in den Folgejahren weitere Aufspaltungen der Spektrallinien gefunden: 1924 die Hyperfeinstruktur, die von der Wechselwirkung zwischen dem magnetischen Moment des Atomkerns und den Elektronen stammt, und 1947 die Lamb Shift, die durch die sogenannte Vakuumpolarisation verursacht wird (Kap. 7).

Arnold Sommerfeld, 1868 in Königsberg im damaligen Ost-Preußen geboren, war seit 1906 Professor an der Ludwig-Maximilian Universität in München. Er machte sein Institut zu einem bedeutenden Zentrum für Theoretische Physik und hatte das Geschick, viele exzellente Studenten anzuziehen. Unter seinen Schülern und Assistenten waren mehrere spätere Nobelpreisträger: Wolfgang Pauli, Werner Heisenberg, Hans Bethe und Peter Debye. Die „Sommerfeldschule der Theoretischen Physik" hat wesentlich zur Verbreitung der Quantenmechanik beigetragen. Sommerfeld emeritierte 1935 und starb 1951 bei einem Verkehrsunfall.

A 1.31 Heisenberg erinnerte sich an Arnold Sommerfeld: „Er war ein Geheimrat im alten Stil mit sehr entschiedenen Ansichten über Moral, Politik, Benehmen und so weiter. Pauli pflegte von ihm zu sagen: ‚Er sieht aus wie ein alter Husarenoberst'. Er hatte den Schnurrbart, die Persönlichkeit und entschiedene Ansichten."

A 1.32 Teller fand Sommerfeld etwas hochnäsig und erzählt, wie ein amerikanischer Student Sommerfeld mit „Guten Morgen, Herr Sommerfeld" grüßte und als Antwort nur ein Schnauben bekam. Als er am nächsten Tag mit „Guten Morgen, Her Doktor" grüßte, bekam er zumindest ein Nicken. Sein „Guten Morgen, Herr Professor" wurden mit einem „Guten Morgen" beantwortet. Am vierten Tag grüßte er mit „Guten Morgen, Herr Geheimrat", da strahlte Sommerfeld ihn an und meinte: „Ihr Deutsch wird jeden Tag besser!"

Das Bohrsche Atommodell war ein wichtiger Schritt, allerdings auf Annahmen beruhend und praktisch nur auf das Wasserstoff-Atom, mit einem Proton als Kern und einem Elektron in der Hülle, anwendbar. Es fehlte das theoretische Fundament, es fehlte die Quantenmechanik.

Zur Zeitgeschichte: 1910–1919

Durch einen Volksentscheid wird 1910 in der Schweiz der Absinth verboten (das Verbot wurde erst 2004 wieder aufgehoben).

Die Oper „Der Rosenkavalier" von Richard Strauss hat 1911 ihre Uraufführung in der Semperoper in Dresden.

In der Nacht vom 22. zum 23. September 1912 schreibt Franz Kafka in acht Stunden „Das Urteil", den ersten Teil einer Trilogie.

1912 kollidiert die Titanic mit einem Eisberg und sinkt. Über 1 500 der 2 200 Menschen an Bord ertrinken.

Im Hafen von Kopenhagen wird 1913 die Statue „Die kleine Meerjungfrau" enthüllt – sie wird zum Markenzeichen der Stadt.

Im Juni 1914 werden in Sarajewo der österreichische Thronfolger Erzherzog Franz Ferdinand und seine Gemahlin ermordet. Ein Monat später erklärt Österreich-Ungarn Serbien den Krieg. Der 1. Weltkrieg beginnt. 17 Mio. Menschen verlieren durch den Krieg ihr Leben.

1916 stirbt der österreichische Kaiser Franz Josef I nach einer 68jährigen Regentschaft.

In der Februarrevolution von 1917 beenden Arbeiteraufstände die russische Zarenherrschaft. Der Zar Nikolaus II. muss im März abdanken und wird 1918 mit seiner engsten Familie exekutiert. Im Oktober setzen die Bolschewiken unter Trotzkis Führung die Regierung ab und proklamieren die Machtübernahme der Sowjets.

Am 11. November 1918 endet der 1. Weltkrieg durch einen Waffenstillstand. Die künftigen Entdecker der Quantenmechanik hatten den Krieg überstanden, teils mit Glück, teils weil sie zu jung waren, um eingezogen zu werden. Einige Monarchien zerfallen, Republiken werden gegründet. Deutschland stöhnt unter den Auflagen der Friedensverträge.

Der erste Tarzan-Film kommt 1918 in die Kinos. Karl Kraus veröffentlicht den letzten Teil seiner Tragödie „Die letzten Tage der Menschheit". 1919 finden die ersten öffentlichen Rundfunkübertragungen statt.

Die Spanische Grippe wird eine Pandemie und fordert von 1918 bis 1920 bis zu 20 Mio. Menschenleben.

Literatur und Quellennachweis für Anekdoten und Zitate

A 1.1 www.spektrum.de/lexikon/philosophen/demokrit/84

A 1.2 gemäß einem Dokument von Galenos; vgl. Wilhelm Capelle: Die Vorsokratiker, Leipzig 1935, S. 399, und de.wikipedia.org/wiki/Demokrit

A 1.3 blog.litteratur.ch/WordPress/?p=2454. whoswho.de/bio/epikur-von-samos.html

A 1.4 Simonyi (1990), S 236

A 1.5 www.nachrichten.at/kultur/moliere-glueck-und-tragisches-ende-eines-begnadeten-erzkomoedianten;art16,3543025

A 1.6 mathshistory.st-andrews.ac.uk/Biographies/Torricelli/

A 1.7 www.wienerzeitung.at/nachrichten/chronik/oesterreich/179534_Das-Guericke-Einhorn.html

A 1.8 www.uni-flensburg.de/fileadmin/content/projekte/storytelling/biografien/biografien-deu/dalton-biografie-de.pdf

A 1.9 de.wikipedia.org/wiki/Ludwig_Boltzmann

A 1.10 Katalog LB 2006 (uni-graz.at)

A 1.11 Lingsmann (1987), S. 82

A 1.12 Höflechner (1994)

A 1.13 Heller (1964), S. 97

A 1.14 www.pluslucis.org/ZeitschriftenArchiv/1994-1_PL.pdf

A 1.15 Aus Ludwig Boltzmann, „Reise eines deutschen Professors ins Eldorado" in: Populäre Schriften, 1905

A 1.16 Einstein (1921)

A 1.17 Exner (1996)

A 1.18 www.goodreads.com/quotes/918981-i-came-into-the-room-which-was-half-dark-and

A 1.19 www.juliantrubin.com/miscellaneousjokes.html

A 1.20 R. E. Oesper: The Human Side of Scientists. University Publications, University of Cincinnati (1975), 164

A 1.21 Segrè (1981), S. 114

A 1.22 J.B. Birks "Rutherford at Manchester," 1962, Bulletin of the Institute of Physics (1962) vol 13 (as recalled by R.V. Jones)

A 1.23 www.cambridgephysics.org/laboratory/laboratory12_1.htm

A 1.24 Hürter (2021), S. 23

A 1.25 Lingsmann (1987), S. 61, S. 70

A 1.26 Pais (1998), S. 297

A 1.27 Weizsäcker (1999), S. 297

A 1.28 Pais (1998), S. 67

A 1.29 Heisenberg (2001), S. 163

A 1.30 Segrè (1981), S. 178

A 1.31 aus: Interview mit Werner Heisenberg von Thomas S. Kuhn on 1963 Feb. 11, Niels Bohr Library & Archives, American Institute of Physics, College Park, MD USA

A 1.32 Edward Teller, A Web of Stories, www.webofstories.com/play/edward.teller/19

Einstein (1921) Albert Einstein „Über die spezielle und die allgemeine Relativitätstheorie." Springer Fachmedien Wiesbaden.

Exner (1996) B. Exner, J. Ehtreiber, A. Hohenester „Physiker Anekdoten". Hölder Pichler Tempsky, Wien.

Heisenberg (2001) Werner Heisenberg, Der Teil und das Ganze, 15.Aufl., Piper, München.

Heller (1964) Karl D. Heller: Ernst Mach: Wegbereiter der Modernen Physik, Springer Verlag Wien New York.

Höflechner (1994) Walter Höflechner (Hrsg.): Ludwig Boltzmann. Leben und Briefe, Akad. Druck- und Verlagsanstalt.

Hürter (2021) Tobias Hürter: Das Zeitalter der Unschärfe. Klett-Cotta, Stuttgart.

Lingsmann (1987) B. Lingsmann, H. Schmied: Anekdoten, Episoden, Lebensweisheiten von Naturwissenschaftlern und Technikern. Aulis Verlag, Deubner, Köln.

Mach (1883) Ernst Mach, Die Mechanik in ihrer Entwicklung, F.A. Brockhaus, Leipzig.

Pais (1998) Abraham Pais: Ich vertraue auf Intuition. Der andere Einstein. Spektrum Akad. Verlag, Heidelberg/Berlin.

Rößler (2009) Wolfgang Rößler: Eine kleine Nachtphysik: Große Ideen und ihre Entdecker. Rowohlt Taschenbuch.

Segrè (1981) Emilio Segrè: Die großen Physiker und ihre Entdeckungen, Piper, München, Zürich.

Simonyi (1990) K. Simonyi. Kulturgeschichte der Physik. Urania, Leipzig.

Weizsäcker (1999) C. F. v. Weizsäcker: Große Physiker: Von Aristoteles bis Werner Heisenberg. Hanser, München.

2

Große Theorien

Zusammenfassung Werner Heisenberg und Erwin Schrödinger formulierten Gleichungen, deren Lösungen nur bestimmte Energiewerte erlaubten. Heisenbergs Zugang war über Matrizen, Schrödinger wählte eine Differentialgleichung. Paul Dirac und Schrödinger zeigten die mathematische Gleichwertigkeit der beiden Methoden. Mit der so entdeckten Quantenmechanik konnte man Bohrs Ergebnisse berechnen, aber darüber hinaus zahlreiche offene Probleme der Physik erklären. Das bekannteste Ergebnis ist Heisenbergs Unschärferelation. Die Quantenmechanik berücksichtigte noch nicht Einsteins Relativitätstheorie, erst Paul Dirac fand eine geeignete Differentialgleichung. Diese Gleichung forderte die Existenz von Antiteilchen.

Bevor wir die Geschichte der Teilchenphysik weiter fortführen, müssen wir auf zwei Entdeckungen eingehen, welche die Physik, ja, auch unser Weltbild, maßgeblich beeinflusst haben: die Quantentheorie und die Relativitätstheorie. Dass erstere für die Teilchenphysik relevant ist, ist augenscheinlich: Quantenphysik ist die Physik des sehr Kleinen, des Mikrokosmos, der Elementarteilchen. Die Besonderheiten der Quantentheorie wurden an Experimenten mit Elementarteilchen besonders deutlich aufgezeigt.

Wenn man von Relativitätstheorie spricht, meint man meist die sogenannte Spezielle Relativitätstheorie. Ihr Anwendungsbereich umfasst Situationen, in denen Geschwindigkeiten nahe der Lichtgeschwindigkeit auftreten und die Äquivalenz von Energie und Masse von Bedeutung ist. Die Allgemeine Relativitätstheorie hingegen befasst sich mit der Gravitation

C. B. Lang und L. Mathelitsch, *Haben Sie eines gesehen?*,
https://doi.org/10.1007/978-3-662-67972-2_2

und der Krümmung des Raumes, vorwiegend bei großen Abständen, etwa zwischen Sternen und Galaxien, und großen Massen, wie bei schwarzen Löchern. In der Teilchenphysik spielt sie keine wesentliche Rolle.[1]

2.1   Die Relativitätstheorie(n)

Im Jahr 1905 veröffentlichte der 26-jährige Albert Einstein nicht nur seine Arbeit zum Photoeffekt, sondern präsentierte die Spezielle Relativitätstheorie (SRT) mit der berühmten Formel $E = m\,c^2$. Es war wahrlich ein *Annus Mirabilis*.

Um über Ort und Geschwindigkeit eines Objekts sprechen zu können, muss man sich darauf einigen, worauf sich die Messgrößen beziehen. Wenn Sie sich mit Ihrem Freund um 5 Uhr treffen wollen, so muss ausgemacht sein, ob es sich um 5 Uhr Ihrer Ortszeit handelt oder um 5 Uhr Greenwich-Zeit. Auch die Angabe des Treffpunktes „2 km Richtung Norden" ist nicht zweckdienlich, wenn der Ausgangspunkt nicht derselbe ist. Man benötigt also ein gedachtes System, in dem Ort und Geschwindigkeit von Objekten angegeben werden können, ein sogenanntes „Bezugsystem".

Stellen Sie sich vor, Sie befinden sich schwerelos in einem Raumschiff „Platon" im All. Ihre Umgebung legt Ihr Bezugsystem fest. Sie blicken aus der Luke und sehen ein anderes Raumschiff „Sokrates", das an ihnen vorbei-fliegt. Sie messen seine Geschwindigkeit relativ zur Ihren. In Ihrem Bezugsystem sind Sie in Ruhe und Sokrates bewegt sich. Gedankensprung: Wir versetzen uns in die Lage von Sokrates. In seinem Bezugsystem ruht er und Platon fliegt vorbei. Wer von beiden hat recht? Die Antwort ist: beide. Es kommt darauf an, welches Bezugsystem man wählt.

Die Grundidee der SRT besteht darin, dass die Gesetze der Physik in allen gleichförmig bewegten Bezugsystemen in gleicher Form gelten und dass die Lichtgeschwindigkeit immer dieselbe und die größtmöglich erreich-bare Geschwindigkeit ist. Man kann also nicht unterscheiden, in welchem der gleichförmig bewegten Systeme man sich befindet – alle sind gleich-berechtigt. Dieses Postulat führt zu einer Verknüpfung von Raum- und Zeit-koordinaten, aber auch zu einer Beziehung zwischen Energie und Impuls eines Objekts, die von der klassischen abweicht.

---

[1] Die Quantisierung der Gravitation ist noch immer umstritten. Es gibt allerdings Theorien wie etwa zur Supergravity und Strings, für die die Allgemeine Relativitätstheorie von Bedeutung ist.

Physiker vereinfachen gerne und entwerfen Gedankenexperimente. Betrachten wir eine ohne äußere Einflüsse dahinfliegende Kugel. In der Realität kann es viele solche Einflüsse geben: Luftwiderstand, Schwerkraft, elektromagnetische Felder und anderes. Dies alles vernachlässigen wir. Unsere Kugel fliegt also einfach geradlinig in eine Richtung. Eine solches Objekt hat drei Eigenschaften: eine Energie E, einen Impuls p und eine Masse m. (Natürlich gibt es noch weitere Parameter wie Temperatur, Ladung, Material, diese sind für unsere Diskussion aber unerheblich.) Die Lichtgeschwindigkeit wird traditionell mit c bezeichnet.

Laut SRT gilt für jedes bewegte Objekt die Beziehung

$$E^2 - c^2 p^2 = m^2 c^4$$

Ziehen wir aus dieser Gleichung den Faktor $\gamma = 1/\sqrt{1 - (pc/E)^2}$ heraus, erhalten wir $E = \gamma\, m\, c^2$. Wenn man den Impuls durch die Geschwindigkeit u ausdrückt, $p = \gamma\, m\, u$, so erkennen wir, dass man γ auch als $\gamma = 1/\sqrt{1 - (u/c)^2}$ schreiben kann. Das ist der oft zitierte Lorentz-Faktor. Er gibt an, wie Raum und Zeit bei Bewegungen verzerrt wahrgenommen werden. Die Größe $\gamma\, m$ wird oft als relativistische Masse bezeichnet, und m als Ruhemasse. Das ist, strenggenommen, irreführend, denn die Masse m ist eine bewegungsunabhängige Größe.

Wenn die Kugel in unserem Gedankenexperiment ruht, ist $p = 0$ und $\gamma = 1$ und die Gleichung reduziert sich daher auf die bekannte Beziehung $E = m\, c^2$. In der klassischen Mechanik sprechen wir von der kinetischen Energie, in der SRT enthält die Energie kinetische Anteile und die Masse m.

Bei Geschwindigkeiten, die klein im Vergleich zur Lichtgeschwindigkeit c sind, merkt man keinen Unterschied zur klassischen Rechnung. Objekte wie zum Beispiel Elektronen, Protonen oder Atomkerne, können in Teilchenbeschleunigern (Kap. 8) aber durchaus große Geschwindigkeiten nahe der Lichtgeschwindigkeit erreichen und man muss die SRT einsetzen. Wenn sich die Geschwindigkeit der Lichtgeschwindigkeit nähert, so wird der Wurzelausdruck im Nenner von γ klein und der Lorentz-Faktor daher groß.

A 2.1 An der ETH Zürich studierte Einstein auch beim berühmten Mathematiker Hermann Minkowski. Als Minkowski in späteren Jahren die Arbeit Einsteins zur Speziellen Relativitätstheorie kennen lernte, meinte er im Rückblick auf seinen ehemaligen Studenten: „Ach der Einstein, der schwänzte immer die Vorlesungen – dem hätte ich das gar nicht zugetraut."

Teilchen mit Masse können die Lichtgeschwindigkeit nie erreichen. Im Gegensatz dazu können masselose Teilchen wie die Photonen nur mit Lichtgeschwindigkeit fliegen! Die Lichtgeschwindigkeit c ist im Vakuum gemessen, im Medium wie Wasser oder Glas verringert sich die Geschwindigkeit des Lichts.

Da Masse und Energie sich nur um den Faktor c^2 unterscheiden, wird in der Elementarteilchenphysik oft statt der Masse die entsprechende Energie angegeben und der Faktor $1/c^2$ unterdrückt. Wir werden korrekt für Massenangaben die Masse als Energie/c^2 verwenden. Als Energieeinheit verwendet man die Energie, die ein Elektron beim Durchlaufen einer Spannung von einem Volt erhält (Abb. 2.1), und nennt diese ein Elektronenvolt, abgekürzt „eV".

Davor stellt man einen Buchstaben, der für eine Zehnerpotenz steht. Man verwendet k(ilo), M(ega), G(iga) und T(era). Demzufolge hat man keV (1 000 eV), MeV (1 000 000 eV), GeV (10^9 eV) und TeV (10^{12} eV). In dieser Konvention ist die Masse eines Elektrons 0,511 MeV/c^2 und die eines Protons 938 MeV/c^2 oder 0,938 GeV/c^2.

Hohe Geschwindigkeiten nahe der Lichtgeschwindigkeit c erreichen Teilchen in Beschleunigern, wie etwa am CERN oder in den USA am Fermilab,

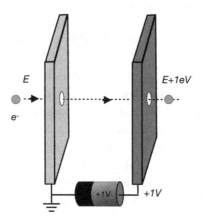

Abb. 2.1   Ein Elektronenvolt (1 eV) ist die Energie, die ein Elektron beim Durchlaufen einer Spannungsdifferenz von 1 V erhält

in Stanford oder Brookhaven (Kap. 8). Am CERN werden Protonen auf 0,99999998959 c beschleunigt und haben dann eine Energie von 6 500 GeV/c^2. Das ist fast die 7 000-Fache seiner Masse! Das klingt groß, ist in alltäglichen Einheiten aber klein: 1,2 10^{-20} g.

A 2.2 Einst unternahmen Einstein und der nachmalige israelische Staatspräsident Chaim Weizmann auf dem gleichen Schiff die Überfahrt nach Amerika. Die beiden unterhielten sich oft und lange miteinander. Bei der Ankunft in New York wurde Weizmann gefragt, ob er Einsteins Theorie jetzt verstehe. Weizmann schmunzelte: „Während der Überfahrt hat er mir täglich die Sache erklärt. Und ich bin darauf gekommen, dass er die Theorie wirklich versteht."

A 2.3 Albert Einstein meinte zu Charlie Chaplin:
„Was ich an Ihrer Kunst am meisten bewundere, ist ihre Universalität.
Sie sagen kein Wort und doch … versteht Sie die Welt!"
Daraufhin Charlie Chaplin: „Das stimmt, aber Ihr Ruhm ist noch größer!
Die Welt bewundert Sie, auch wenn niemand Sie versteht!"

Noch spannender wird es, wenn Teilchen aufeinandertreffen. Betrachten wir zwei Teilchen mit gleicher Masse m, gleicher Energie E, aber entgegengesetzten Impulsen. Bei der Kollision heben sich die Impulse auf, aber die Energien addieren sich zu $2E$. Dieser Wert kann viel größer als $2m$ sein. Dieses Energiebündel kann wieder in zwei Teilchen der Masse m mit entgegengesetzten Geschwindigkeiten übergehen, man nennt dies elastische Streuung. Es kann aber auch in andere Teilchen – zwei oder mehr – übergehen, sofern die Impulsbilanz stimmt. In Experimenten von heute können das einige Hundert sein, wie zum Beispiel in Abb. 2.2 demonstriert!

Diese neue Theorie wurde nicht von einem an einer Universität Forschenden und Lehrenden, sondern von einem Angestellten am Patentamt veröffentlicht! Man kann sich die Skepsis der Fachwelt gut vorstellen.

In Ulm geboren, in München aufgewachsen, war Einstein ein guter, aber bisweilen respektloser Gymnasiast, der mit 16 das Münchener Gymnasium verließ und schließlich an der Kantonsschule in Aarau maturierte. In fünf Fächern bekam er die Bestnote, in Französisch schwächelte er. Auch im Studium am Polytechnikum war er oft anderer Meinung als seine Lehrer. 1900 verließ er die Hochschule als „Fachlehrer in mathematischer Richtung". Ab 1903 arbeitete er am Eidgenössischen Patentamt in Bern. Nach seiner Habilitation 1908 (Universität Bern) wurde er 1909 als Dozent, dann außerordentlicher Professor, an die Universität Zürich berufen. Nach einem kurzen Intermezzo 1911 als ordentlicher Professor in Prag (wo er automatisch

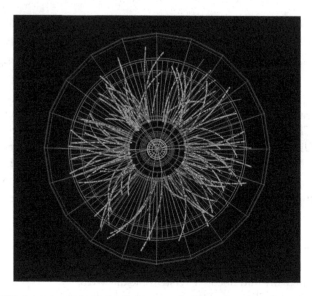

Abb. 2.2 CERN Experiment ALICE: Ein Proton kollidiert mit einem Blei-Atom, wobei sehr viele Teilchen erzeugt werden (2014). [commons.wikimedia.org/wiki/File:Test8. png by Pcharito licensed under CC BY-SA 3.0 Unported]

österreichischer Staatsbürger wurde, da Prag damals zur Österreichischen Monarchie gehörte) kam er 1912 an die ETH Zürich; 1914 wurde er nach Berlin berufen.

Vorerst hatte Einstein über die physikalische Gleichwertigkeit von kräftefrei bewegten Bezugssystemen nachgedacht. Nun erweiterte er dieses Äquivalenzprinzip auf beschleunigte Objekte und zeigte, dass die Schwerkraft von einer beschleunigten Bewegung nicht unterschieden werden kann. Die schwere Masse und die träge Masse sind gleich.

A 2.4 Albert Einstein war Agnostiker. Das hinderte ihn nicht, festzustellen: „Raffiniert ist der Herrgott, aber boshaft ist er nicht."

David Hilbert in Göttingen arbeitete ebenfalls an der mathematischen Formulierung der Gravitationstheorie und veröffentlichte seine Ergebnisse im November 1915 einige Tage vor Einstein. Hilbert hatte ein sogenanntes Wirkungs-Funktional hingeschrieben, das ist ein mathematischer Ausdruck, aus dem man die Einsteinschen Feldgleichungen ableiten kann.

Einstein war auf dem anderen, physikalischen, Weg zu seinen Feldgleichungen gekommen. Sein Ausgangspunkt war das Äquivalenzprinzip. Als Einstein von Hilberts Ergebnis erfuhr, publizierte er innerhalb weniger Tage seine Feldgleichungen, aber Hilbert war schneller gewesen. Beide waren verärgert, versöhnten sich aber. Hilbert bestand zeitlebens auf seiner Priorität bei der Entdeckung der Gravitationstheorie. Die gebräuchliche Bezeichnung Einstein-Hilbert Wirkung deutet darauf hin, aber die Feldgleichungen und die „Allgemeine Relativitätstheorie" (ART) wurden Einstein zugeschrieben.

A 2.5 Wenn sich der Mathematiker Hilbert mit Fragen der Physik befasste, nahm er es mit den Fachworten nicht so genau, er erfand auch neue. Dies erboste den theoretischen Physiker Waldemar Vogt: „Ihren Sohn können Sie nennen, wie Sie wollen; aber in der Physik haben Sie sich an die eingeführten Namen zu halten."

Weder die SRT noch die ART haben etwas mit Quanten zu tun. Beide sind aber unerlässlich beim Bau moderner Teilchenbeschleuniger, bei der Analyse von Experimenten der Hochenergiephysik und bei kosmologischen Erklärungen. Auch das Navigationssatellitensystem GPS (Global Positioning System), mit dem zum Beispiel die Autonavigationsgeräte arbeiten, braucht SRT und ART für die Berechnungen.

A 2.6 Trotz der Erfolge seiner Theorien sagte Einstein „Ich habe in meinem Leben hundertmal mehr über Quantenprobleme nachgedacht wie über die Allgemeine Relativitätstheorie."

Einstein hatte sich seiner Frau Mileva entfremdet. Es wird berichtet, dass er ihr gegenüber diktatorisch und ausgesprochen unfreundlich auftrat. Erst als er ihr die mit dem Nobelpreis verbundene Geldsumme zusagte, ließ Mileva sich 1919 scheiden. Offenbar waren beide sicher, dass er den Nobelpreis bekommen würde, was dann 1922 tatsächlich geschah.

2.2   Die Quantenmechanik

Man sprach von Lichtquanten beim Photoeffekt, im Bohrschen Atommodell waren die Elektronenorbits gequantelt. Die Zeit war reif, die Grundlagen der Quantentheorie zu entwickeln: die Quantenmechanik.

Einer der Väter dieser Theorie war Werner Karl Heisenberg (Abb. 2.3), der 1901 in Würzburg in eine Gelehrtenfamilie geboren wurde. Die Familie zog nach München, wo Werner das humanistische Maximilian-Gymnasium (das auch Max Planck zu seinen Schülern zählt) besuchte. Er war ein exzellenter Schüler, der sowohl für Mathematik als auch für Sprachen

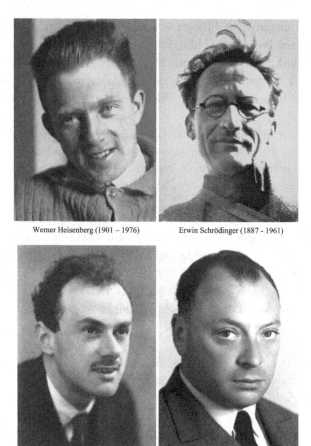

Werner Heisenberg (1901 – 1976)   Erwin Schrödinger (1887 - 1961)

Paul Dirac (1902 - 1984)   Wolfgang Pauli (1900 - 1958)

Abb. 2.3 Gründungsväter der Quantenmechanik. [Heisenberg: commons.wikimedia. org/wiki/File:Heisenberg,Werner_1926.jpeg by Friedrich Hund licensed under CC BY-SA 3.0 Unported. Schrödinger: commons.wikimedia.org/wiki/File:Erwin_Schroedinger.jpg by GeorgeLouis licensed under CC BY-SA 3.0 Unported. Dirac: commons.wikimedia.org/w/index.php?curid=624.01 by Nobel Foundation, gemeinfrei. Pauli: upload.wikimedia.org/wikipedia/commons/4/43/Pauli.jpg gemeinfrei (Weblinks überprüft 04/11/2022)]

begabt war. In der Mathematik interessierte er sich bereits ab der 5. Klasse für Zahlentheorie (die er aus einem mehrbändigen Standardwerk lernte). Die Differential- und Integralrechnung lernte er mit 16 Jahren, als er eine Chemiestudentin auf den mathematischen Teil ihrer Doktorprüfung vorbereitete. Heisenbergs große Begeisterung für Musik wurde im Kindesalter durch seinen Vater geweckt, der mit seinen Söhnen sehr oft musizierte, und blieb durch sein ganzes Leben erhalten. Heisenberg spielte konzertreif Klavier und hat mit seinen Kindern, mit Gästen und Mitarbeitern immer wieder Kammermusik dargeboten.

Heisenberg wollte ursprünglich Mathematik studieren. Der erzkonservative Mathematik-Ordinarius Ferdinand von Lindemann schreckte ihn ab, wohingegen ihn jedoch der mathematische Physiker Arnold Sommerfeld freundlich aufnahm. Und so studierte er ab 1920 an der Ludwig-Maximilians-Universität München Physik bei Sommerfeld. Der um ein Jahr ältere Wolfgang Pauli war sein Studienkollege und blieb ein Leben lang sein Freund und scharfer Kritiker. Heisenberg schloss sein Studium bereits 1923 ab. Der Prüfer für Experimentalphysik, Wilhelm Wien, war mit Heisenbergs Leistungen unzufrieden und nur dank Sommerfeld absolvierte er die Doktorprüfung zumindest „cum laude". Ab 1924 war er Assistent bei Max Born in Göttingen. Während dieser Jahre besuchte er mehrmals Niels Bohr in Kopenhagen.

A 2.7 Arnold Sommerfeld berichtet über seine Art des Lehrens: „Ich war stets bemüht, meine Vorlesungen so zu gestalten, dass sie zu leicht sind für die fortgeschrittenen Studenten und zu schwer für die Anfänger". Er meinte auch, man soll neugierige Studenten vor dem Eintritt in das Physik-Studium folgendermaßen warnen: „Achtung, Einsturzgefahr! Wegen radikalen Umbaus vorübergehend geschlossen!"

1922 hatten Otto Stern und Walther Gerlach ein Experiment durchgeführt, welches durch die klassische Physik nicht erklärbar war. Sie erhitzten Silberatome und erzeugten durch Blenden einen dünnen Strahl der elektrisch neutralen Atome, den sie durch ein ungleichförmiges (inhomogenes) Magnetfeld schickten (Abb. 2.4). Kreisförmig bewegte Ladungen bewirken ein sogenanntes „magnetisches Moment", verhalten sich daher ähnlich wie Magneten. Die Silberatome haben in ihrer äußersten Hülle ein einzelnes Elektron, das sich nach dem Bohrschen Modell in Kreisbahnen um das Restatom bewegt. Sie haben daher ein magnetisches Moment. Im Magnetfeld werden die Silberatome abgelenkt und man misst in einigem Abstand die Positionen der austretenden Teilchen.

Im klassischen Bild erwartet man eine zufällige Verteilung rund um ein Zentrum. Gefunden haben Stern und Gerlach eine Zweiteilung des Strahls. Aus dem Abstand kann man den Drehimpuls der abgelenkten Atome berechnen, und er ist $+\hbar/2$ und $-\hbar/2$. Wir erinnern uns: Der Drehimpuls der Elektronen auf den Bohrschen Kreisbahnen war ein ganzzahliges Vielfaches vom $\hbar$. Hier handelt es sich nicht um einen Bahndrehimpuls, sondern um eine Quanteneigenschaft analog einem Eigendrehimpuls der Teilchen. Es ist üblich, diese Eigenschaft als „Spin" zu bezeichnen. Auch punktförmige Teilchen haben Spin, obwohl ihr Drehimpuls in der klassischen Berechnung verschwindet.

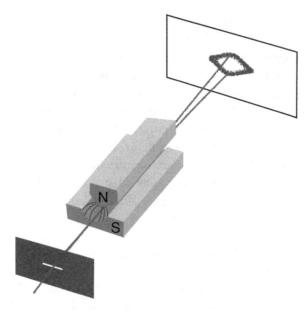

Abb. 2.4 Skizze des Stern-Gerlach Versuchs. Die Silberatome durchlaufen von links kommend eine Blende und dann den Magneten

Ob der Spinwert $+ \hbar/2$ oder $-\hbar/2$ gemessen wird, ist allerdings keine feste Eigenschaft der Teilchen, die sie bereits hatten, bevor sie den Magneten durchliefen. Weitere Versuche mit gedrehten Magneten zeigten, dass sich die Orientierung des Spins erst durch die Wechselwirkung von Teilchen und Magnet, also erst durch den Messprozess, ergibt. Man könnte sagen, dass bei der Messung ein Wert nicht festgestellt, sondern *her*gestellt wird. Es ist klar, dass diese völlig neuartige Sicht nicht sofort auf Verständnis stieß.

Wie konnte man die Elektronenbahnen verstehen, wie die Energieniveaus und die Sprünge von einem zum anderen? Heisenberg wollte Übergänge zwischen beobachtbaren Größen beschreiben und verwendete dazu rechteckige Anordnungen von Zahlen. Max Born wies darauf hin, dass es sich um Matrizen handelte. Es war das Jahr 1925 und die „Matrizenmechanik" war geboren. Born und der junge Pascual Jordan unterstützten Heisenberg bei der mathematischen Formulierung. Born war lange gekränkt, dass sein Beitrag nicht ausreichend gewürdigt wurde.

Geleitet wurde Heisenberg vom sogenannten Korrespondenzprinzip: Die quantenmechanischen Messgrößen – die sogenannten Observablen – müssen, wenn $\hbar$ im Vergleich zu anderen Parametern vernachlässigbar klein ist, in die bekannten klassischen Messgrößen übergehen.

A 2.8 Heisenberg besaß ein außergewöhnliches Maß an Konzentrationsvermögen. Sein Mitarbeiter Heinrich Mitter erinnert sich: Wenn er die Fingerspitzen aneinanderlegte und mit halb geschlossenen Augen blinzelnd zur Zimmerdecke schaute, hätte er wahrscheinlich eine explodierende Bombe überhört. Einmal wurde auf dem Betonflachdach des Münchner Instituts mit Presslufthämmern gebohrt. Die Bleistifte auf Heisenbergs Schreibtisch sprangen zentimeterhoch. Diskussionsbeiträge mussten gebrüllt werden, damit sie hörbar waren. Heisenberg konnte sich – in besagter Haltung – als einziger der Anwesenden konzentrieren.

Kann eine etablierte Theorie neue experimentelle Daten nicht erklären oder liefert sie widersprüchliche Aussagen, dann ist das ein Hinweis darauf, dass man an die Grenze der Gültigkeit der Theorie gestoßen ist. In der Folge sollte sie erweitert oder durch eine bessere Theorie ersetzt werden. Die klassische Mechanik ist in ihrem Gültigkeitsbereich, wenn die betrachteten Geschwindigkeiten weit unter der Lichtgeschwindigkeit liegen, nicht falsch. Die SRT hat jedoch einen größeren Erklärungsbereich, nämlich bis zur Lichtgeschwindigkeit, und sie geht in die klassische Theorie über, wenn man Geschwindigkeiten weit unter der Lichtgeschwindigkeit betrachtet. Ähnliches sollte also auch für die Quantenmechanik gelten. Sie sollte den Gesetzen der klassischen Mechanik immer dann folgen, wenn man $\hbar$ vernachlässigen kann.

Der Ort x und der Impuls p sind physikalische Observablen. Wie misst man die Position eines Objekts? Im Alltag bestimmen wir sie durch Betrachtung, wir sehen, wo sich das Objekt befindet. Aus zwei Positionsmessungen in zeitlichem Abstand können wir auch die Geschwindigkeit und daraus den Impuls bestimmen. Das funktioniert gut, solange das Objekt nicht zu klein ist. „Betrachten" heißt nämlich, mit unseren Augen Photonen wahrzunehmen, die vom Objekt reflektiert wurden. Durch diese Reflexion wird aber die Geschwindigkeit des Objekts, und damit sein Impuls, beeinflusst. Für Golfbälle ist der Effekt unmessbar klein, aber für kleine Objekte, wie Atome und Moleküle, ist er bedeutend. Wir können daher Ort und Impuls nicht gleichzeitig messen.

Betrachten wir zwei unterschiedliche Messgeräte: Das eine nennen wir X und es misst den Ort x eines Teilchens. Das andere heißt P und liefert den Impuls p. Zuerst wird X auf unser Teilchen angewandt und liefert x, dann wird P angewandt und liefert p. Wenn wir die Reihenfolge vertauschen, also zuerst P und dann X messen, so ergeben sich, wie oben besprochen, andere Werte. Offenbar hat X den Zustand beeinflusst und p verändert oder die Messung vom P hat den Zustand beeinflusst und x verändert.

Paare von Messgeräten[2], für die das gilt, nennt man „nicht vertausch-bar" und sie erlauben keine gleichzeitige Messung. Heisenberg zeigte 1927, dass daraus eine Ungleichung für die mögliche Messgenauigkeit der beiden Observablen folgt. Für x und p lautet sie

$$\Delta x \, \Delta p_x > \hbar/2.$$

Der griechische Buchstabe Δ (Delta) bezeichnet in der Physik häufig den Fehlerbereich einer Messgröße. Je genauer der Ort x gemessen wird, desto kleiner ist Δx. Da das Produkt $\Delta x \, \Delta p_x$ aber größer als $\hbar/2$ sein muss, bedingt dies eine größere Messunschärfe Δp_x. Entsprechend bedeutet eine genauere Messung von p, dass x nur mit größerer Unsicherheit gemessen werden kann. Diese „Unschärferelation" gilt für eine Reihe von Observablen.

Die Quantenmechanik hatte noch einen weiteren bedeutenden Gründervater: Erwin Schrödinger. Er wurde 1887 in Wien geboren, besuchte dort das Gymnasium und die Universität. Sein Studium der Mathematik und Physik schloss er 1910 ab und habilitierte sich 1914, zu Beginn des Ersten Weltkriegs. Er wurde einberufen und in Görz, Duino, Sistiana und Prosecco eingesetzt.

A 2.9 Während des Ersten Weltkriegs war Erwin Schrödinger Artillerieoffizier. Über seine Kriegszeit berichtete er: „Ich überstand sie ohne Verwundung oder Krankheit und mit wenig Auszeichnung."

Nach einigen kurzen Episoden als Außerordentlicher Professor in Jena, Stuttgart und Breslau, ging er 1922 nach Zürich als Inhaber des Lehrstuhls für Theoretische Physik. Seine Vorgänger waren Max von Laue und Albert Einstein. Hier entstand die Quantenmechanik in einem scheinbar ganz anderen Zugang: als Wellenmechanik.

Im Jahr 1927 wurde Schrödinger Nachfolger von Max Planck an der Friedrich-Wilhelm-Universität Berlin. Nach der Machtergreifung der Nationalsozialisten verließ er 1933 Berlin und wechselte nach Oxford. Im gleichen Jahr wurde ihm, gemeinsam mit Dirac, der Nobelpreis für Physik verliehen. 1936 nahm er einen Ruf nach Graz an. Am 12.03.1938 marschierten deutsche Truppen in Österreich ein und kurz danach erschien in einer Lokalzeitung ein Aufsatz Schrödingers mit dem Titel „Die Hand jedem Willigen. Bekenntnis zum Führer – Ein hervorragender

---

[2] In der abstrakt mathematischen Formulierung sind das Operatoren.

Wissenschaftler meldet sich zum Dienst für Volk und Heimat." Im Sommer 1938 wurde er dennoch als „semitophil" und „politisch widersprüchlich" entlassen und ging an das Institute for Advanced Studies nach Dublin, Irland. Erst 1956 kehrte er nach Wien zurück. Er starb 1961 an Tuberkulose.

A 2.10 Schrödinger liebte die Frauen. Die Ehe mit Annemarie Bertel war für beide sehr offen. Seine Frau hatte eine langjährige Beziehung zu seinem Freund Hermann Weyl, was die Freundschaft nicht beeinträchtigte. Schrödinger hatte mehrere außereheliche Beziehungen. Während seiner Zeit in Dublin lebte er mit seiner Frau und seiner Geliebten Hildegunde March (die Frau eines Kollegen) in einem gemeinsamen Haushalt. Mit Hildegunde hatte er eine Tochter.

A 2.11 Schrödinger hatte ein leicht erregbares Gemüt. In Dublin war er auch Direktor des Instituts. Es wird berichtet, dass Schrödinger und die Putzfrau des Hauses zugleich ihre Demission einreichten. Der Grund war, dass die Putzfrau abends Schrödingers Papierkorb geleert hatte, darunter auch ein wichtiges Papier, das er noch gebraucht hätte. Er beschwerte sich heftig, dass sie seine Arbeit sabotiere, sie, dass er sie an der Erfüllung ihrer Pflichten hindere.

A 2.12 Erwin Schrödinger kehrte 1956 wieder nach Österreich zurück. Am Wiener Hauptbahnhof wartete eine große Menschenmasse, was Schrödinger erstaunte. Die Menschen warteten aber nicht auf den Nobelpreisträger, sondern bejubelten Toni Sailer, den Schifahrer und dreifachen Goldmedaillengewinner der Olympischen Winterspiele in Cortina d'Ampezzo.

Heisenbergs Formulierung betonte die Teilcheneigenschaften. So wird Licht durch Lichtquanten dargestellt. Licht hat aber auch Wellennatur, wie man an seinem Beugungs- und Brechungsverhalten sieht. Louis-Victor de Broglie, Mitglied einer alten französischen Adelsfamilie, zeigte in seiner Dissertation (1924), dass dieses Verhalten, nämlich beides, Teilchen und Welle, zu sein, für alle Objekte gelten sollte. Teilchen sind „Materiewellen" und es gibt eine Beziehung zwischen Wellenlänge und Impuls von Objekten: $\lambda = h/p$. So hat zum Beispiel ein Elektron, das bisher als „reines" Teilchen gegolten hat, auch eine Wellennatur!

Man nennt diese Eigenschaft Welle-Teilchen Dualität. Sie wird im berühmten Doppelspalt-Experiment ersichtlich. Lichtwellen einer Frequenz werden beim Durchlaufen eines Paars von eng beieinander liegenden Spalten gebeugt und ergeben dann ein typisches Interferenzmuster mit

Maxima und Minima. Wenn man das Licht so „verdünnt", dass nur einzelne Photonen durch den Doppelspalt fliegen, ergibt sich dennoch dieses Interferenzmuster. Wie Claus Jönsson 1959 in seiner Dissertation an der Universität Tübingen zeigte, interferieren auch Elektronen. In einer Umfrage der Zeitschrift „Physics World" wurde dieses Experiment 2002 als „Schönstes physikalisches Experiment aller Zeiten" erkoren, noch vor Galileis Experiment des freien Falls. Seither wurde das Phänomen auch für größere Objekte demonstriert, 2019 von der Wiener Gruppe um Markus Arndt für Moleküle mit bis zu 2 000 Atomen.

Schrödinger knüpfte bei De Broglies Wellengleichung an und formulierte die Quantenmechanik durch eine Gleichung, in der die Wellenfunktion mit ihren Ableitungen nach Raum und Zeit verknüpft war. Er ging dabei von der Energiebilanz der klassischen Mechanik aus: Die Gesamtenergie ist die Summe aus kinetischer Energie (Bewegungsenergie) und potenzieller Energie, beide Funktionen von Impuls p und Ort x. Die geniale Idee war, den Impuls als Ableitung nach der Ortsvariablen zu interpretieren. Die Gleichung wird eine Differenzialgleichung, die als Lösung die Wellenfunktion $\psi(x)$ hat.

Mithilfe der Wellenfunktion können Aufenthaltswahrscheinlichkeit und andere Eigenschaften berechnet werden. Wir haben vereinfacht nur eine Raumdimension betrachtet. In drei Dimensionen treten dann Ableitungen in alle drei Richtungen auf.

In der klassischen Mechanik werden die Kräfte zwischen Teilchen mit Potenzialen beschrieben. Ein Beispiel dafür ist die Federkraft mit dem Potenzial $V(x) = k\ x^2$. Die potenzielle Energie des Systems ändert sich hier mit dem Quadrat des Abstands. Die Kraft ist durch die Änderung des Potenzials, das heißt durch die negative Ableitung nach der Abstandsvariablen x, gegeben, hier also durch $-2\ k\ x$.

Auch in der Schrödingergleichung tritt ein Potenzial auf. Aber wo versteckt sich die Quantennatur? Für eine Potenzialfunktion, die zu Bindungszuständen führt (wie zum Beispiel das Potenzial des Atomkerns, welches die Elektronen in der Hülle bindet), hat diese Gleichung nur für bestimmte Energiewerte E_n eine Lösung. Es ist eine sogenannte Eigenwertgleichung. Die Lösungsfunktionen $\psi_n(x)$ sind die Wellenfunktionen der Bindungszustände zur Quantenzahl n. Schrödinger publizierte seine Gleichung 1926. Zeitlebens vermied er das Wort Quantenmechanik und sprach stets von Wellenmechanik.

Damit verstand man die Energiewerte der Elektronen in der Atomhülle besser. Die Bohrschen Kreisbahnen waren nur eine Näherung. Tatsächlich waren die Wellenfunktionen der Elektronen komplizierterer Natur und erstreckten sich über die gesamte Hülle.

Die ältere Garde der Physiker war von Schrödingers Zugang begeistert, die neumodische Idee mit den Matrizen war ihnen wenig sympathisch. Die Vorstellung von Elektronen als stehende Wellen im Atom ist anschaulicher als Heisenbergs Matrixelemente. Heisenberg wiederum hielt wenig vom Zugang über Differentialgleichungen.

A 2.13 Heisenberg an Pauli: „Je mehr ich über den physikalischen Teil der Schrödingerschen Theorie nachdenke, desto abscheulicher finde ich ihn. Aber entschuldigen Sie die Ketzerei und sagen Sie's nicht weiter."

Die beiden Formulierungen der Quantenmechanik, die von Heisenberg und die von Schrödinger, schienen unterschiedlich zu sein, führten aber zu gleichen Ergebnissen. Schrödinger und Paul Dirac zeigten später, dass beide Zugänge mathematisch unterschiedliche, aber gleichwertige Realisierungen sind.

In der Quantenmechanik arbeitet man mit komplexen Wellenfunktionen, und es wurde und wird noch immer diskutiert, wie man diese interpretieren soll. In der sogenannten Kopenhagener Deutung, entwickelt in langen Diskussionen zwischen Heisenberg und Bohr, ergibt sich der Wert einer Größe erst im Augenblick der Messung mit einem makroskopischen Messgerät. Bis dahin liegt eine Überlagerung von Zuständen vor. Die quantenmechanische Wellenfunktion liefert die Wahrscheinlichkeit für die möglichen Messwerte.

A 2.14 Der junge Physik-Student Herbert Pietschmann ersuchte Schrödinger um ein Dissertationsthema zur allgemeinen Relativitätstheorie. Das ginge nicht, meinte Schrödinger, da habe er keine neuen Ideen. Was ihn interessiere, sei die Interpretation der Wellenmechanik (er vermied den Term Quantenmechanik), aber das sei für einen jungen Menschen zu riskant.

Schrödinger war mit dieser Interpretation der Quantenmechanik nie zufrieden. Mit einem Gedankenexperiment wollte er die Widersprüchlichkeit aufzeigen. In einer geschlossenen Box schläft eine Katze. Ebenfalls in der Box befindet sich ein Tötungsmechanismus: ein radioaktives Material, das jede Stunde im Mittel einmal ein Alphateilchen aussendet; wenn dieses Teilchen produziert wird, öffnet sich ein Ventil, Giftgas strömt in die Box und die Katze stirbt. Das Experiment beginnt, man wartet eine Stunde und weiß nicht, ob die Katze lebt oder tot ist. Quantenmechanisch hat man eine Überlagerung dieser beiden Zustände. Erst beim Öffnen der Box, dem Messprozess, entscheidet sich, was passiert ist.

A 2.15 Die Unschärferelation und „Schrödingers Katze" sind so populär, dass es zahlreiche Karikaturen und Witze gibt. Hier ein Vertreter dieser Gattung: Heisenberg und Schrödinger werden wegen Geschwindigkeitsüberschreitung angehalten.

Der Polizist fragt Heisenberg: „Wissen Sie, wie schnell Sie gefahren sind?"

Heisenberg antwortet: „Nein, aber wir wissen genau, wo wir sind!"

Der Beamte sieht ihn verwirrt an und sagt: „Sie waren mit 160 Kilometer pro Stunde unterwegs!"

Heisenberg ruft verzweifelt: „Toll! Jetzt sind wir verloren!"

Der Beamte inspiziert das Auto und fragt Schrödinger, ob die beiden Männer etwas im Kofferraum haben.

„Eine Katze", antwortet Schrödinger.

Der Polizist öffnet den Kofferraum und ruft erstaunt: „Diese Katze ist tot!"

Schrödinger entgegnet verärgert: „Nun, jetzt ist sie es."

Die 1920er Jahre waren die Erfolgsjahre physikalischer Genies. Wolfgang Ernst Pauli wurde 1900 in eine Akademikerfamilie in Wien geboren, sein zweiter Vorname stammt von seinem Patenonkel Ernst Mach. Er besuchte das Döblinger Gymnasium in Wien.[3] Nach dem Gymnasium – Pauli galt als mathematisches Wunderkind – studierte er ab 1919, genau wie Heisenberg, in München Physik bei Sommerfeld.

A 2.16 Sommerfeld hatte neben Heisenberg und Pauli eine große Anzahl von bedeutenden Studenten, so Peter Debye, Hans Bethe oder Alfred Landé. Er unterstützte junge Physiker aber nicht nur in Deutschland. 1934 erhielt er in Holland für eine Vorlesung eine bedeutende Summe Geldes. Er überwies diese an Ort und Stelle an Rutherford zur Unterstützung geflohener Wissenschaftler, da er dies in Deutschland nicht mehr hätte tun können.

1920 verfasste Pauli in der *Enzyklopädie der mathematischen Wissenschaften* den unter Kollegen hohes Ansehen hervorrufenden Artikel „Relativitätstheorie". Er wurde schon 1921 mit einer Arbeit über das Wasserstoffmolekül-Ion (das einfachste Molekül) *summa cum laude* promoviert. Danach war er ein Jahr Assistent bei Max Born in Göttingen und ein Jahr bei Niels Bohr in Kopenhagen. 1923–1928 hatte er eine Professur an der Universität in Hamburg.

A 2.17 Max Born beschrieb Wolfgang Pauli: „Ich wusste seit der Zeit, da er mein Assistent in Göttingen war, dass er ein Genie war, nur vergleichbar mit

---

[3] Paulis Klassenkamerad Richard Kuhn erhielt 1938 den Nobelpreis für Chemie.

Einstein selbst, ja, dass er rein wissenschaftlich vielleicht noch größer war als Einstein, wenn auch ein ganz anderer Menschentyp, der in meinen Augen Einsteins Größe nicht erreichte."

Um Inkonsistenzen in den Atomspektren zu erklären, führte Pauli eine neue Größe in die Quantenmechanik ein: den Spin, der für Elektronen zwei Werte $\pm \hbar/2$ annehmen kann. Wir haben den Spin schon im Zusammenhang mit dem Stern-Gerlach Experiment diskutiert. Dieser innere Freiheitsgrad kann entweder halbzahlig sein, wie beim Elektron, oder ganzzahlig. Teilchen mit halbzahligem Spin wurden später „Fermionen" genannt und werden im nächsten Kapitel näher besprochen.

A 2.18 Pauli war bekannt dafür, Vortragende oft zu unterbrechen und so den Vortrag zu stören. Victor Weisskopf sollte einen Vortrag bei Pauli halten. Rudolf Peierls empfahl Weisskopf, am Vormittag vorher zu Pauli zu gehen und mit ihm über das Thema zu diskutieren, er ging also hin. Pauli kritisierte Weisskopf heftig. Dann begann der Vortrag am Nachmittag. Pauli saß in der ersten Reihe und störte nicht, sondern murmelte die ganze Zeit „Ich habe es ihm ja gesagt, dass es falsch ist."

Paulis wichtigster Beitrag (1925) zur Quantenmechanik war die Entdeckung des „Ausschließungsprinzips", das sogar mit seinem Namen als „Pauli-Prinzip" zitiert wird: Fermionen dürfen nicht im selben Quantenzustand sein! Fermionen können sich daher auch nicht alle an einem Ort aufhalten, sie benötigen Volumen. Eine Schlussfolgerung daraus betrifft den Aufbau der Atome: Elektronen sind Fermionen. Sie müssen Abstand voneinander halten oder wenn sie am gleichen Ort sind, unterschiedliche Spin-Einstellung haben. Es können also höchstens zwei Elektronen an derselben Stelle sein. Daraus ergibt sich die Größe der Elektronenhülle.

Pauli erweiterte 1927 die Schrödinger-Gleichung, um langsame Teilchen in einem elektromagnetischen Feld zu beschreiben. Mit ihr konnte das Ergebnis des Stern-Gerlach-Experiments erklärt werden.

Die beiden jungen Genies, Heisenberg und Pauli, waren von grundverschiedenem Naturell. Pauli feierte die Nächte durch und verschlief seine 11-Uhr-Vorlesungen. Er kritisierte seine Kollegen unbarmherzig und scharfzüngig, nur sein Lehrer Sommerfeld war sakrosankt. Heisenberg hingegen war sportlich, naturliebend, wanderte gern und war immer freundlich.

A 2.19 Mit seinem Kollegen Paul Ehrenfest, der wie Pauli einen Artikel in der Enzyklopädie der mathematischen Wissenschaften verfasst hatte, verband ihn eine herzliche Freundschaft, die die beiden aber nicht am Austausch bissiger Bonmots hinderte:

Ehrenfest: „Herr Pauli, Ihr Enzyklopädieartikel gefällt mir besser als Sie selbst!", daraufhin Pauli: „Das ist doch komisch, mir geht es mit Ihnen gerade umgekehrt!"

A 2.20 Heisenberg konnte seine Ideen und Vorstellungen sehr hartnäckig verteidigen. Selbst in heftigen Fachdiskussionen blieb er jedoch (ganz im Gegensatz zu Pauli) stets ruhig und freundlich, auch im engsten Mitarbeiterkreis. „Aber, gestatten Sie, ist das nicht ein Kohl?" sagte er, wenn etwas seiner Meinung nach völlig falsch war. Wenn er seiner Argumentation selbst nicht ganz sicher war, fragte er: „Habe ich hier Kohl gemacht?"

In den 1920er Jahren waren Berlin, München, Göttingen und Leipzig die Attraktoren für Forscherinnen und Forschern der „Neuen Physik". 1927 waren Born, Hilbert, Hund, von Neumann, Oppenheimer und Wigner in Göttingen; 1929 waren in Berlin Einstein, von Neumann, Planck, Schrödinger, Szilárd, Weizsäcker und Wigner. Max Planck in Berlin und Arnold Sommerfeld in München näherten sich ihrer Emeritierung und bemühten sich um Förderung des akademischen Nachwuchses. Max Born in Göttingen war einer der jüngeren Ordinarien in Deutschland und einer der Ersten, der die Bedeutung der Arbeiten von Pauli, Fermi und Heisenberg erkannte und sie nach Göttingen einlud. Heisenberg, ab 1927 Professor in Leipzig, machte die Universität gemeinsam mit Friedrich Hund zu einem erfolgreichen Zentrum für Quantenmechanik.

A 2.21 Heisenberg kam 1927 nach Leipzig, Friedrich Hund 1929. Die beiden verstanden sich gut. Weithin bekannt wurde das gemeinsame Seminar „Heisenberg mit Hund".

Max Born (1882–1970) kam in Breslau zur Welt und wuchs dort auf. Er studierte ab 1901 in Breslau, Heidelberg, Zürich und Göttingen, zuerst Rechtswissenschaften und Moralphilosophie, dann Mathematik und Physik. Göttingen war damals vor allem durch seine Mathematiker berühmt: Felix Klein und David Hilbert. Felix Klein war von Borns Leistungen begeistert und war gekränkt von dessen Zurückhaltung. David Hilbert fragte Born vor dem Rigorosum, auf welchem Gebiet er schlecht vorbereitet sei, und stellte dann Fragen zu genau diesen Themen. Offenbar war Hilbert zufrieden, denn er stellte Born als unbezahlten Assistenten an.

Nach Aufenthalten in Cambridge und Breslau kehrte Born 1908 nach Göttingen zurück. Nach seiner Habilitation ging Born als außerordentlicher Professor zuerst nach Frankfurt, dann Berlin, bis er schließlich 1919 auf eine ordentliche Professur (Nachfolge Max von Laue) in Frankfurt berufen wurde.

A 2.22 Albert Einstein hat Born von der Rückkehr nach Göttingen abgeraten: „ [...] ich bliebe lieber in Frankfurt. Denn mir wäre es unerträglich, auf einem kleinen Kreis aufgeblasener und meist engherziger (und -denkender) Gelehrter so ganz angewiesen zu sein (kein anderer Verkehr). Denkt daran, was Hilbert ausgestanden hat von dieser Gesellschaft."

Mit der Übernahme der Professur in Göttingen 1921 begann eine fruchtbare Periode dominiert durch Quantenmechanik und Zusammenarbeit mit Pauli, Heisenberg, Jordan und Hund. Born beschäftigte sich mit der quantenmechanischen Beschreibung von Streuprozessen, wie sie Rutherford zur Bestätigung seines Atommodells verwendet hatte. Die von Max Born vorgeschlagene Vereinfachung zur Berechnung eines Streuprozesses findet als „Bornsche Näherung" bis heute noch häufige Anwendung. Ist die streuende Kraft gering, so wird sich die ausgehende Welle kaum von der eingehenden unterscheiden. In der Bornschen Näherung wird deshalb für die ausgehenden Welle die ungestörte eingehende Welle eingesetzt – die Rechnung wird dadurch ungemein vereinfacht, die Ungenauigkeit ist bei kleiner Streukraft gering.

A 2.23 Max Born sagte Ende der 1920er Jahre:
„Physik, wie wir sie kennen, wird in sechs Monaten vorbei sein."

Im Jahr 1933 wurde Max Born wegen seiner jüdischen Herkunft zwangsbeurlaubt und 1936 wurde ihm die deutsche Staatsbürgerschaft entzogen. Er emigrierte nach England, zunächst ab 1933 nach Cambridge, dann ab 1936 auf eine Professur an der Universität von Edinburgh. Erst 1953 kehrte er nach Deutschland zurück.

Die Quantenmechanik und ihre Interpretation beschäftigen Naturwissenschaftler auch heute noch. Wie ist die quantenmechanische Wellenfunktion mit der Beobachtung im Experiment und im Alltag verknüpft? Max Born schlug vor, das Quadrat des Betrags der Wellenfunktion als Wahrscheinlichkeitsdichtefunktion zu interpretieren. Wenn die Wellenfunktion eines Teilchens als Funktion von Ortsraumkoordinaten geschrieben wird, dann gibt ihr Betragsquadrat die Aufenthaltswahrscheinlichkeit an, die Wahrscheinlichkeit, das Teilchen dort anzutreffen. Die Quantenmechanik liefert daher nicht sichere Werte, sondern nur wahrscheinliche. Im Jahr 1954 wurde Born der Nobelpreis für Physik „für seine grundlegenden Forschungen in der Quantenmechanik, besonders für seine statistische Interpretation der Wellenfunktion" verliehen.

A 2.24 Max Born in seiner Nobelpreisrede: „Als mathematisches Instrument ist der Begriff einer reellen Zahl, dargestellt durch einen unendlichen Dezimalbruch, äußerst wichtig und fruchtbar. Als Maß einer physikalischen Größe ist er ein Unsinn."

Niels Bohr und Werner Heisenberg ergänzten diese Interpretation Borns zur „Kopenhagener Deutung". Dass nur Wahrscheinlichkeiten berechnet werden können, ist nicht durch etwaige Unkenntnis der Randbedingungen oder verborgener Parameter begründet, sondern ist eine intrinsische Eigenschaft der Quantenmechanik. Über die reale Existenz wird nichts ausgesagt, nur die Ergebnisse einer Messung sind real. Die Messung ist der Übergang von der quantenmechanischen Beschreibung zur Beobachtung. Die Quantenmechanik macht keine Aussagen über das Objekt vor einer Messung oder zwischen zwei Messungen.

A 2.25 Einstein lehnte die Wahrscheinlichkeitsinterpretation ab. Ende 1926 schrieb er an Born über die Quantenmechanik: Die Theorie liefert viel, aber dem Geheimnis des Alten bringt sie uns kaum näher. Jedenfalls bin ich überzeugt, dass *der* nicht würfelt.

Über Initiative von Walther Nernst wurde 1911 in Brüssel die „Solvay Konferenz für Physik" abgehalten, gesponsert von einem belgischen Industriellen. Das Treffen war so erfolgreich, dass seither in unregelmäßigen Abständen weitere Solvay-Konferenzen folgten. Eine Teilnahme ist nur durch Einladung möglich. Bei den Treffen nach dem ersten Weltkrieg wurden deutsche Physiker nicht eingeladen, da König Albert I. den Einmarsch deutscher Truppen im Krieg nicht verzeihen wollte. Bei der 5. Solvay Konferenz 1927 wurden die Ressentiments überwunden und so fanden sich praktisch alle Berühmtheiten der Quantenphysik in Brüssel ein. Unter den 28 Teilnehmern und einer Teilnehmerin (Marie Curie) waren 17 Nobelpreisträger oder künftige Nobelpreisträger. Zentrales Diskussionsthema war die „Kopenhagener Deutung". Einstein konnte nicht davon überzeugt werden, er war und blieb skeptisch.

Die Kopenhagener Interpretation ist auch heutzutage nicht unumstritten. Alternative Interpretationen wurden vorgeschlagen, zum Beispiel die Führungswellentheorie von David Bohm oder die Viele-Welten-Theorie von Hugh Everett. Ihnen allen gemeinsam ist, dass die Rechenvorschriften dieselben Ergebnisse liefern.

A 2.26 Murray Gell-Mann meinte dazu:

Niels Bohr hat eine ganze Generation von Physikern einer Gehirnwäsche unterzogen, damit sie glauben, dass das Problem vor fünfzig Jahren gelöst wurde. (1979)

Die Kopenhagener Interpretation ist zu speziell, um fundamental zu sein [...] Sie ist keine überzeugende fundamentale Darstellung, obwohl sie richtig ist. (1997)

Eine besondere Eigenschaft der Quantenmechanik ist die „Verschränktheit". Betrachten wir ein System mit zwei Teilchen, die eine gemeinsame Wellenfunktion haben und die „verschränkt" sind. Dann reicht es aus, den Quantenzustand eines der beiden Teilchen zu messen. Damit ist der Zustand des anderen festgelegt, egal wie weit es vielleicht räumlich entfernt ist.

Einstein widerstrebte diese „spukhafte Fernwirkung" der Quantenmechanik. Er konzipierte gemeinsam mit Boris Podolsky und Nathan Rosen ein viel diskutiertes Gedankenexperiment (EPR), welches ihrer Meinung nach zeigt, dass es zusätzlich zur Quantenmechanik noch „Elemente der Realität" geben müsse.

John Bell (1928–1990) leitete 1964 eine Ungleichung her; wenn sie verletzt ist, dann kann es in der Quantenmechanik keine lokalen versteckten Variablen, das heißt Einsteins Elemente der Realität, geben. Wenn eine Theorie versteckter Variablen lokal ist, stimmt sie nicht mit der Quantenmechanik überein, und wenn sie mit der Quantenmechanik übereinstimmt, ist sie nicht lokal. Mit lokal meint man nur durch die unmittelbare Umgebung beeinflusst.

A 2.27 J. S. Bell stellte das mittlerweile berühmte Beispiel vor, bei dem sein Mitarbeiter Reinhold Bertlmann eine zentrale Rolle spielt:

Dr. Bertlmann trägt immer zwei verschiedenfarbige Socken. Welche Farbe er an einem bestimmten Tag an einem bestimmten Fuß haben wird, ist ziemlich unvorhersehbar. Aber wenn Sie sehen, dass die erste Socke rosa ist, können Sie bereits sicher sein, dass die zweite Socke nicht rosa sein wird. Die Beobachtung des Ersten und die Erfahrung mit Bertlmann geben unmittelbar Auskunft über das Zweite.

Seither ist die Experimentiertechnik so fortgeschritten, dass man die Gedankenexperimente zu realen Experimenten machen konnte. Man zeigte damit die Verletzung der Bellschen Ungleichungen und die „Nichtlokalität" der Quantenmechanik. Erzeugt man zwei miteinander verschränkte Photonen, so wird durch die Messung des einen Photons die Eigenschaft des anderen Photons festgelegt.

Der Nobelpreis für Physik 2022 wurde gemeinsam an Alain Aspect, John F. Clauser und Anton Zeilinger „für Experimente mit verschränkten Photonen, Nachweis der Verletzung der Bellschen Ungleichungen und wegweisende Quanteninformationswissenschaft" verliehen.

Anton Zeilinger (geboren 1945 in Ried im Innkreis, Österreich) studierte an der Universität Wien. Seine ersten Anstellungen waren unter anderem am MIT und an der TU München. Von 1990–1999 war er Professor für Experimentalphysik an der Universität Innsbruck und danach bis zu seiner Emeritierung 2013 an der Universität Wien.

Er beschäftigt sich auch mit praktischen Anwendungen quantenmechanischer Phänomene, so dem abhörsicheren Austausch von Daten. Zeilinger übermittelte zum ersten Mal durch Quantenkryptographie verschlüsselte Botschaften, darunter auch Abbildungen: 2000 das Bild des bekannten archäologischen Fundes „Venus von Willendorf" und 2017 über den chinesischen Satelliten Micius von Wien nach China das Porträt von Erwin Schrödinger.

A 2.28 Anton Zeilinger in seiner Nobelpreisrede 2023: Es war das einzige Mal, dass eine nackte Frau [die Venus von Willendorf] in den Physical Review Letters abgedruckt wurde.

Zurück in die Geburtsjahre (1925–1928) der Quantenmechanik. Bei den Quantentheoretikerinnen und Quantentheoretikern hob geschäftiges Treiben an. Probleme, bei denen die klassische Physik versagt hatte, gab es viele, ein weites, fruchtbares Betätigungsfeld tat sich auf.

Noch konnte man allerdings nicht zufrieden sein. Die Gleichungen der Quantenmechanik waren über das Korrespondenzprinzip mit denen der klassischen Mechanik verknüpft. Diese war jedoch durch die SRT ersetzt worden. Wie sehen Gleichungen der Quantenmechanik aus, die mit der SRT verträglich sind?

Gesucht wurde eine relativistische Wellengleichung. Oskar Klein[4] und Walter Gordon folgten Schrödingers Beispiel und ersetzten in der relativistischen Energie-Impuls Beziehung die Energie durch eine Ableitung nach der Zeit und den Impuls durch räumliche Ableitungen. Die so erhaltene Klein-Gordon-Gleichung (1926) war eine Differenzialgleichung

---

[4] Theodor Kaluza hatte 1919 die Erweiterung von Raum-Zeit von vier auf fünf Dimensionen vorgeschlagen, um eine vereinheitlichte Theorie von Gravitation und Elektromagnetismus zu formulieren. Oskar Klein hatte 1926 versucht, eine Quanteninterpretation zu finden (Kaluza-Klein-Theorie).

zweiter Ordnung und beschrieb freie Teilchen, zwar relativistisch korrekt, aber leider nur für Spin Null.

Die Formulierung für Spin ½, also für Elektronen, lieferte eine weitere Größe der Quantenmechanik. Paul Adrien Maurice Dirac, geboren 1902 in Bristol, war schüchtern und zurückhaltend, vielleicht, weil er als Kind unter seinem autoritären Vater gelitten hatte. Ein Gerücht besagt, dass seine Institutskollegen erst bei der Nobelpreisverleihung erstaunt feststellten, dass der berühmte Dirac seit langem in ihrem Institut arbeitete. Dirac studierte zuerst Elektrotechnik, wechselte zur Mathematik und bekam 1923 ein Stipendium an der Universität Cambridge. Er promovierte 1926 mit einer Dissertation zur Quantenmechanik.

A 2.29 Dirac war sehr schweigsam. Fragte man ihn, so dachte er eine Weile nach und gab mit freundlicher, ruhiger Stimme die kürzest mögliche genaue Antwort. Dann schwieg er wieder. Seine Kollegen in Cambridge definierten scherzhaft eine Einheit namens „dirac", die für ein Wort pro Stunde stand.

A 2.30 Während einer Vorlesung an der University of Wisconsin fragte Dirac, ob es irgendwelche Fragen gebe. Ein Zuschauer rief: „Ich verstehe die Gleichung oben rechts auf der Tafel nicht." Minuten vergingen, während Dirac teilnahmslos dastand. Auf die Aufforderung des verunsicherten Moderators zu einer Antwort sagte Dirac: „Das war doch keine Frage, das war ein Kommentar".

Inspiriert durch Paulis Ausschließungsprinzip stellte er 1928 eine Wellengleichung auf, welche die SRT erfüllte. Die Gleichung lieferte jedoch ein vorerst unerwartetes Nebenergebnis: Zu den Teilchen mit Spin ½ musste es weitere Teilchen geben, sogenannte „Antiteilchen". Diese sollten die gleiche Masse haben, aber die entgegengesetzte elektrische Ladung tragen. Zu einem negativen Elektron e^- sollte es ein gleich schweres positives Antiteilchen e^+ geben.

Um ein Antiteilchen vom Teilchen zu unterscheiden, versieht man den Namen mit einem zusätzlichen Querstrich. Das Antiproton ist dann $\bar{p}$, das Antineutron $\bar{n}$. Welches dabei das Teilchen, und welches das Antiteichen ist, ist Konvention und meist durch die Entdeckungsgeschichte vorgegeben. Oft bekommt das Antiteilchen aber auch einen eigenen Namen, wie das beim Anti-Elektron der Fall ist, das den Namen Positron erhielt.

A 2.31 Dirac glaubte vorerst selbst nicht an diese Antiteilchen. Als jedoch 1932 die Positronen mit genau den vorher gesagten Eigenschaften experimentell entdeckt wurden, meinte Dirac: „Die Gleichung war schlauer als ich."

Damit war das theoretische Fundament gelegt. In nur vier Jahren 1925–1928 waren die grundlegenden Gleichungen zur Quantentheorie entstanden.

Dirac blieb einstweilen in Cambridge. Heisenberg wurde 1927 an die Universität Leipzig berufen, Schrödinger trat 1927 die Nachfolge von Max Planck an der Friedrich-Wilhelms-Universität Berlin an. Pauli wechselte 1928 von Hamburg an die ETH Zürich.

A 2.32 Heisenberg erinnert sich: Eines Abends während der Solvay-Konferenz 1927 blieben einige der jüngeren Mitglieder in der Lounge des Hotels zurück. Zu dieser Gruppe gehörten Wolfgang Pauli und ich, und bald darauf schloss sich Paul Dirac an. Es entwickelte sich eine heiße Diskussion über Physik und Religion. Dirac lehnte Religion und den Gottesbegriff vehement ab. Wolfgang Pauli folgte der Diskussion lange schweigend, bis er sagte: „Nun, unser Freund Dirac hat auch eine Religion, und ihr Leitsatz lautet: 'Es gibt keinen Gott und Dirac ist sein Prophet.'" Wir lachten alle, auch Dirac, und damit endete unser Abend in der Hotellounge.

Zur Zeitgeschichte: 1920–1929

Das Kinderbuch „The Story of Doctor Dolittle" des Engländers Hugh Lofting erscheint 1920 und wird auch in deutscher Übersetzung als „Dr. Dolittle und seine Tiere" sehr beliebt.

Die Inflation hyperventiliert, die Deutsche Mark hat im Oktober 1922 nur ein Tausendstel des Werts von 1914. Im Oktober 1923 kostete 1 US$ 4 Billionen Mark. Mit der Einführung der Rentenmark im November 1923 stabilisiert sich die Währung.

Am 24. Juni 1922 wird der deutsche Reichsaußenminister Walther Rathenau ermordet.

Howard Carter entdeckt 1922 den Eingang zum Grab des Pharaos Tutanchamun im Tal der Könige in Ägypten. Im selben Jahr hat der Stummfilm „Nosferatu" von F.W. Murnau in Berlin Uraufführung und in Paris geht „Ulysses" von James Joyce in Druck.

Die von vielen als größte Schauspielerin ihrer Zeit bewunderte Eleonora Duse stirbt 1924 in Pittsburgh.

Die „Goldenen Zwanziger Jahre" bringen einen Wirtschaftsaufschwung. und neue Formen der Unterhaltung entwickeln sich in den europäischen Städten. Revuen mit Sketchen, Gesangs- und Tanznummern sind stets ausverkauft. Das Sextett Comedian Harmonists feiert Erfolge mit „Veronika, der Lenz ist da" und „Ein Freund, ein guter Freund". Der Jazz und der Charleston erobern Europa. Im Berliner Ufa-Palast am Zoo findet 1927 die Premiere von Fritz Langs dystopischem Science-Fiction-Film Metropolis statt. 1930 kommt einer der ersten deutschsprachigen Tonfilme in die Filmtheater: „Der blaue Engel" mit Emil Jannings und Marlene Dietrich entstand nach dem Buch „Professor Unrat" von Heinrich Mann.

Im Mai 1926 wird in St. Petersburg die erste Sinfonie von Dmitri Schostakowitsch aufgeführt. Er komponierte das Werk als Abschlussarbeit seines Studiums am Leningrader Konservatorium im Alter von 18 Jahren.

Erich Maria Remarque veröffentlicht 1928 den Antikriegsroman „Im Westen nichts Neues".

Charles Lindbergh gelingt als erstem Menschen die Alleinüberquerung des Atlantiks in einem Flugzeug von New York nach Paris ohne Zwischenlandung. In Berlin kommt es zwischen bewaffneten Verbänden der Nationalsozialisten und der Kommunisten zu schweren Straßenschlachten.

Die USA werden zu einer Weltmacht.

Literatur und Quellennachweis für Anekdoten und Zitate

A 2.1 www.deutschlandfunk.de/erfinder-der-vierdimensionalen-raumzeit-100.html
A 2.2 Nebelspalter (1955)
A 2.3 quoteinvestigator.com/2013/11/05/chaplin-einstein/
A 2.4 Pais (1982), S. vi
A 2.5 Pais (1982), S. 9
A 2.6 Born (1969), S. 18
A 2.7 Jungk(2020), S. 260
A 2.8 H. Mitter, Private Mitteilung
A 2.9 Exner (1996)
A 2.10 http://de.wikipedia.org/wiki/Erwin_Schrödinger
A 2.11 Thirring (2008), S. 78
A 2.12 Fischer (2000), S. 253
A 2.13 Hürter (2021), S. 180
A 2.14 www.mediathek.at/wissenschaftsgeschichten/physikgeschichten/

A 2.15 www.reddit.com/r/Jokes/comments/1k7rp6/heisenberg_and_schrödinger_get_pulled_over_for/

A 2.16 Segrè (1981), S. 150

A 2.17 oe1.orf.at/artikel/206990/Pauli-der-Nobelrabauke 8. April 2017, 21:58

A 2.18 Vortrag von Victor Weisskopf, Univ. Graz 1985 und Weisskopf, Victor Frederick. My life as a physicist, circa 1971

A 2.19 de.wikipedia.org/wiki/Wolfgang_Pauli

A 2.20 H. Mitter, Private Mitteilung

A 2.21 de.wikipedia.org/wiki/Werner_Heisenberg

A 2.22 einsteinpapers.press.princeton.edu/vol9-doc/533, Brief von Einstein an Born (3.3.1920)

A 2.23 Aus Stephen Hawking, „Black Holes and Baby Universes and Other Essays" (1993), S. 50.

A 2.24 Born (1969), S. 113

A 2.25 Albert Einstein, Hedwig und Max Born: Briefwechsel 1916–1955. Rowohlt Taschenbuchverlag, Reinbek bei Hamburg, 1972, S. 97

A 2.26 The Nature of the Physical Universe, the 1976 Nobel Conference, (1979, S. 29).
www.webofstories.com/play/murray.gell-mann/163

A 2.27 J.S. Bell: Bertlmann's socks and the nature of reality. J.Phys.Colloq. 42 (1981) 41–62, cds.cern.ch/record/142461/files/198009299.pdf

A 2.28 A. Zeilinger, Nobelpreisrede 2022

A 2.29 Farmelo (2009)

A 2.30 Farmelo (2009), und Michael D. Gordin www.americanscientist.org/article/dr-strange

A 2.31 www.damtp.cam.ac.uk/user/tong/qft/four.pdf

A 2.32 Heisenberg (1973), S. 106

Born (1969) M. u. H. Born „Der Luxus des Gewissens", Nymphenburger. München.

Exner (1996) B. Exner, J. Ehtreiber, A. Hohenester „Physiker Anekdoten", Hölder Pichler Tempsky, Wien.

Farmelo (2009) Graham Farmelo, The strangest man: The Hidden Life of Paul Dirac, Mystic of the Atom. Basic Books.

Fischer (2000) E. P. Fischer „Aristoteles, Einstein und Co. Eine kleine Geschichte der Wissenschaft in Porträts", Piper, München.

Heisenberg (1973) Werner Heisenberg: Der Teil und das Ganze. Dtv München.

Hürter (2021) Tobias Hürter: Das Zeitalter der Unschärfe. Klett-Cotta, Stuttgart.

Jungk (2020) Robert Jungk, Heller als tausend Sonnen. Rowohlt Buchverlag; 1. Auflage, Neuausgabe (2020).

Nebelspalter (1955) Nebelspalter: das Humor- und Satire-Magazin, 81 (1955) Heft 20. Persistenter Link: doi.org/https://doi.org/10.5169/seals-494561 PDF erstellt am: 05.07.2022

Pais (1982) A. Pais „Subtle is the Lord...", Oxford University Press.

Segrè (1981) E. Segrè, Die großen Physiker und ihre Entdeckungen, Piper, München, Zürich.

Thirring (2008) Walter Thirring „Lust am Forschen" . Seifert Verlag, Wien.

3

Die Entdeckung der Fermionen

Zusammenfassung Teilchen mit halbzahligem Spin nennt man Fermionen. Wolfgang Pauli zeigte, dass Fermionen nicht im gleichen Quantenzustand sein können, also auch nicht am selben Ort mit denselben Quantenzahlen. Dieses sogenannte Ausschließungsprinzip sorgt dafür, dass es stabile Materie gibt. Wir stellen die in den 1930er Jahren bekannten Fermionen vor: Elektron, Positron, Neutron, Myon. Pauli erklärt den radioaktiven Betazerfall durch die Existenz eines masselosen (oder sehr leichten) Teilchens, welches den Namen Neutrino erhält und ein Fermion ist.

3.1 Fermionen und Bosonen

Der Name „Fermion" bezieht sich auf den italienischen Physiker Enrico Fermi. Er gehörte zur Gruppe der zu Jahrhundertbeginn geborenen Wunderkinder. Fermi kam 1901 in Rom zur Welt, war mit 24 schon Professor in Florenz und 1926 in Rom an der Universität La Sapienza. Ebenfalls im Jahr 1926 beschrieb er erstmals das Verhalten von Elektronen mittels einer statistischen Formel. Paul Dirac erweiterte den Ansatz, indem er ihn mit Grundsätzen der Speziellen Relativitätstheorie verband. Zusammengefasst wird diese Gesetzmäßigkeit als Fermi–Dirac-Statistik bezeichnet. Ein wichtiger Bestandteil der Theorie ist das im vorigen Kapitel bereits angesprochene Pauli-Ausschließungsprinzip, dass sich Teilchen mit halbzahligem Spin nicht im selben Quantenzustand befinden dürfen.

© Der/die Autor(en), exklusiv lizenziert an Springer-Verlag GmbH, DE, ein Teil von Springer Nature 2023
C. B. Lang und L. Mathelitsch, *Haben Sie eines gesehen?*,
https://doi.org/10.1007/978-3-662-67972-2_3

A 3.1 1930 waren aufgrund der Hochzeit des Kronprinzen Umberto II einige Straßen abgesperrt, auch die Zufahrt zum Institut für Physik. Fermi wurde mit seinem kleinen gelben Peugeot und seiner Alltagskleidung an der Durchfahrt gehindert. Er erinnerte sich, dass er als Akademiemitglied eine Einladung zur Hochzeit hatte, zeigte diese vor und sagte: „Ich bin der Chauffeur seiner Exzellenz Enrico Fermi und muss ihn abholen. Darf ich durchfahren?" Was ihm gestattet wurde.

Teilchen mit ganzzahligem Spin werden durch eine andere Gesetzmäßigkeit, die Bose–Einstein-Statistik, erfasst. Man nennt sie „Bosonen". Für sie gilt das Ausschließungsprinzip nicht, beliebig viele Teilchen können sich in einem Zustand aufhalten. Licht kann deshalb sehr intensiv sein, weil sich Photonen ohne zahlenmäßige Einschränkungen zusammenballen können.

A 3.2 1924 erhielt Einstein einen Brief von einem ihm unbekannten Inder: Satyendra Nath Bose. Der junge Physiker bat ihn um Durchsicht seines Artikels und um eventuelle Übersetzung ins Deutsche, um diesen sodann bei einer deutschen Zeitschrift zur Veröffentlichung einreichen zu können. Einstein fand in der Arbeit zwar einen Fehler, erkannte aber auch den genialen, neuartigen Zugang. Gemeinsam publizierten sie einen Artikel auf den Grundlagen der Ideen von Bose.

Mit einem Vergleich aus dem Tierreich könnte man sagen: Fermionen sind Einzelgänger wie Tiger, die freien Platz um sich benötigen. Bosonen gleichen Herdentieren, wie es zum Beispiel Pinguine sind, die keinerlei Scheu vor engem Kontakt haben.

In diesem Kapitel wollen wir einige Fermionen vorstellen. Einige waren bereits vor dieser Namensgebung bekannt, viele mehr wurden in der Folge entdeckt.

3.2 Elektron

In der zweiten Hälfte des 19. Jahrhunderts wusste man bereits, dass erhitzte und stark negativ geladene Metalle Strahlen aussenden. Untersucht wurde dies in möglichst gut evakuierten Glasröhren, wobei an einem Ende eine negative Metallelektrode (Glühkathode) angebracht war. Die Strahlen erzeugten am anderen Ende ein Leuchten auf einem fluoreszierenden Schirm, Hindernisse konnten sogar einen Schatten werfen. Die Natur dieser Kathodenstrahlen war jedoch vorerst unbekannt.

Eine erste Klärung ergab sich durch den Franzosen Jean Baptiste Perrin, der die Strahlen durch starke Magnete ablenken konnte. Die Art der Ablenkung zeigte eine negative Ladung der Strahlen an.

Der eigentliche Entdecker und „Vater" des Elektrons war jedoch der Engländer Joseph John Thomson, meist als J. J. Thomson zitiert.

A 3.3 1884 legte Lord Rayleigh die Leitung des berühmten Cavendish Laboratoriums zurück. Der 28jährige Thomson bewarb sich, und zu seiner Überraschung erhielt er die Stelle. Er schrieb darüber. „Ich kam mir vor wie ein Fischer, der mit leichtem Angelgerät an einer Stelle fischt, an der er eigentlich nichts zu fangen erwartet und zu seiner Überraschung einen Fisch fängt, den er gar nicht an Land ziehen kann."

Thomson modernisierte das Cavendish Labor und drei Jahre später, 1897, publizierte er seine erste bahnbrechende Entdeckung. Aufgrund besser evakuierter Röhren konnte er die Strahlen sowohl durch magnetische als auch durch elektrische Felder ablenken und dadurch Eigenschaften der Teilchen dieses Strahls messen. Er konnte zwar nicht die Masse der Teilchen bestimmen, aber das Verhältnis ihrer elektrischen Ladung zur Masse (e/m). Außerdem zeigte er, dass unabhängig vom Material der Kathode immer dieselbe Art von Teilchen freigesetzt wird.

Zwei Jahre später konnte Thomson die Ladung annähernd messen, 1910 wurde dieser Wert im sogenannten Tröpfchenversuch des Amerikaners Robert Andrews Millikan sehr genau ermittelt: Geladene Öltröpfchen wurden zwischen waagrecht angeordnete Platten eines Kondensators eingebracht, die Schwerkraft wirkt auf die Teilchen nach unten, das elektrische Feld nach oben. Durch Änderung der Spannung kann man die Tröpfchen zum Schweben bringen und daraus sehr genau die Größe der Elementarladung bestimmen. Damit konnte man die Masse des Elektrons errechnen, die etwa 2000 mal geringer war als die Masse des leichtesten Atoms, des Wasserstoffs. 1906 erhielt J. J. Thomson den Nobelpreis für Physik, 1923 Robert Millikan.

A 3.4 Thomson hatte neben der Physik vielfältige Interessen. Er beobachtete den Finanzmarkt sehr genau und hat es mit einem relativ kleinen Kapitel zu einem ansehnlichen Vermögen gebracht. Er war auch leidenschaftlicher Gärtner, der mit Akribie Pflanzen und Blumenzwiebel für seinen Garten auswählte, wobei er die Gartenarbeit dann jedoch anderen überließ.

Der Name Elektron stammt aus dem Griechischen, er bedeutet Bernstein. Es war bekannt, dass sich Bernstein beim Reiben mit einem Tuch elektrisch aufläbt. Später wurde Elektron allgemein für dieses Verhalten verwendet und als man die zugrunde liegenden negativen Teilchen entdeckte, wurde der Name auf diese übertragen. Das Elektron ist das erste Elementarteilchen, das gefunden wurde.

3.3   Proton

Die Entdeckung dieses zweiten Fermions ist bereits im ersten Kapitel beschrieben worden. Das Proton ist der Kern des Wasserstoffatoms, dem Rutherford 1926 den Namen gegeben hat. In Experimenten hatte er diese Teilchen aus anderen Atomen herausgeschlagen. Es war damit klar, dass die Anzahl der positiv geladenen Protonen Z die gesamte Ladung des Kerns bestimmt. Für die neutralen Atome erfordert dies, dass sich gleich viele Elektronen in der Hülle befinden. Und damit ist die Kernladungszahl auch eine der Grundlagen des Periodensystems. Dieses wurde 1869 unabhängig voneinander von den Chemikern Dmitri Mendelejew und Lothar Meyer vorgeschlagen. In einem zweidimensionalen Schema werden die Elemente waagrecht nach ansteigender Masse angeordnet, die vertikale Ordnung wird durch gleiche chemische Eigenschaften bestimmt.

A 3.5 Mendelejew, der sich angeblich nur einmal im Jahr von einem Schafscherer Haare und Bart schneiden ließ, soll leidenschaftlicher Patiencespieler gewesen sein. Es wird erzählt, dass er die damals bekannten 63 Elemente auf die Patiencekarten geschrieben und gemäß chemischer Eigenschaften sortiert hat. Das Besondere seiner Anordnung im Vergleich zu früheren war, dass Mendelejew auch Lücken erlaubt hat.

Unstimmigkeiten zwischen der Masse eines Elements und seiner Kernladungszahl führten zur Entdeckung eines weiteren Fermions.

3.4   Neutron

Das Atomgewicht A für alle Atome (außer Wasserstoff) ist etwa doppelt so groß wie die Kernladung Z. Falls die fehlende Masse ebenfalls durch Protonen geliefert wird, müsste es zusätzlich zu A Protonen noch weitere A-Z Elektronen im Kern geben, um die überschüssige positive Ladung zu kompensieren. Das war nicht überraschend, weil seit Ende des 19 Jh. Beta-Strahlen bekannt waren, also Elektronen, die aus dem Kern stammten. Bei einem solchen Betazerfall tragen die Elektronen eine negative Ladungseinheit davon und daher erhöht sich die Kernladung um eine Einheit. Quantenmechanische Überlegungen zeigen jedoch, dass sich Elektronen aufgrund der Unschärferelation nicht in einem so engen Raum, wie es ein Atomkern ist, aufhalten können.

Alpha-Strahlen waren damals das Arbeitspferd der Atomphysiker, und Polonium lieferte diese Teilchen mit hoher Energie. Alles und jedes wurde mit den Alpha-Partikeln bombardiert. Walther Bothe und Herbert Becker beschossen 1930 damit Beryllium-, Bor- und Lithium-Atome. Sie beobachteten eine besonders durchdringende ausgesandte Strahlung, und sie vermuteten, dass es sich um „Gamma-Strahlung" handle.

Walter Bothe wurde 1891 in der Nähe von Berlin geboren, geriet im ersten Weltkrieg aber in russische Kriegsgefangenschaft und wurde nach Sibirien gebracht. 1920 heiratete er in Moskau eine Frau, die er bereits aus Berlin kannte. Nach seiner Rückkehr wurde er einer der anerkanntesten, allerdings der Öffentlichkeit nicht allzu bekannten Physiker, obwohl er 1954 den Nobelpreis für seine Koinzidenzexperimente (die gleichzeitige Messung zweier ausgesandter Teilchen) erhielt.

A 3.6 Walther Bothe war auch künstlerisch sehr begabt, sowohl als Pianist als auch als Maler. Vielleicht irritierte ihn sein Kollege Otto Frisch deshalb bei den Experimenten, bei denen er Alpha-Teilchen-Ereignisse zählte. Frisch hatte die Angewohnheit, eigene Versionen der Brandenburgischen Konzerte zu pfeifen.

James Chadwick vom Cavendish Laboratory in Cambridge zeigte 1932, dass diese von Becker und Bothe beobachteten Strahlen Protonen aus Paraffin herausschlagen konnten, wozu Gammas dieser Energie nicht in der Lage waren. Außerdem hatten diese Strahlen eine höhere Energie als die den Prozess auslösenden Alpha-Strahlen. Es handelte sich um elektrisch neutrale Teilchen mit einer Masse annähernd gleich der des Protons: Neutronen (Nobelpreis 1935).

A 3.7 Auch Frédéric Joliot und seine Frau Irene Curie, die Tochter von Marie, sahen 1932 in ihren Experimenten, dass die neuartige Strahlung Protonen aus Paraffin schlagen kann. Sie erklärten es durch besondere Eigenschaften der Gammastrahlung.

Der italienische Physiker Ettore Majorana kommentierte dies so: „Welche Narren. Sie haben das neutrale Proton entdeckt und sahen es nicht."

Als Chadwick für die Entdeckung des Neutrons der Nobelpreis zuerkannt wurde, wurde Rutherford gefragt, ob dies nicht auch Joliot-Curie gebühre.

Seine Antwort: „Die beiden sind so geschickt, sie werden ihn bald für etwas anderes bekommen." Was auch stimmte.

Im Kern befinden sich also $A = Z + N$ Fermionen, nämlich Z Protonen und N Neutronen. Beim Betazerfall des Kerns wandelt sich ein Neutron in ein Proton um, ein Elektron wird ausgesendet und bildet die Beta-Strahlung.

3.5   (Anti)Neutrino

Im Betazerfall war noch ein weiteres Rätsel versteckt. In den ersten Jahren nach der Entdeckung hatte man angenommen, dass die Elektronen des Betazerfalls, so wie die Alpha-Teilchen beim Alpha-Zerfall, ganz bestimmte, diskrete Energiewerte haben. Diese sollten zwar vom jeweiligen radioaktiven Element abhängig sein, bei einem bestimmten Kern sollten sie aber alle dieselbe Energie aufweisen. 1914 zeigte James Chadwick (damals im Labor von Hans Geiger in Berlin), dass die auslaufenden Elektronen unterschiedliche Energien hatten. Es gab zwar eine Obergrenze, die sich von Element zu Element unterschied, darunter waren die Energiewerte kontinuierlich verteilt. Das beunruhigte die Physiker (und die Physikerin Lise Meitner), da es eine Verletzung der Energie- und Impulserhaltung bedeutete.

Wolfgang Pauli (Abb. 3.1) war wenig publizierfreudig, er kommunizierte seine Ideen lieber direkt oder in Briefkontakten mit Kollegen. So auch im Dezember 1930, als er einen der berühmtesten physikalischen Briefe schrieb. Adressaten waren Lise Meitner und andere, die „Gruppe der Radioaktiven bei der Gauverein-Tagung zu Tübingen".

> **A 3.8** Warum war Pauli nicht selbst zu dieser Tagung gekommen? Seine Begründung ist für ihn typisch: „Leider kann ich nicht persönlich in Tübingen erscheinen, da ich infolge eines in der Nacht vom 6. zum 7. Dez. in Zürich stattfindenden Balles hier unabkömmlich bin."

Der Brief begann mit „Liebe radioaktive Damen und Herren…" und stellte eine (laut Pauli noch nicht publikationsreife) Idee zur Lösung des Problems vor. Es müsse noch ein bisher unbeobachtetes, weiteres, neutrales Teilchen mit Spin ½ und einer Masse kleiner als ein Hundertstel der Protonenmasse aus dem Kern herauskommen. Pauli schlug den Namen „Neutron" vor, aber durchgesetzt hat sich der 1933 von Fermi gewählte Name „Neutrino", kleines Neutron. Als Namenssymbol erhielt es den griechischen Buchstaben ν (gesprochen als „nü").

A 3.9 Pauli war skeptisch, dass die Neutrinos jeweils experimentell nachgewiesen würden. Er sagte. „Heute habe ich etwas Schreckliches getan, etwas, was kein theoretischer Physiker jemals tun sollte. Ich habe etwas vorgeschlagen, was nie experimentell verifiziert werden kann."
In dem Sinne wettete er auch mit dem Astronomen Bader um eine Kiste Champagner. Als die Neutrinos 26 Jahre nach Paulis Vorhersage 1956 tatsächlich experimentell nachgewiesen wurden, beglich er seine Wettschuld.

Warum sich das Neutrino so schwer „einfangen" ließ, liegt an seinen Eigenschaften: Es ist sehr, sehr leicht (bis heute ist seine Masse nicht bekannt) und es durchdringt mühelos sämtliche Materie. Darum ist es besonders schwierig, einen Detektor für Neutrinos zu bauen. Erst durch die Inbetriebnahme von Kernreaktoren, in denen eine große Anzahl von Neutrinos erzeugt wird, wurde es möglich, diese nachzuweisen.

Außerdem erkannte man, dass die Bezeichnung „Neutrino" eigentlich nicht adäquat ist. Die im Betazerfall ausgesandten Teilchen sind „Antineutrinos" (auch: Anti-Neutrinos, bezeichnet mit $\bar{\nu}$). Damit sind wir aber bereits bei der Entdeckung eines weiteren Fermions.

A 3.10 „Kopenhagener Faust"
Niels Bohrs Institut in Kopenhagen war ein Treffpunkt für Quanten-Physikerinnen und -Physiker geworden. Es muss eine familiäre Stimmung geherrscht haben. Zu Weihnachten 1932 (100 Jahre nach Goethes Sterbetag) wurde eine humorvolle Nachdichtung von Goethes „Faust" aufgeführt. Der Autor war Max Delbrück und die Personen der Handlung wurden bekannten Physikern zugeschrieben, Pauli entsprach Mephisto (dargestellt von Leon Rosenfeld) und Bohr verkörperte Gott den Herrn (dargestellt von Felix Bloch).
Im Vorspiel treten zuerst als die drei Erzengel Eddington, Jeans und Milne auf.
Dann springt Mephistofeles (Pauli) hervor:

Abb. 3.1 Karikatur aus dem „Kopenhagener Faust". Mephistopheles ähnelt Wolfgang Pauli. [Kopie des Originalmanuskripts]

Da du, o Herr, dich einmal wieder nahst,
Und fragst, wie alles sich bei uns befinde,
Und du mich sonst gewöhnlich gerne sahst,
So siehst du mich auch (auf das Publikum zeigend) unter dem Gesinde.
Von Stern' und Welten weiß ich nichts zu sagen,
Ich sehe nur wie sich die Menschen plagen,
Und ist die ganze Theorie auch Mist,
Du bist doch immer wieder in Ekstase,
Beschwichtigst, wo nichts mehr zu retten ist;
In jedem Quark begräbst du deine Nase.
Der Herr (Bohr):
Hast du mir weiter nichts zu sagen?
Kommst du nur immer anzuklagen?
Ist die Physik dir niemals recht?
M: Nein, Quatsch! Ich finde sie, wie immer, herzlich schlecht.
Bekümmert sie mich auch in meinen Jammertagen,
Muss ich die Physiker doch immer weiter plagen.
[...]
[Wenn er erregt war, mischte Bohr Englisch und Deutsch. Diese Eigenschaft wird persifliert. Auch gab es lebhafte Streitgespräche zwischen Bohr und Pauli.]
H: Oh, it is dreadful! In this situation we must remember the essential failure of classical concepts...Muss ich sagen...Just a little...Was willst du mit der Masse tun?
M: Wieso? die Masse? Die schafft man ab!
H: Das ist ja sehr, sehr interessant ! Aber, aber...
M: Nein, schweig! Halt, Quatsch!
H: Aber, aber...
M: Ich verbiete dir zu sprechen!
H: Aber Pauli, Pauli, wir sind ja viel mehr einig, als du denkst! Of course I quite agree; only Man kann natürlich die Masse abschaffen, aber die Ladung we must uphold....
[...] und so geht das Wortgeplänkel weiter. Im Verlauf des Stücks werden zahlreiche damals aktuelle Probleme der Quantenphysik angesprochen.

3.6 Positron

Diracs Gleichung führte neben den Lösungen für Elektronen auch zu solchen für weitere Teilchen. Diese müssten allerdings seltsame Eigenschaften aufweisen: Einerseits haben sie genau dieselbe Masse wie die Elektronen, aber entgegengesetzte, also positive, Ladung. Andererseits haben sie negative

Energie! Von der Gleichung her könnte man sie als Elektronen interpretieren, die formal rückwärts in der Zeit laufen. Oder als vorwärts in der
Zeit laufende Anti-Elektronen, die den Namen Positronen erhielten. Wir
besprechen diese Interpretation in Abschn. 4.2. Das Elektron bezeichnete
man mit e⁻, das Positron mit e⁺. Das von Dirac 1928 vorhergesagte Positron
wurde 1932 von Anderson im Experiment gefunden. Aufgrund dessen
erhielt Dirac 1933, gemeinsam mit Erwin Schrödinger, den Nobelpreis.

Eines der bedeutendsten Bücher der Physik ist Diracs 1930 erschienenes
Werk „The Principles of Quantum Mechanics". Er führte darin die
beiden scheinbar unterschiedlichen Formulierungen von Heisenberg und
Schrödinger zusammen und zeigte, dass sie zwei gleichwertige Darstellungen
derselben Theorie waren. In dem Buch erwähnt er erstmals ein neues
mathematisches Objekt, das als Dirac-Delta bekannt wurde, und in einer
späteren Auflage führte er den bra-ket Formalismus ein, der immer noch
Standard in quantenmechanischen Berechnungen ist. Von theoretischem
Interesse ist weiters seine Vermutung, dass es magnetische Monopole geben
könnte. Bisher wurden allerdings keine experimentellen Hinweise für ihre
Existenz gefunden.

A 3.11 Werner Heisenberg zu Carl Friedrich von Weizsäcker:
„Ich glaube, ich muss mit der Physik aufhören. Da ist so ein junger Engländer
gekommen, Dirac heißt er, der ist so gescheit – mit dem um die Wette zu
arbeiten, ist aussichtslos."

Ein Wort noch zu den Antiteilchen. In weiterer Folge wurden zu sämtlichen Fermionen und Bosonen Antiteilchen gefunden, Antiteilchen haben
die gleiche Masse wie Teilchen, die Ladung und andere Eigenschaften sind
jedoch entgegengesetzt. Teilchen und Antiteilchen vernichten sich in einer
Kollision und gehen vorerst in Energie über. Aus diesem Energiequant kann
wieder ein Teilchen-Antiteilchen-Paar entstehen, aber auch weitere Teilchen/
Antiteilchen können gebildet werden.

Doch zurück zur experimentellen Auffindung des Positrons. Viele Jahre
bereits hatte man ionisierende Strahlung in der Atmosphäre beobachtet.
Man vermutete, die Strahlung käme von der Erde und würde nach oben
abnehmen, aber die Messungen waren widersprüchlich. Viktor Franz Hess,
damals Assistent am Radium-Institut in Wien, führte 1911–1912 sehr
genaue Messungen bis zu 5,3 km Höhe aus. Dabei stieg er selbst mit seinen
Geräten mit einem Ballon auf, was nicht ohne Risiko war. Seine Messungen
zeigten, dass die Strahlung nach oben zunahm, daher vermutlich aus dem
Weltall stammte.

A 3.12 Viktor Hess zog sich bei seinen Arbeiten in Wien am linken Daumen eine Radiumverbrennung zu, sodass der Daumen amputiert werden musste. Er scherzte darüber: „Den Daumen sollte ich eigentlich dem Radiuminstitut in Spiritus eingelegt als Andenken übersenden."

Die ionisierende Strahlung wurde Anfang des 20. Jh. mit Elektroskopen gemessen, welche die gesamte auftreffende Ladung bestimmen, nicht die einzelnen Teilchen. Zur Identifizierung von Teilchenbahnen entwickelte man neue Geräte, wie zum Beispiel Nebel- oder Blasenkammern.

Eine Nebelkammer ist vereinfacht dargestellt eine Box mit Sichtfenstern, die mit Flüssigkeitsdampf gefüllt ist. Senkt man in der Kammer den Druck abrupt, so hat man einen Augenblick lang unterkühlten Nebel, der in der Folge zu Flüssigkeitströpfchen kondensiert. Unterkühlter Nebel ist sehr empfindlich auf kleine Störungen. Wenn elektrisch geladene Teilchen hindurch fliegen, hinterlassen sie Spuren entlang ihrer Bahn. Bei einer Nebelkammer sind das kondensierte Tröpfchen. Eine Blasenkammer funktioniert ähnlich, nur wird dort eine über den Siedepunkt erhitzte Flüssigkeit verwendet und die Teilchen hinterlassen Blasenspuren (Abb. 3.2).

Carl David Anderson wurde 1905 als der Sohn schwedischer Immigranten in New York City geboren. Er studierte am Caltech und untersuchte dann, angeleitet von Millikan, die Höhenstrahlung. Sein Experi-

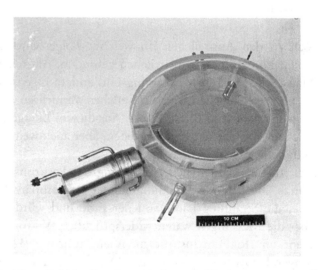

Abb. 3.2 Die LExan Bubble Chamber arbeitet mit flüssigem Wasserstoff. Mit 20 cm Durchmesser ist sie eine kleine Blasenkammer und wurde 1978 am CERN eingesetzt. [commons.wikimedia.org/wiki/File:Lexan_bubble_chamber.jpg by CERN licensed under CC BY-AS 4.00 International (downloaded 04/11/22)]

ment bestand aus einer Nebelkammer und einem Fotoapparat, der die in der Nebelkammer auftretenden Teilchenspuren fotografierte. Ein Magnetfeld zwingt Teilchen auf gekrümmte Bahnen, deren Orientierung vom Vorzeichen der Ladung abhängt. Der Krümmungsradius erlaubt Aussagen über die Geschwindigkeit der Teilchen.

Anderson erweiterte sein Experiment dahingehend, dass er in die Mitte der Kammer ein Hindernis, eine Metallplatte, einbaute. Diese hemmt die Teilchen, sie haben danach eine geringere Geschwindigkeit, was sich in einer größeren Krümmung der Bahn zeigt. Man erkennt so (Abb. 3.3), dass die Teilchenspur von unten nach oben verläuft. Aus der bekannten Orientierung des Magnetfeldes schließt man auf die positive Ladung. Zuvor war es nicht möglich gewesen, die Spur eines positiv geladenen Teilchens, das sich (im Bild) von unten nach oben bewegt, zu unterscheiden von der eines negativ geladenen Teilchens, das sich in umgekehrter Richtung bewegt.

Mit dem beschriebenen Experiment gelang es Anderson 1932 die Existenz von Positronen zu beweisen und er erhielt 1936, gemeinsam mit Hess, den Nobelpreis.

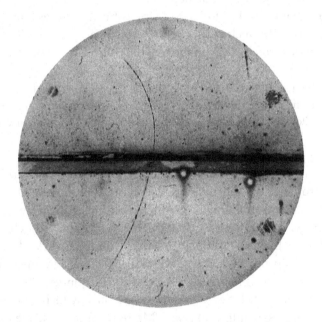

Abb. 3.3 Nebelkammer Aufnahme der Spur eines Positrons (Anderson, 1932). [en. wikipedia.org/wiki/Positron#/media/File:PositronDiscovery.png,   public   domain, (downloaded 04/11/22)]

A 3.13 Paradoxerweise haben Joliot und Curie nicht nur das Neutron als erste gesehen, sondern auch das Positron. Sie interpretierten die Teilchenspur aber nicht als ein von der radioaktiven Quelle ausgehendes positives Teilchen, sondern als Elektron, das zur Quelle flog.

Sie haben dennoch einen Nobelpreis erhalten: 1935 für die Entdeckung künstlicher Radioaktivität.

3.7   Myon

Im Nobelpreis-Jahr 1936 entdeckte Anderson gemeinsam mit seinem Doktoranden Seth Neddermeyer ein weiteres Teilchen. Er hielt es für ein Meson und nannte es Mesotron. Später wurde es viele Jahre My-Meson genannt, obwohl man bereits wusste, dass es kein Meson war. Dies wird das letzte Fermion sein, das wir in diesem Kapitel vorstellen.

Das Teilchen ist negativ geladen und ähnelt sehr stark dem Elektron, außer dass es etwa 200-mal schwerer ist als dieses. Das Myon (im Englischen: Muon) passte zum Zeitpunkt der Entdeckung in kein vorstellbares Schema der bekannten Teilchen.

Isidor Isaac Rabi, der 1944 den Nobelpreis für die Entdeckung der Kernspinresonanz (NMR, Nuclear Magnetic Resonance, darauf basiert die Kernspintomographie) erhielt, meinte zum Myon: „Wer hat das bestellt?"

A 3.14 Willis Lamb (Nobelpreis 1955 für die Entdeckung der Lamb Shift im Atomspektrum) meinte sinngemäß: „Früher bekam der Entdecker eines neuen Elementarteilchens einen Nobelpreis; heute sollte man ihm einen Strafzettel über 10 000 Dollar aushändigen!"

Zwei Prozent der kosmischen Strahlung besteht aus Elektronen und 98 % aus Atomkernen, die meisten davon sind Protonen. Das Myon ist Teil der kosmischen Strahlung. Allerdings kommt es nicht aus dem Weltall auf die Erde, sondern wird in der oberen Atmosphäre durch Stöße von außerirdischen, schnellen Protonen mit den Atomkernen der Luftmoleküle erzeugt. Das Myon hat auch nicht, wie das Elektron, eine unendlich lange Lebensdauer, sondern zerfällt in etwa 2,2 Mikrosekunden. Dies führt aber zu einem weiteren Rätsel: Selbst, wenn das Myon mit Lichtgeschwindigkeit unterwegs wäre, was es aufgrund seiner Masse nicht kann, käme es nur etwa 600 m weit. Nichtsdestotrotz gelangt es durch die gesamte Lufthülle auf die Erdoberfläche, wie es von Neddermeyer und Anderson im Labor festgestellt wurde. Die Antwort liefert die Spezielle Relativitätstheorie und damit einen

Enrico Fermi	James Chadwick	Carl David Anderson
(1901 – 1954)	(1891 – 1974)	(1905 – 1991)

Abb. 3.4 Fermi und die Entdecker des Neutrons (Chadwick) und des Positrons (Anderson). [Fermi: www.nobelprize.org/prizes/physics/1938/fermi/biographical/public domain (downloaded 04/11/22). Chadwick: commons.wikimedia.org/wiki/File:James_Chadwick.jpg by Los Alamos National Laboratory, public domain (downloaded 04/11/22). Anderson: en.wikipedia.org/wiki/Carl_David_Anderson#/media/File:Carl_David_Anderson.jpg by Smithsonian Institution, gemeinfrei.]

weiteren Beweis für ihre Gültigkeit. Da die Myonen zwar nicht mit Lichtgeschwindigkeit, aber sehr nahe daran unterwegs sind, ist ihre Zeit gedehnt und ihre mittlere Lebensdauer verlängert sich auf etwa 50 Mikrosekunden. Innerhalb dieses Zeitraums können sie mehr als 10 km weit gelangen.

Es sollte noch Jahrzehnte dauern, bis man das Myon im Teilchenzoo richtig einordnen konnte (Abb. 3.4).

Zur Zeitgeschichte: 1930–1939
Agatha Christie veröffentlicht 1930 ihren ersten Miss Marple Roman.

Mit dem New Yorker Börsenkrach im Oktober 1929 beginnt eine Weltwirtschaftskrise, die mit Deflation und Arbeitslosigkeit bis Mitte der 1930er Jahre dauert. Der Faschismus in mehreren Spielarten breitet sich in Europa aus.

In Österreich wird 1934 der Februaraufstand der Sozialdemokraten gegen das austrofaschistische Regime blutig niedergeschlagen. Im März 1938 wird Österreich in das nationalsozialistische Deutsche Reich eingegliedert.

Nach dem Tod von Reichspräsident Paul von Hindenburg übernimmt Adolf Hitler beide Ämter, das des Reichspräsidenten und jenes des Reichskanzlers, und nennt sich fortan Führer und Reichskanzler. Hitler trifft Benito Mussolini in Venedig.

1933 wird das „Gesetz zur Wiederherstellung des Berufsbeamtentums" verabschiedet, das die Grundlage für die Entlassung „nichtarischer" und anderweitig unerwünschter Beamten war. Die sogenannten „Nürnberger Gesetze" von 1935 werden in Deutschland zur gesetzlichen Grundlage für den Ausschluss der Juden aus dem öffentlichen Leben. Viele Menschen jüdischer Abstammung erkennen die Gefahr und flüchten aus dem europäischen Festland.

In China beginnt 1934 unter der Führung Mao Zedongs der fast einjährige Lange Marsch der Roten Armee.

Die LZ 129 Hindenburg, ein Zeppelin Luftschiff, verunglückt 1937 beim Andocken in Lakehurst, New Jersey, USA. Die Ursache für den Absturz wurde nie endgültig geklärt.

Der Amerikaner Carl C. Magee sucht 1935 um ein Patent für eine Parkuhr an. 1938 wurde es ihm gewährt.

Der Roman „Berlin Alexanderplatz" von Alfred Döblin ist ein Verkaufserfolg.

Die deutsche Nanga-Parbat-Expedition endet in einer Katastrophe.

Zwischen 1936 und 1939 tobt in Spanien ein Bürgerkrieg, in dem Anhänger der demokratisch gewählten Regierung der jungen Republik den faschistischen Truppen des Generals Francisco Franco gegenüberstanden. Pablo Picasso malt 1937 das Anti-Kriegs-Gemälde „Guernica". Der Roman „Wem die Stunde schlägt" von Ernest Hemingway aus dem Jahr 1940 schildert drei Kriegstage aus der Sicht des amerikanischen Guerillakämpfers Robert Jordan.

Fritz Lang bringt den Psychothriller „M – eine Stadt sucht einen Mörder" mit Peter Lorre und Gustaf Gründgens in die Kinos. Das vierstündige Farbfilmepos „Gone with the wind" („Vom Winde verweht") nach dem Buch von Margaret Mitchell hat Weltpremiere im Dezember 1939 in Atlanta. In Deutschland konnte man den Film erst ab 1953 ansehen.

Am 1. November 1939 beginnt der 2. Weltkrieg mit dem Überfall Deutschlands auf Polen.

Literatur und Quellennachweis für Anekdoten und Zitate

A 3.1 Segrè (1970)

A 3.2 vgl. http://en.wikipedia.org/wiki/Satyendra_Nath_Bose#Bose–Einstein_statistics

A 3.3 Dong-Won Kim: J. J. Thomson and the Emergence of the Cavendish School, 1885–1990. The British Journal for the History of Science 28 (2) (1995) 191 ff. Publ. Cambridge University Press

A 3.4 royalsocietypublishing.org/doi/pdf/https://doi.org/10.1098/rsbm.1941.0024

A 3.5 www.sueddeutsche.de/wissen/periodensystem-elemente-pse-mendelejew-erfindung-1.4360415

A 3.6 de.wikipedia.org/wiki/Walther_Bothe

A 3.7 Comptes Rendus Physique Vol. 18, Issues 9–10, Nov.-Dec. 2017, S. 592–600

https://doi.org/10.1016/j.crhy.2017.11.001 und www.science-story-telling.eu/fileadmin/content/projekte/storytelling/biografien/biografien-deu/mariecurie-biografie-de.pdf (downloaded 04/11/22)

A 3.8 Paulis Brief an die „radioaktiven Damen und Herren", science.orf.at/v2/stories/2835565/, timeline.web.cern.ch/december-1930-paulis-neutrino-letter-now-music-and-art

A 3.9 Jan Philipp Bornebusch: Das „Gewissen" der Physik, 15.12.2008. www.spektrum.de/news/das-gewissen-der-physik/976922

A 3.10 Kopie des Originals

A 3.11 Weizsäcker (1999), S. 284

A 3.12 www.sps.ch/artikel/physik-anekdoten/zwei-pioniere-auf-dem-gebiet-kosmische-strahlung-6/victor-franz-hess-entdecker-der-kosmischen-strahlung

A 3.13 www.science-story-telling.eu/fileadmin/content/projekte/storytelling/biografien/biografien-deu/mariecurie-biografie-de.pdf

A 3.14 Willis Lamb, Nobel Lecture, December 12, 1955

Segrè (1970) Emilio Segrè: Enrico Fermi, physicist. A scientific biography. University of Chicago Press, Chicago.

Weizsäcker (1999) C. F. v. Weizsäcker: Große Physiker: Von Aristoteles bis Werner Heisenberg. Hanser, München.

4

Kräfte und Wechselwirkungen

Zusammenfassung Kräfte zwischen den Elementarteilchen können durch den Austausch von Teilchen beschrieben werden. Man kennt um 1935 vier elementare Kräfte. Die Schwerkraft ist bei atomaren Abständen vernachlässigbar klein. Die elektromagnetische Kraft wird durch Photonen-Austausch vermittelt. Die schwache Kraft sorgt für den Betazerfall des Neutrons. Die starke Kraft bindet Protonen und Neutronen im Atomkern. Sie wird von Hideki Yukawa durch den Austausch eines damals noch unbekannten Teilchens, des Pions, erklärt.

4.1 Austauschkräfte

Wechselwirkung nennt man die gegenseitige Beeinflussung von Personen, Gegenständen oder Systemen. Isaac Newton hat gezeigt: Übt ein Körper eine Kraft auf einen anderen aus, so wirkt dieser mit derselben Kraft auf den ersten zurück. Der Mond wird von der Erde angezogen und die Erde mit gleicher (entgegengesetzt gerichteter) Kraft vom Mond. Kräfte sind demnach Wechselwirkungen. In diesem Abschnitt betrachten wir, wie sie durch den Austausch von Teilchen erklärt werden können.

1934 veröffentlichte Enrico Fermi seine Theorie des Betazerfalls. Dann wandte er sich der quantenmechanischen Beschreibung von Systemen mit vielen Teilchen zu, der Physik von Festkörpern, Flüssigkeiten und Gasen. Sein Institut an der Universität Rom „La Sapienza" wurde ein Zentrum der theoretischen und experimentellen Vielteilchenphysik. Zahlreiche Methoden

C. B. Lang und L. Mathelitsch, *Haben Sie eines gesehen?*,
https://doi.org/10.1007/978-3-662-67972-2_4

tragen den Namen Fermi: Fermi-Dirac-Statistik, Fermis Goldene Regel, Fermi-Resonanz, Fermi-Fläche, Thomas-Fermi Theorie. Sogar eine Längeneinheit wurde nach ihm benannt: 1 Femtometer $= 1$ fm $= 10^{-15}$ m wird in der Kernphysik „1 Fermi" genannt. Die Gruppe rund um Fermi, scherzhaft „ragazzi di via Panisperna" genannt, war äußerst erfolgreich und mit jedem Namen sind bedeutende physikalische Errungenschaften verbunden: Gian-Carlo Wick, Ugo Fano, Giovanni Gentile, Giulio Racah, Ettore Majorana, Franco Rasetti, Giuseppe Cocconi, Emilio Segrè, Edoardo Amaldi und Bruno Pontecorvo.

Die Wick-Zerlegung vereinfacht Terme der Quantenfeldtheorie. Racah-Koeffizienten helfen bei der Kombination von Drehimpulsen. Majorana fand eine neue Art von Fermionen, die, anders als Dirac-Fermionen, ihre eigenen Antiteilchen sind. Er ist 1938 als 32-Jähriger verschollen, und es gibt bis heute nur Spekulationen über seinen Verbleib.

Bruno Pontecorvo war erklärter Sozialist und durfte daher anfangs nicht am Manhattan-Projekt teilnehmen. Ab 1943 arbeitet er beim British Tube Alloys Team am Montreal Laboratory in Kanada an der Weiterentwicklung von Kernreaktoren. Tube Alloys wurde später Teil des Manhattan-Projekts. 1950 wurde er Professor in Liverpool und kurz danach verschwand er mit seiner Familie, um in Russland wieder aufzutauchen.

Emilio Segré arbeitete am Manhattan-Projekt zur Entwicklung der Atombombe. Er erhielt 1959 (gemeinsam mit Owen Chamberlain) den Physik-Nobelpreis „für ihre Entdeckung des Antiprotons".

Edoardo Amaldi blieb in Italien und beschäftigte sich mit kosmischer Strahlung und Molekülphysik. Er war einer der Gründer und Präsident des Istituto Nazionale di Fisica Nucleare (INFN), der INFN-Laboratorien von Frascati sowie des Europäischen Kernforschungszentrums (CERN) in Genf.

A 4.1 Fermi besuchte Oppenheimers Gruppe in Berkeley, wo er einem Seminarvortrag beiwohnte. Er vertraute seinem Kollegen Emilio Segrè an: „Ich muss alt werden. Ich verstehe nichts, was diese jungen Wissenschaftler sagen. Das Einzige, was ich verstanden habe, war die letzte Zeile: ‚Und das ist die Theorie des Betazerfalls von Enrico Fermi'."

Der Atomkern war noch immer rätselhaft. Offenbar bestand er aus Protonen und Neutronen, den sogenannten Nukleonen. Die Protonen im Atomkern stoßen sich elektrisch ab, es muss also eine starke Kraft geben, die diese Abstoßung überwindet und die Protonen und Neutronen gleichermaßen bindet. Die in der Natur vorkommenden radioaktiven Zerfälle zeigen aber, dass in manchen Fällen diese Bindung spontan überwunden werden kann. Eine Erklärung für die starke Wechselwirkung kam aus dem fernen Osten, aus Japan.

Im Jahr 1935 war Hideki Yukawa 28 Jahre alt. Sein Vater war Universitätsprofessor in Kyoto und seine Mutter stammte aus einer Samurai-Familie. 1932 hatte er Sumiko Yukawa geheiratet, war in ihre Familie adoptiert worden und hatte seinen bisherigen Familiennamen Ogawa durch den Namen Yukawa ersetzt. Er wurde Dozent an der Universität Osaka und veröffentlichte 1935 seine Theorie der starken Kraft, für die er 1949 als erster japanischer Physiker den Nobelpreis erhielt.

Hideki Yukawas Idee war, wie viele Ideen, im Nachhinein einfach. Im Quantenbild wird die elektromagnetische Kraft durch masselose Gammaquanten, Photonen, vermittelt. Die geladenen Teilchen wechselwirken durch Austausch von Photonen. Je nach Ladung ergibt sich dadurch die anziehende oder die abstoßende Kraft. Yukawa schlug vor, dass die starke Kernkraft durch den Austausch massiver Teilchen, die er Mesonen nannte, entsteht.

A 4.2 George Gamow hat Proton und Neutron einmal mit zwei Hunden verglichen, die um einen Knochen, ein Meson, kämpfen und daher zusammenbleiben.

George Gamow (1904–1968) stammte aus Odessa und studierte zuerst in Leningrad und dann in Göttingen. Dort entstand seine Erklärung des α-Zerfalls durch den Tunneleffekt, dass nämlich das Teilchen durch die Unschärfe den Potenzialwall des Atomkerns durchdringen kann. In seinen Kopenhagener Jahren 1928–1931 schlug er ein Tröpfchen-Modell für Atomkerne vor.

A 4.3 George Gamow arbeitete mit Max Born in Deutschland und Ernest Rutherford in England. Obwohl er jeweils wieder nach Russland zurückkehrte, geriet er zunehmend in das Visier der russischen Geheimpolizei. Geplante Fluchten mit Booten über das Schwarze Meer in die Türkei und über die Barentssee nach Norwegen scheiterten. Die Erlaubnis zu einer Konferenzteilnahme in Brüssel nutzte er 1933 zur Flucht in den Westen.

Yukawas Artikel wurde mehr als zwei Jahre lang ignoriert, obwohl er in klarem Englisch geschrieben und in einer angesehenen Zeitschrift mit ziemlich weiter Verbreitung veröffentlicht wurde.

Protonen und Neutronen haben eine Masse nahe 940 MeV/c^2, fast 2000 mal die Elektronenmasse. Die Masse der Mesonen kann mit der Reichweite der Kraft in Beziehung gesetzt werden, das ist der Bereich, in dem die Kraft nicht vernachlässigbar ist. Je weiter die Kraft reicht, desto kleiner ist die Masse des ausgetauschten Teilchens. Wie wir im nächsten Kapitel sehen werden, reicht die starke Kraft eines Nukleons nur knapp über ein benachbartes Teilchen im Kern hinaus, das ist etwa ein Fermi. Deshalb sollte das Meson eine Masse um die 100 MeV/c^2 haben. Die Aufregung war groß, als 1936 Anderson und Neddermeyer in der Höhenstrahlung ein Teilchen mit der Masse von 100 MeV/c^2 entdeckten. Sie nannten es Myon oder My-Meson – aber das war vorschnell. Nicht dieses Teilchen war der Übermittler der starken Wechselwirkung, sondern das ein Jahrzehnt später gefundene Pion (Pi-Meson) mit einer Masse von 140 MeV/c^2.

A 4.4 Hideki Yukawa: „Die Natur erschafft gekrümmte Linien, während der Mensch gerade Linien erschafft. Die Realität ist kompliziert. Es gibt keine Rechtfertigung für all die vorschnellen Schlussfolgerungen."

Damit hatte man verstanden: Die schweren Kernteilchen (die Nukleonen Proton und Neutron) werden durch eine neue, starke Kraft zusammengehalten. Diese Kraft wird durch Mesonen-Austausch erzeugt.

Wir unterscheiden zwischen Leptonen, das sind Teilchen mit schwacher und elektromagnetischer Wechselwirkung, und Hadronen, die auch stark wechselwirken. Alle Leptonen sind Fermionen, haben also halbzahligen Spin. Die Hadronen unterteilt man in die fermionischen Baryonen (Proton, Neutron und andere, die wir später kennenlernen) und die bosonischen Mesonen. Alle Elementarteilchen unterliegen der Gravitation, aber die ist so schwach, dass man sie in diesem Zusammenhang vernachlässigen kann.

Die Bezeichnungen sind Kinder der Zeit. Die Namen stammen aus dem Griechischen: „*leptós*", klein; „*hadrós*", stark; „*barýs*", schwer; „*méson*", mittel. Allerdings sind nicht alle Leptonen klein, und es gibt Mesonen die schwerer als Baryonen sind. Das ist wie bei Familiennamen: Frau Klein kann größer als Herr Groß sein, und Herr Eitel ist vielleicht ein bescheidener Mensch.

4.2   Diagramme

Bei einem Streuprozess sind die einlaufenden und die auslaufenden Teilchen weit genug vom Streuzentrum entfernt, sodass sie als freie Teilchen betrachtet werden können. Was im wechselwirkenden Bereich vorgeht, wird durch die Quantenfeldtheorie (QFT) beschrieben, die uns in kommenden Kapiteln noch beschäftigen wird.

Dabei auftretende mathematische Komplikationen verhindern allerdings eine geschlossene, exakte Berechnung. Stattdessen versucht man, den Wechselwirkungsprozess durch Näherungsverfahren zu berechnen. Die Entwicklung in eine Reihe in Potenzen eines Stärkeparameters (einer Kopplungskonstante) ist ein solches Verfahren. Wir werden uns auf eine nützliche graphische Darstellung beschränken. Die Idee dazu kam ursprünglich schon 1941 vom Schweizer Ernst Stückelberg, wurde aber nicht beachtet. Sie wurde unabhängig davon von Richard Feynman eingeführt, und wir werden die Stückelberg-Feynman-Graphen oder -Diagramme immer wieder zur Darstellung von Teilchen und Wechselwirkungen verwenden. Jedem Diagramm lässt sich eindeutig ein mathematischer Term in der Reihenentwicklung zuordnen. In dieser diagrammatischen Form beschreiben alle Teilchenlinien freie Teilchen und Wechselwirkung findet nur an den Treffpunkten der Linien, den Knoten (Vertices) statt.

In unseren Graphen versehen wir die Teilchenlinien mit Pfeilen, welche die Richtung (vom Wechselwirkungsbereich auslaufend oder einlaufend) anzeigen. Die Pfeile helfen auch dabei, die Ladungs- und Quantenzahlen-Bilanz an den Vertices zu überprüfen. Jeder Vertex, an dem die Linien zusammentreffen, ist durch eine sogenannte Kopplungskonstante charakterisiert. Ein weiterer Vorteil dieser Darstellung ist folgender: Jeder Graph kann mehrere physikalische Prozesse beschreiben, da man jedes der äußeren Teilchen als einlaufend oder auslaufend wählen kann. Dazu muss man eventuell den entsprechenden Pfeil umdrehen und die Teilchenbezeichnung durch die des entsprechenden Antiteilchens ersetzen. Dies wollen wir noch etwas genauer ausführen.

Die elektromagnetische Kraft wird im Teilchenbild durch Austausch von Photonen beschrieben. Zentrales Element (Abb. 4.1a) ist die Kopplung eines Photons (Wellenlinie) an ein Elektron (durchgezogene Linie). Eine Wechselwirkung zwischen zwei Elektronen ergibt sich aus der Kombination zweier Vertices und dem Austausch eines Photons (Abb. 4.1b).

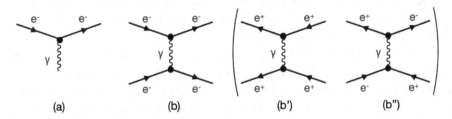

Abb. 4.1 Diagramme der Wechselwirkung zwischen Elektronen, Positronen und Photonen

Noch einmal: Obwohl wir den Teilchenlinien Pfeile gegeben haben, sind wir frei in unserer Wahl, welche Teilchen einlaufend und welche auslaufend sind. Das hängt von den Werten von Energie und Impuls des Teilchens ab. Das Diagramm an sich gibt keine Zeitrichtung vor. Auch die Wechselwirkungspunkte sind nicht zeitlich festgelegt. Erst unsere Entscheidung über die ein- und auslaufenden Teilchen erlaubt eine Interpretation des Zeitverlaufs.

Wie aber sollen wir Teilchenlinien interpretieren, deren Pfeilrichtung im Diagramm der von uns festgelegten Zeitrichtung entgegengesetzt ist, deren Pfeilrichtung wir umkehren wollen? Nehmen wir das Diagramm in Abb. 4.1b als Beispiel und lassen wir die Zeit von rechts nach links laufen. In diesem Fall läuft das Elektron scheinbar gegen die Zeit. Wir folgen in solchen Fällen der Regel: Wenn man die Richtung einer Linie ändert, dann wird das Teilchen zu seinem Antiteilchen und der Impuls p wird mit einem Minus multipliziert.

Um unserer Vorstellung zu helfen, können wir diese Richtungsumkehr auch explizit in der Grafik durchführen und die entsprechenden Bezeichnungen ändern. Man kann das Diagramm in Abb. 4.1b daher auch anders lesen. Wenn man zum Beispiel alle Richtungen umkehrt, dann erhält man ein Diagramm für Positronenstreuung (Abb. 4.1b′). Werden in Abb. 4.1b nur die Richtungen der Teilchen unten rechts und oben links geändert, dann beschreibt das Diagramm eine Paarvernichtung und anschließende Paarerzeugung eines Elektron-Positron Paares (Abb. 4.1b′′). Die beiden Diagramme (b′) und (b′′) sind rechnerisch dasselbe wie (b), nur mit einer anderen Wahl der Richtung der ein- und auslaufenden Teilchen. Wir haben sie daher in Klammern gesetzt.

Bei der Umsetzung des Graphen in einen mathematischen Term ist es egal, welche der drei Interpretationen 4.1b, 4.1b′ oder 4.1b′′man gewählt hat, man erhält immer denselben Term. Erst die Festlegung der Energien und Impulse der ein- oder auslaufenden Teilchen bestimmt, um welchen physikalischen Prozess es sich handelt.

Die Interpretation der entgegen der Pfeilrichtung laufenden Teilchen als Antiteilchen war schon von Stückelberg vorgeschlagen worden und wird daher Stückelberg-Feynman-Interpretation genannt.

Stückelberg (1905–1984) erbte von der Seite seiner Mutter einen Adelstitel und sein vollständiger Name lautete: Johann Melchior Ernst Karl Gerlach Stückelberg, Freiherr zu Breidenbach zu Breidenstein und Melsbach. Er wuchs in Basel auf. Sein Vater hielt sehr viel von formaler Erziehung und Ernst durfte Rock und Krawatte sogar in seinem

Studierzimmer nicht ablegen. In seinem ersten Jahr als Physikstudent an der Universität Basel wurde er bereits Präsident der Studentenschaft. Aus diesem Amte lud er Arnold Sommerfeld zu einem Vortrag ein, der zur allgemeinen Überraschung annahm. Die brillante Einführung zu Sommerfelds Vortrag und die Diskussion imponierten Sommerfeld derart, dass er Stückelberg für ein Jahr nach München einlud.

Nach seiner Promotion in Basel 1927 verbrachte er einige Jahre in den USA, ab 1930 als Assistant Professor in Princeton, und kehrte 1932 in die Schweiz zurück. Bereits 1934 untersuchte Stückelberg ein Bosonaustauschmodell zur Erklärung der starken Kraft, er gab diese Idee nach Diskussionen mit Pauli aber auf.

Von 1935 an war er Professor an der Universität Genf.

A 4.5 Nach der Verleihung des Nobelpreises hielt Feynman am CERN einen Vortrag. Stückelberg war im Publikum. Jagdish Mehra erzählt, dass Stückelberg nach dem Vortrag allein den Saal verließ. Feynman war von Bewunderern umringt und meinte: „Er [Stückelberg] hat die Arbeit erledigt und geht allein dem Sonnenuntergang entgegen; und hier bin ich [Feynman], bedeckt mit all dem Ruhm, der rechtmäßig ihm gelten sollte!"

Bei der starken Wechselwirkung (Abb. 4.2a) symbolisieren die durchgezogenen Linien Nukleonen und die gestrichelte Linie das Austauschmeson.

Das von Fermi vorgeschlagene Diagramm des β-Zerfalls (Abb. 4.2b) führt ein einlaufendes Neutron an einem Punkt mit einem auslaufenden Proton, Elektron und Antineutrino zusammen. Diese sogenannte 4-Punkt-Kopplung ließ sich vorerst nicht wie die anderen Wechselwirkungen durch den Austausch von Teilchen behandeln. Erst ein halbes Jahrhundert später fand man auch dafür eine Erklärung.

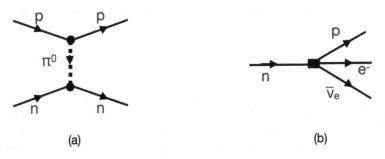

Abb. 4.2 a) Pionaustausch, b) Fermis 4-Punkt-Kopplung

A 4.6 Im Betazerfall hatte man beobachtet, dass ein Elektron aus dem Zerfallskern kam. Weisskopf und andere saßen 1931 in Leipzig in einem Café vor einem Hallenschwimmbad und rätselten, wo das Elektron war, bevor es aus dem Kern kam? Es war schwer vorstellbar, dass es sich im Kern aufhielt, da es dafür zu viele Gegenargumente gab.

Da meinte Heisenberg; „Ja, Kinder, Ihr habt nicht genug Phantasie. Seht dort das Schwimmbad, da gehen alle Leute angezogen hinein und kommen angezogen wieder heraus. Könnte man daraus schließen, dass sie auch angezogen schwimmen?"

Victor (Viki) Weisskopf (1908–2002) wurde in Wien geboren und begann dort auch sein Studium der Physik im Jahre 1926, als die Quantenmechanik bereits formuliert war. Hans Thirring empfahl ihm, nach München oder Göttingen zu gehen, um sein Studium fortzusetzen, Er entschied sich für Göttingen und traf dort auf die Koryphäen der Quantenmechanik. In einem Rückblick bedauerte er, nicht München gewählt zu haben, dort hätte er mehr Mathematik gelernt. Er dissertierte 1931 bei Max Born, war dann in Leipzig bei Heisenberg, in Berlin bei Schrödinger, in Kopenhagen bei Bohr, in Cambridge bei Dirac und ab 1933 zwei Jahre Assistent bei Pauli in Zürich, danach wieder in Kopenhagen.

A 4.7 Die erste Publikation von Weisskopf war mit dem etwas älteren, damals schon weithin bekannten Eugene Wigner. Dabei profitierte Weisskopf von der in der theoretischen Physik meist üblichen alphabetischen Autorenreihenfolge, da Arbeiten oft nur mit dem Namen des Erstautors zitiert werden, in diesem Fall also „Weisskopf & Wigner" oder „Weisskopf et al.". Damals schwor sich Weisskopf, künftig nur mehr alphabetische Autorenlisten zu verwenden. Jahre später veröffentlichte er, schon hochgeachtet, ein Buch mit seinem Studenten John Blatt. Die Herausgeber beharrten darauf, den berühmten Autor Weisskopf vor Blatt zu nennen. Weisskopf bestand auf Blatt vor Weisskopf und überzeugte die Herausgeber augenzwinkernd mit dem Argument: Bei Weisskopf & Blatt ist die Betonung auf Blatt, bei Blatt & Weisskopf aber auf Weisskopf.

A 4.8 Weisskopf erzählte Peierls in Cambridge, dass er ein Stellen-Angebot von Pauli hätte. Peierls warnte ihn. Es sei schrecklich, Paulis Assistent zu sein. Weisskopf fuhr nach Zürich und kam zu Pauli. Nach mehrmaligem Anklopfen hörte er: „Wer ist da, kommen Sie rein. Zuerst muss ich aber noch ixen." Pauli rechnete vor sich hin. Nach fünf Minuten fragte er „Wer sind Sie?" Weisskopf stellt sich vor. Pauli: „Aha, Weisskopf, Sie sind mein neuer Assistent. Eigentlich wollte ich Bethe, aber der arbeitet am Festkörper. Feste Körper mag ich nicht, deswegen nahm ich Sie". Dann gab er Weisskopf eine Aufgabe zu rechnen. Nach etwa zehn Tagen fragte Pauli nach Weisskopfs Fortschritt, sah sich die Rechnung an und meinte: „Ich hätte Bethe nehmen sollen."

1937 emigrierte Weisskopf in die USA und arbeitete später beim Manhattan Projekt mit. Nach den ersten Atombombentests beschloss er, nie wieder an Waffenentwicklungen mitzuarbeiten. Er wurde Professor am MIT. Von 1961–1965 war er Generaldirektor des CERN, kehrte dann ans MIT zurück, wo er bis zu seinem Tod blieb.

Während die in Abb. 4.1 und 4.2a ein- und auslaufenden Teilchen physikalisch beobachtbar sind und eine wohldefinierte Masse haben, gilt das für die den inneren Linien entsprechenden „Zwischenzustände" nicht. Sie transportieren zwar die Quanteneigenschaften, wie zum Beispiel die Ladung, und sorgen so für eine korrekte Bilanz, bezüglich ihrer Energie gibt es jedoch Probleme. Nehmen wir an, dass die wechselwirkenden Teilchen während der Reaktion Masse und Energie beibehalten. Da auch ein Austauschteilchen Energie hat, würde der Energieerhaltungssatz verletzt. Die Lösung liegt in der Heisenbergschen Unschärferelation. Verkürzt gesagt borgen sich die Austauschteilchen im Rahmen der Unschärfe für kurze Zeit Energie aus dem Vakuum. Man nennt diese Teilchen daher „virtuell". Dabei ist nicht einmal die Anzahl der Teilchen im Zwischenzustand eindeutig definiert. Um ein besseres Verständnis dieser Problematik wurde in den 1930er und 1940er Jahre gerungen, bis die Quantenfeldtheorie es lieferte. Wir kehren zu diesem Thema in einem späteren Kapitel zurück.

Bis Mitte der 1930er Jahre hatte man erkannt, dass es vier fundamentale Wechselwirkungen gibt, die sich in wesentlichen Punkten unterscheiden:

- die Gravitation,
- die elektromagnetische Wechselwirkung,
- die schwache Wechselwirkung,
- die starke Wechselwirkung.

Jeder Vertex, wie in Abb. 4.1, ist mit einer Kopplungsstärke verbunden. Bei der elektromagnetischen Kopplung entspricht diese der Elementarladung e. Eine Wechselwirkung, wie sie in Abb. 4.2b dargestellt ist, besteht aus zwei Vertices, die Stärken gehen multiplikativ ein. Für die elektromagnetische Wechselwirkung führt dies zur „Feinstrukturkonstante" $\alpha = e^2/(\hbar c) \approx 1/137$. Analoge Ausdrücke gibt es für die anderen Wechselwirkungen.

A 4.9 Richard Feynman, einer der Väter der Quantenelektrodynamik, hielt die Zahl 137 für eines der größten Mysterien der Physik. Sie sei magisch und niemand verstehe sie, wie von Gott geschrieben. Jeder Theoretische Physiker sollte an seine Bürotafel schreiben: ‚137 – wie wenig wir wissen‘.

Ebenfalls Feynman zugeschrieben wird der Ratschlag:
„Wenn sich ein Elementarteilchenphysiker in einer großen Stadt verirrt, so soll er 137 auf einen Karton schreiben und sich damit an eine Kreuzung stellen. Gewiss wird bald ein Kollege anhalten und Hilfe anbieten."

A 4.10 Wolfgang Pauli wurde von heftigen Träumen gequält, in denen immer wieder die Zahl 137 vorkam. Er begab sich beim berühmten Schweizer Psychoanalytiker C.G. Jung in Behandlung, aber die Zahl verfolgte ihn weiter. Er starb 1958 im Züricher Krankenhaus vom Roten Kreuz im Zimmer Nummer 137.

Beim Vergleich der Kräfte muss man Prozesse bei ähnlichen Abständen betrachten. Bei einem Abstand von 10^{-15} m, vergleichbar mit der Größe des Atoms, betragen die Verhältnisse der Kraftstärken:

Gravitation: schwache Kraft: elektromagnetische Kraft: starke Kraft $=$ 10^{-41}: 10^{-5}: 10^{-2}: 1.

Die Gravitation ist im atomaren und subatomaren Bereich so klein, dass sie vernachlässigt werden kann. Erst bei sehr kleinen Abständen (10^{-35} m) und sehr hohen Energien (10^{19} GeV/c^2) wird sie vermutlich für die Struktur von Raum und Zeit bedeutend. Im Alltag allerdings ist die Schwerkraft die augenscheinlichste Kraft. Das liegt an ihrer additiven, kumulativen Natur in Kombination mit sehr vielen Teilchen, wie in Planeten und Sonnen. Jedes Teilchen trägt zur Schwerkraft bei. Während elektrische Ladungen unterschiedliche Vorzeichen haben und ihre Wirkungen sich daher aufheben können, geht das bei der Gravitation nicht: Es gibt keine Anti-Gravitation.

Diese vier fundamentalen Kräfte unterscheiden sich nicht nur in der Kopplungsstärke. So ist die Reichweite der schwachen Kraft ungefähr 10^{-18} m, die der starken Kraft bei 10^{-15} m. Die elektromagnetische Kraft und die Gravitation haben eine unbeschränkte Reichweite.

Nur Protonen, Elektronen, Neutrinos und Photonen sind stabil. Am Ende von Zerfallsketten instabiler Elementarteilchen bleiben nur diese übrig. Freie Neutronen zerfallen in wenigen Minuten. Wir haben im vorigen Kapitel gesehen, dass Myonen in 2,2 Mikrosekunden zerfallen. In der kosmischen Strahlung und in Teilchenbeschleunigern wurden zahlreiche weitere Teilchen entdeckt, die sogar noch viel rascher in andere Teilchen zerfallen.

Bevor wir uns weiteren Teilchen zuwenden, befassen wir uns im nächsten Kapitel mit der Bildung schwerer Kerne mittels der starken Kraft.

Zur Zeitgeschichte: 1940–1949

Es herrscht Krieg. Frankreich und weitere Nachbarstaaten sind von deutschen Truppen besetzt. Große Teile der jüdischen Bevölkerung werden in Konzentrationslager gebracht und getötet. Die japanische Luftwaffe greift 1941 Pearl Harbor an und die USA tritt in den Krieg ein. Nach dem deutschen Angriff auf Stalingrad im Spätsommer 1942 werden durch eine sowjetische Gegenoffensive im November bis zu 300 000 Soldaten der Wehrmacht und ihrer Verbündeten von der Roten Armee eingekesselt.

Werner von Braun leitet während des Weltkriegs die Konstruktion der ersten leistungsstarken Flüssigkeitstreibstoffrakete („V2") und ist nach 1945 in führender Position beim Bau von Trägerraketen für die NASA-Missionen tätig.

Im Manhattan Projekt wird an der Entwicklung einer Atombombe gearbeitet.

In Zürich feiert 1941 Bertold Brechts „Mutter Courage und ihre Kinder" die Uraufführung. Im selben Jahr bringt Orson Welles den Film „Citizen Kane" heraus, der als Meilenstein der Kinogeschichte gilt. Der Detektivfilmklassiker „Die Spur des Falken" von John Huston mit Humphrey Bogart markiert 1941 den Beginn der „Schwarzen Serie". In den deutschen Kinos war der Film erst 1948 zu sehen. 1942 wird in den USA „Casablanca" mit Humphrey Bogart und Ingrid Bergmann gezeigt. In Deutschland kommt 1944 der Film „Die Feuerzangenbowle" mit Heinz Rühmann in die Filmtheater.

1942 formuliert Isaac Asimov seine drei „Roboter-Gesetze" in der Novelle „Runaround".

Der Krieg in Europa geht im Mai 1945 zu Ende, er hat 60 Mio. Menschenleben gekostet. Im August 1945 werfen die USA Atombomben auf die japanischen Städte Hiroshima und Nagasaki ab, worauf Japan kapituliert.

Zwischen 1946 und 1958 werden auf dem Bikini-Atoll (Marshall Inseln) Atombombentests durchgeführt. In einem Pariser Schwimmbad wird 1946 ein zweiteiliger Badeanzug vorgestellt, was einen Eklat und ein Trageverbot auslöst; der Designer Louis Réard wählt dafür den Namen Bikini.

Deutschland wird in vier Besatzungszonen aufgeteilt. Der unter russischer Besatzung stehende Ostteil wird ab 1961 durch eine bewachte Grenze vom Westen abgetrennt.

Die ersten Jahre nach Kriegsende sind in Deutschland und Österreich durch Hunger und Entbehrungen geprägt. Von 1948 bis 1952 unterstützen die USA im „Marshall Plan" den Wiederaufbau. Ab 1947 kommt die Wirtschaft wieder in Schwung, das deutsche „Wirtschaftswunder" beginnt.

Literatur und Quellennachweis für Anekdoten und Zitate

A 4.1 Segrè (1970)

A 4.2 und A 4.3 en.wikipedia.org/wiki/George_Gamow#Popular

A 4.4 www.azquotes.com/author/29371-Hideki_Yukawa

A 4.5 Mehra (1994), mathshistory.st-andrews.ac.uk/Biographies/Stueckelberg/

A 4.6 Podiumdiskussion in Stuttgart, 1979, gesendet 2019 vom SWR2

A 4.7 und A 4.8 Weisskopf, Victor Frederick. My life as a physicist, circa 1971; repository.aip.org/islandora/object/nbla%3A284798#page/1/mode/2up

A 4.9 www.feynman.com/science/the-mysterious-137/

A 4.10 Miller (2011)

Mehra (1994) Jagdish Mehra: The Beat of a Different Drum: The Life and Science of Richard Feynman. Oxford University Press, Oxford.

Miller (2011) Arthur I. Miller: 137, C. G. Jung, Wolfgang Pauli und die Suche nach der kosmischen Zahl. Deutsche Verlags-Anstalt, München.

Segrè (1970) Emilio Segrè: Enrico Fermi, physicist. A scientific biography. University of Chicago Press, Chicago.

5

Die Jahre der Kernphysik

Zusammenfassung Im Jahrzehnt 1935–1945 rückte das Studium der Atomkerne in den Vordergrund. Fragen nach der Stabilität und dem Zerfall waren im Fokus. Man begann zu verstehen, durch welche Reaktionen die enorme Energie der Sterne, also auch unserer Sonne, produziert wird. Die Kernspaltung wurde entdeckt und Enrico Fermi konstruierte den ersten Kernreaktor. Damit war klar, dass man Kernspaltung als Waffe anwenden kann, und das „Manhattan-Projekt" führte zum Bau der ersten Atombomben.

Ab 1933 war Hitler Deutschlands Kanzler, ab 1934 „Führer und Reichskanzler", und die jüdische Bevölkerung im Land hatte es zunehmend schwer. Sie verlor großteils ihre Anstellung, wurde in der Öffentlichkeit beleidigt und angegriffen, ohne dass die Sicherheitskräfte einschritten. Viele sahen das Unglück kommen und versuchten, das Land zu verlassen. Antijüdische Polemik fand auch im Wissenschaftsbereich Platz. Jüdische Studierende durften keine Kolloquien besuchen und hatten keinen Zutritt zu Bibliotheken. Bücher jüdischer Autoren wurden öffentlich verbrannt. Einige Physiker, wie etwas Johannes Stark und Philipp Lenard, waren schon vor 1935 Mitglieder der NSDAP und forderten eine „arische Physik". Andere, wie Max Planck oder Werner Heisenberg, erwarteten, dass bald wieder ein gemäßigterer Kurs eingeschlagen würde. Sie täuschten sich.

C. B. Lang und L. Mathelitsch, *Haben Sie eines gesehen?*,
https://doi.org/10.1007/978-3-662-67972-2_5

5.1   Stabile Kerne

In einem Atomkern werden die Protonen und Neutronen durch die starke Wechselwirkung zusammengehalten. Stärker gebundene Atomkerne haben eine größere Bindungsenergie pro Nukleon. Bis zu einem Atomgewicht von 20 sind leichte Kerne schwächer gebunden als schwerere Kerne. Mit einem Atomgewicht über 120 sind die Atomkerne schwächer gebunden als ihre Bruchstücke. Wenn es gelingt, zwei leichte Kerne zu fusionieren, wird daher Bindungsenergie frei (Fusion). Bei schweren Kernen wird Energie beim Zerfall frei (Kernspaltung).

Betrachtet man die Bindungsenergien unterschiedlichster Kerne, zeigen sich einige interessante Eigenschaften:

- Die Bindungsenergie der Kernteilchen ist bis zu einer Million Mal stärker als die Bindung der Elektronen in der Atomhülle.
- Die Bindungsenergie eines Kernteilchens beträgt etwa 0,5 bis 1 % seiner Masse.
- Teilt man die gesamte Bindungsenergie eines Kerns durch die Anzahl seiner Kernteilchen, erhält man die Bindungsenergie pro Nukleon (Abb. 5.1). Nehmen wir an, jedes Nukleon wechselwirkt mit jedem anderen im Kern. Dann würde sich aber die Bindungsenergie des Nukleons bei immer größeren Kernen laufend erhöhen, weil immer weitere Nukleonen hinzugefügt werden. Dies ist aber nicht der Fall, es ergibt sich bei Nukleonenzahlen über 20 ein etwa konstanter Wert. Diese Sättigung zeigt, dass die starke Kraft eines Nukleons nicht über den gesamten Kern reicht, sondern nur zu den nächsten Nachbarn. Die Reichweite der starken Kraft beträgt dadurch etwa ein Femtometer.

Carl Friedrich von Weizsäcker schlug 1935 eine Formel für die näherungsweise Bestimmung der Bindungsenergie der Atomkerne vor. Hans Bethe entwickelte sie 1936 weiter und daher ist sie als Bethe-Weizsäcker-Formel bekannt geworden.

A 5.1 Sommerfeld erhielt die Einladung, für das Handbuch der Physik einen Artikel über Festkörperphysik zu schreiben. Er machte Bethe den Vorschlag, ihn als Koautor aufzunehmen, wenn dieser 90 % des Artikels verfasst. Bethe nahm an.

Hans Bethe (1906–2005) kam in Straßburg zur Welt. 1928 promovierte er bei Arnold Sommerfeld in München mit einer Arbeit über Elektronenbeugung.

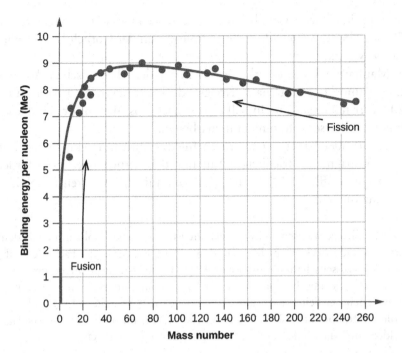

Abb. 5.1 Die Bindungsenergie pro Nukleon ist etwa bei Eisen und Nickel am höchsten, bei kleineren und größeren Kernen ist sie geringer. Die rote Kurve zeigt die mittels der Bethe-Weizsäcker-Formel berechneten Werte. [Fig. 21.3 From openstax. org/books/chemistry-2e/pages/21–1-nuclear-structure-and-stability   by   OpenStax licensed under CC BY-SA 3.0]

Bethe blieb in München, unterbrochen durch Gastlehren in Frankfurt und Stuttgart und Forschungsaufenthalte in Cambridge und Rom, wo er mit Fermi arbeitete. Im Jahr 1933 veröffentlichte er gemeinsam mit Sommerfeld ein Buch über Elektronen in Metallen. Die Vertretung eines Extraordinariats für Theoretische Physik an der Universität Tübingen im Wintersemester 1932/33 verlor er, da seine Mutter jüdischer Abstammung war. Nach dem deutschen Beamtengesetz war er daher nicht würdig, Beamter des Deutschen Reiches zu sein.

A 5.2 Hans Bethe erinnerte sich:
Einer meiner Doktoranden schrieb mir in den Semesterferien: „Ich habe in der Zeitung gelesen, dass Sie entlassen worden sind. Was soll ich tun?" Das war das Erste, was ich hörte und ich schrieb ihm zurück: „Ich weiß nicht, was Sie tun sollen, und ich weiß auch nicht, was ich tun werde, aber bitte schicken Sie mir doch den Zeitungsausschnitt."

Bethe emigrierte nach Großbritannien und 1935 weiter in die USA. Ab 1937 war er bis zu seinem Tod 2005 Professor an der Cornell Universität in Ithaca, New York.

Im Manhattan Projekt wirkte er als Leiter der Theoretischen Abteilung im Los Alamos Lab mit, nach Kriegsende kehrte er nach Ithaca zurück. 1952 kam er nochmals für ein halbes Jahr nach Los Alamos, um an der Entwicklung der Wasserstoffbombe mitzuarbeiten.

Ab den 1960er Jahren setzte er sich für die Abrüstung ein, später führte er eine Kampagne zur friedlichen Nutzung der Kernenergie. 1995 forderte Bethe in einen offenen Brief seine Kollegen auf, die Arbeiten an Nuklearwaffen einzustellen.

A 5.3 In Physikerkreisen weithin bekannt ist eine kurze Publikation mit den Autoren Guido Beck, Hans Bethe und Wolfgang Riezler in der Fachzeitschrift „Die Naturwissenschaften" im Januar 1931. In der Arbeit „Bemerkungen zur Quantentheorie der Nullpunktsenergie" leiten die Autoren eine Beziehung her zwischen der Feinstrukturkonstante (mit dem Wert nahe 1/137) und dem absoluten Nullpunkt (-273 °C). Das ist klarer Unsinn und war als Persiflage auf Ideen und die Zahlenmystik von Arthur Eddington gedacht.

Carl Friedrich (Freiherr von) Weizsäcker (1912–2007) wurde in Kiel geboren. Er studierte in Berlin, Göttingen und Leipzig, wo er 1933 bei Hund und Heisenberg promovierte. In den 1930er Jahren befasste er sich mit der Bindungsenergie von Atomkernen und den Kernprozessen im Inneren der Sterne. Von 1939–1942 arbeitete er am deutschen Uranprojekt, anschließend hatte er bis 1944 den Lehrstuhl für theoretische Physik an der Reichsuniversität Straßburg inne. Im April 1945 wurden er, Heisenberg und andere deutsche Physiker im Rahmen der „Alsos Mission" festgenommen und zunächst nach Frankreich gebracht. Ab Juli 1945 bis Januar 1946 wurden sie im englischen Farm Hall interniert (Abschn. 5.4).

Schon als Student hatte Weizsäckers Liebe der Philosophie gegolten, er hatte sich auf den Rat Heisenbergs aber für ein Physikstudium entschieden. 1957 wurde er letztlich doch auf einen Lehrstuhl für Philosophie der Universität Hamburg berufen.

A 5.4 Der Vater von Carl Friedrich Weizsäcker war 1926/27 als Diplomat bei der deutschen Botschaft. Dort lernte Carl Friedrich Werner Heisenberg kennen, der ihm sagte:
„Physik ist ein ehrliches Handwerk; erst wenn Du das gelernt hast, darfst Du darüber philosophieren."

Die Bethe-Weizsäcker-Formel enthält mehrere Anteile, die in Summe zu der in Abb. 5.1 gezeigten Kurve der Bindungsenergien pro Nukleon beitragen. Ausgangspunkt ist die sogenannte Sättigungsenergie, der Beitrag der Bindung eines Nukleons mit seinen Nachbarn. Da Nukleonen an der Oberfläche des Kerns nur mit weniger Kernteilchen wechselwirken können, muss ein Betrag (Oberflächenterm) abgezogen werden. Außerdem wirkt die Coulomb-Abstoßung der Protonen der anziehenden starken Kraft entgegen. Die Coulombkraft hat unendliche Reichweite, sie erreicht sämtliche Protonen im Kern und wird darum umso wichtiger, je größer der Kern ist. Quantenmechanisch sind Kerne mit gleicher Protonen- und Neutronenzahl bevorzugt, schwerere Kerne mit einem Neutronenüberschuss sind aufgrund dieses Symmetrieterms etwas geringer gebunden.

In den Werten der Bindungsenergien tritt zusätzlich eine Feinstruktur auf. So, wie die Elektronen in der Atomhülle in Energieschalen aufgebaut sind, zeigen auch die Protonen und die Neutronen eine Schalenstruktur. Und genau wie die Edelgase mit ihren abgeschlossenen Elektronen-Schalen reaktionsträger sind, so sind Nukleonen in geschlossenen Schalen fester gebunden. Aufgrund der unterschiedlichen zugrunde liegenden Wechselwirkungen in der Hülle und im Kern – also elektromagnetische oder starke Kraft – sind die „magischen" Zahlen der Schalenabschlüsse unterschiedlich. In der Atomhülle weisen geschlossene Schalen 2, 8, 18, 32, 50 Elektronen auf (siehe auch Abschn. 6.2), im Kern lauten diese Zahlen 2, 8, 20, 28, 50,... für die Protonen als auch die Neutronen. Darum sind doppelt magische Kerne, bei denen sowohl die Anzahl der Neutronen als auch der Protonen magisch ist, besonders stabil: Helium-4, Sauerstoff-16, Kalzium-40.

A 5.5 Carl Friedrich von Weizsäcker besuchte 1932 Heisenberg, der damals bei Bohr in Kopenhagen war. Der zeigte ihm die Bibliothek voller Bücher zur Mathematik. Weizsäcker erschrak, dass er so viele Mathematik Bücher lernen müsste, da meinte Heisenberg: „Die Natur rechnet nicht, aber wenn wir die Natur verstehen wollen, müssen wir rechnen!"
Weizsäcker lauschte der stundenlangen Diskussion mit Bohr und notierte am Abend: „Heute habe ich zum ersten Mal einen Physiker gesehen. Er leidet am Denken."

In den 1920er Jahren entwickelte sich die Quantenmechanik nahezu ausschließlich in Europa. Einige amerikanische Forscher erkannten dennoch früh ihre Bedeutung, wie zum Beispiel Robert Oppenheimer und I.I. Rabi.

Isidor Isaac Rabi (1898–1988) verfasste zeitlebens nur 11 Publikationen. Wenn man seinen Lebenslauf verfolgt, bekommt man den Eindruck, er hatte einfach keine Zeit, wissenschaftliche Arbeiten zu schreiben. Er „erfand" die Methode zur Messung der „Nuclear Magnetic Resonance" (NMR, Kernspinresonanz), aus der eines der wichtigsten Diagnoseverfahren in Technik und Medizin hervorging. Er erhielt dafür 1944 den Nobelpreis für Physik. Rabi arbeitete am Manhattan-Projekt mit, war wissenschaftlicher Berater für den US-Präsidenten Dwight (Ike) Eisenhower, und blieb ab 1963 bis an sein Lebensende Professor an der Columbia University in New York. Drei seiner Dissertanten bekamen den Nobelpreis (Julian Schwinger, Norman Ramsey, Martin Perl) und einer wurde US-Verteidigungsminister (Harold Brown).

Rabi wurde in Galizien, damals Teil der österreichisch-ungarischen Monarchie, geboren und kam schon als Kind nach New York. Ab 1916 studierte er zuerst an der Cornell University und dann an der Columbia University, wo er 1927 promovierte. Dann verbrachte er zwei Jahre in Europa und kam mit den besten Physikern dieser aufregenden Zeit in Kontakt.

A 5.6 In New York fand die Familie Rabi durch Arbeit seines Vaters als Schneider mehr recht als schlecht ihr Auskommen. Rabi erinnerte sich: Es ist ein Wunder, wie ein kränkliches Kind von der Lower East Side aus einer armen Familie innerhalb einer Generation so weit kommen konnte, wie ich. Wären wir in Europa geblieben, wäre ich wahrscheinlich ein Schneider geworden.

Rabi war einige Zeit bei Arnold Sommerfeld in München, dann in Kopenhagen, wo ihn Niels Bohr zu Wolfgang Pauli nach Hamburg vermittelte. Pauli verließ Hamburg und Rabi ging zu Heisenberg nach Leipzig, der aber für eine Rundreise durch die USA aufbrach. In Leipzig traf Rabi Robert Oppenheimer und sie wurden lebenslange Freunde. Danach folgte er Pauli nach Zürich. Dort begegnete er weiteren Größen wie Paul Dirac, Walter Heitler, Fritz London, Francis Wheeler Loomis, John von Neumann, John Slater, Leó Szilárd und Eugene Wigner. 1929 erhielt Rabi eine Anstellung an der Columbia University.

Er gründete ein Molekularstrahl-Labor und untersuchte damit Eigenschaften von Atomkernen. Daraus entwickelte er die Methode der Kernspinresonanz.

Abb. 5.2 Nobelpreisträger unter sich (1962): John Bardeen (1908–1991), Isidor Isaac Rabi (1898–1988), Werner Heisenberg (1901–1976). [en.wikipedia.org/wiki/Isidor_Isaac_Rabi#/media/File:Bardeen,_Rabi,_ Heisenberg_1962.jpg by By Unknown author – Dutch National Archives, The Hague, Fotocollectie Algemeen Nederlands Persbureau (ANEFO), 1945–1989 bekijk toegang 2.24.01.04 Bestanddeelnummer 914–0886, CC BY-SA 3.0]

A 5.7 Als Lehrer war Rabi nicht gerade berauschend. Laut Leon Lederman gingen die Studenten nach einer Vorlesung in die Bibliothek, um herauszufinden, worüber Rabi gesprochen hatte. Irving Kaplan bezeichnete Rabi als „einen der schlechtesten Lehrer, die ich je hatte". Norman Ramsey hielt Rabis Vorlesungen für „ziemlich schrecklich". Trotz dieser Mängel inspirierte er viele seiner Schüler zu einer Karriere in der Physik (Abb. 5.2).

5.2 Instabile Kerne

In unserer natürlichen Umgebung finden sich neben den stabilen Kernen auch zerfallende. Diese Radionuklide stammen zum einen aus der Zeit vor der Bildung der Erde und haben eine so lange Halbwertszeit, dass immer noch nicht alle Kerne zerfallen sind. Auch die Zerfallsprodukte dieser lang-lebigen Kerne sind meist radioaktiv und bilden damit eine Zerfallskette. Zum anderen wandeln hochenergetische Teilchen der kosmischen Strahlung in der Atmosphäre stabile Kerne in instabile um.

Es war bekannt, dass die Bestrahlung mancher Atomarten zu Kern-umwandlungen führte. Irene Joliot-Curie (die Tochter von Marie Curie) und ihr Mann Frédéric Joliot erzeugten 1934 radioaktiven Phosphor durch Bestrahlung von Aluminium mit Alpha-Teilchen. Für diese Entdeckung der künstlichen Radioaktivität erhielten sie 1935 den Chemie-Nobelpreis.

A 5.8 Nach dem Nachweis der Kernumwandlungen meinte Frederic Joliot: „Wir waren zu spät bei der Entdeckung des Neutrons, wir waren zu spät beim Positron, aber jetzt sind wir rechtzeitig!"

Irene Curie starb genau wie ihre Mutter Marie an Leukämie. Das auslösende Moment dürfte in beiden Fällen das langjährige Hantieren mit radioaktiven Substanzen gewesen sein.

Ebenfalls 1934 bestrahlten Enrico Fermi und Mitarbeiter in Rom das damals schwerste bekannte Element Uran mit Neutronen. Es entstanden Atome mit anderen Eigenschaften. Sie fanden auch, dass sich die Reaktion signifikant verstärkte, wenn man die Neutronen zuvor abbremste. Fermi und Mitarbeiter vermuteten, dass sie Transurane produzierten, also Atome, die schwerer als Uran sind. Das war eine Fehlinterpretation. Vier Jahre später zeigten Otto Hahn und Fritz Straßmann mittels chemisch-ana-lytischer Techniken, dass es sich um die Bruchstücke der Spaltung des Uran-kerns handelte. Dabei ist Spaltung streng genommen nicht der richtige Begriff. Das Atom wird nicht gespalten wie durch einen Holzkeil, sondern es zerplatzt wie wabbelnde Götterspeise. Lise Meitner und ihr Neffe Otto Frisch hatten die theoretischen Grundlagen der Kernspaltung (engl. Fission) erarbeitet.

Lise Meitner (1878–1968) wurde in Wien geboren zu einer Zeit, in der Mädchen der Besuch von Gymnasien verwehrt war. Sie studierte in einer Bürgerschule und bereitete sich im Selbststudium auf die Matura vor, die sie im Alter von 22 Jahren am akademischen Gymnasium in Wien ablegte. Sie begann ein Studium der Physik, Mathematik und Philosophie an der Universität Wien, Boltzmann war ihr wichtigster Lehrer. Lise Meitner wurde 1906 als zweite Frau im Hauptfach Physik an der Universität Wien promoviert. Sie interessierte sich für Radioaktivität und bewarb sich bei Marie Curie, allerdings erfolglos. 1907 ging sie nach Berlin, um Vorlesungen von Max Planck zu hören.

A 5.9 Als sich Lise Meitner bei Max Planck um eine Assistentenstelle bewarb, meinte er: „Sie haben doch schon ein Doktorat. Was wollen Sie denn jetzt noch?"

Dort traf sie erstmals den Chemiker Otto Hahn, mit dem sie 30 Jahre zusammenarbeiten sollte. Frauen war es damals in Preußen nicht erlaubt zu studieren und Lise Meitner durfte die Vorlesungsräume und Experimentallabors der Studenten nicht betreten. Erst 1909 wurde das Frauenstudium offiziell zugelassen.

Lise Meitner wurde dann doch Assistentin bei Max Planck, der sie auch weiterhin förderte. 1919 erhielt sie als eine der ersten Frauen den Titel „Professor" und 1922 habilitierte sie sich als erst zweite Frau für Physik.

A 5.10 Der Titel der Antrittsvorlesung von Lise Meitner lautete „Die Bedeutung der Radioaktivität für kosmische Prozesse". Ein Berliner Lokaljournalist hatte die *kosmischen Prozesse* in seinem Artikel jedoch in *kosmetische Prozesse* umbenannt. Lise Meitner soll sich darüber noch lange amüsiert haben.

1938 floh Lise Meitner nach Stockholm und arbeitete mit ihrem Neffen Otto Frisch zusammen. Sie korrespondierte mit Hahn, der ihr seine neuesten Ergebnisse mitteilte. Im Dezember kamen Meitner und Frisch zum Schluss, dass es sich bei Hahns Versuch um Kernspaltung handelte. Um den Jahreswechsel 1938/1939 fuhr Frisch nach Kopenhagen und erzählte Bohr von ihrer Vermutung. Bohr war begeistert, aber auch bestürzt, er ahnte die möglichen Auswirkungen dieser Entdeckung, im Guten wie im Bösen. Im Januar 1939 fuhr er in die USA und überbrachte die Nachricht.

Aus Abb. 5.1 ist ersichtlich, dass sowohl bei der Spaltung von schweren Kernen als auch bei der Verschmelzung von leichten Kernen Energie frei wird. Aber warum verschmelzen die leichten Kerne nicht spontan? Der Grund liegt in der Coulomb-Abstoßung der positiv geladenen Kerne, die eine Barriere aufbaut.

Für leichte Kerne muss diese Abstoßungs-Barriere überwunden werden und die Kerne müssen nahe genug zueinander gebracht werden, um zu fusionieren. Die dazu notwendige Energie ist jedoch eine gute Investition, da bei der Kernfusion viel mehr Energie freigesetzt wird als für die Auslösung des Prozesses notwendig war.

Sterne, also auch unsere Sonne, beziehen ihre Energie aus Fusionsprozessen. Protonen werden zu Helium Kernen verschmolzen und dabei wird Energie freigesetzt. Das geschieht über eine Reihe von Fusionsprozessen und Zerfällen, sogenannte Zyklen. In unserer Sonne ist mit über

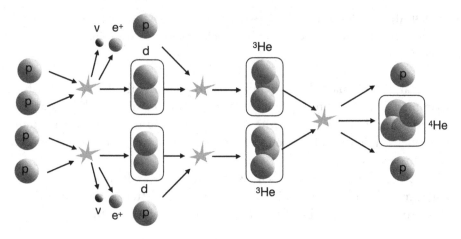

Abb. 5.3 Der Proton-Proton I Zyklus

80 % Anteil der Proton-Proton I Zyklus dominant (Abb. 5.3). Dabei verschmelzen zwei Protonen unter Aussendung eines Positrons und eines Neutrinos in ein Deuteron. Dieses wandelt sich unter Aufnahme eines weiteren Protons in einen Helium-3 Kern um und zwei Helium-3 Kerne bilden letztendlich einen stabilen Helium-4 Kern. Dabei werden wieder zwei Protonen freigesetzt.

Bei höheren Temperaturen, und damit in Sonnen mit großer Masse, wird ein anderer Zyklus immer wichtiger, den Carl Friedrich von Weizsäcker und Hans Bethe in den Jahren 1937–1939 berechnet haben. Dieser sogenannte CNO-Zyklus ist komplexer: Er beginnt mit einer Fusion von Kohlenstoff mit einem Proton, verläuft dann über eine Kette von Reaktionen mit Stickstoff- und Sauerstoff-Kernen und endet mit einem Kohlenstoffkern und Helium.

George Gamow und sein Doktorand Ralph Alpher schrieben 1948 einen Artikel über die Entstehung der chemischen Elemente beim Urknall.

A 5.11 Gamow war ein bekannter Witzbold und liebte es, humorvolle Wendungen in seriöse wissenschaftliche Veröffentlichungen einzubetten. Er überzeugte Bethe, als Mitautor seiner Arbeit mit seinem Studenten Alpher genannt zu werden, damit die Autorenliste „Alpher, Bethe, Gamow" den drei ersten Zeichen im griechischen Alphabet entsprach. Tatsächlich wurde die Publikation oft als „α, β, γ-Paper" zitiert.

Die Arbeit wurde später kritisiert und heute nimmt man an, dass die schwereren Elemente durch Kernfusion in Sternexplosionen (Supernovas) oder durch Kollisionen von Neutronensternen entstehen.

Kontrollierte Fusion könnte eine wichtige Rolle bei der künftigen Energieversorgung spielen. Derzeit gibt es vielversprechende Ansätze, Probereaktoren sind in Betrieb, zu einem funktionierenden Fusionskraftwerk ist jedoch noch ein weiter Weg.

Radioaktive Kerne sind natürliche Beispiele für spontane Zerfälle. Aufgrund der Kombination von bindender Kernkraft und abstoßender Coulombkraft besteht für manche Kerne eine bestimmte Wahrscheinlichkeit des Zerfalls.

Man kann sich das wie eine von Bergen umgebene Hochebene vorstellen. Die Teilchen der Hochebene haben zu wenig Energie, um über die Berge zu klettern, damit sie das dahinterliegende tiefer gelegene Tal erreichen können. Nach den Regeln der klassischen Physik blieben sie auf der Hochebene gefangen. In der Quantenmechanik können sie aufgrund der Unschärfe durch die Berge „tunneln" und so die Coulomb-Potentialbarriere überwinden.

Aber auch durch die Bestrahlung bestimmter schwerer Atomkerne (zum Beispiel Uran) mit langsamen Neutronen ändert sich die Energiebilanz des Kerns so, dass ein Zerfall in mittelgroße Bruchstücke erfolgen kann.

Bei der Kernspaltung von Uran werden auch zwei bis drei Neutronen freigesetzt. Wenn es gelingt, diese abzubremsen, dann können sie weitere Atomkerne spalten und eine Kettenreaktion auslösen. Bei der technischen Umsetzung ergab sich das gravierende Problem der Kontrolle des Prozesses. Die Realisierung des ersten Kernreaktors ist eng mit der Konstruktion von Kernwaffen verknüpft.

5.3 Die Atombombe

Die Entwicklung von Kernwaffen ist in zweierlei Hinsicht mit der Machtergreifung Hitlers in Deutschland verbunden. Erstens sollte diese gewaltige Waffe helfen, den Krieg zugunsten der Alliierten zu entscheiden. Zweitens war eine Reihe von Wissenschaftlern beteiligt, die vor dem Faschismus in Europa flüchten mussten und in die USA emigrierten.

Wir schreiben das Jahr 1937. Die Nationalsozialisten regieren seit 1933 in Deutschland, bald auch in Österreich, die Faschisten in Italien. Zahlreiche Physikerinnen und Physiker wurden aufgrund jüdischer Abstammung entlassen oder nicht mehr angestellt und verließen das Land. Einstein war frühzeitig an das Institute for Advanced Studies in Princeton, USA gegangen, Pauli blieb an der ETH in Zürich, war aber längere Zeit Gast in Princeton. Hans Bethe wechselte an die Cornell Universität in Ithaca, USA. Rudolf

Peierls, Viktor Weisskopf, Leó Szilárd, Edward Teller und viele andere emigrierten nach Großbritannien oder in die USA. Lise Meitner floh 1938 nach Schweden.

Enrico Fermis Frau Laura war Jüdin und um Drangsalierungen zu entgehen, emigrierte er mit seiner Familie 1938 in die USA. Um seine Abreise unauffällig zu gestalten, nutzte er die Einladung nach Stockholm, wo er den Nobelpreis entgegennahm, um danach weiter nach New York zu reisen.

Leó Szilárd, Edward Teller, John von Neumann und Eugene Wigner, eine Vierer-Gruppe von ungarischen Wissenschaftlern aus deutsch assimilierten Budapester jüdischen Familien, alle in den ersten Jahren des Jahrhunderts geboren, verließen Ungarn wegen der zunehmenden antijüdischen Tendenzen. Die vier wechselten für ihr Studium zunächst nach Deutschland und verließen es 1933. Anfang der vierziger Jahre sollten sie alle in der einen oder anderen Form am Manhattan Projekt beteiligt sein.

> **A 5.12** Szilárd, Teller, von Neumann und Wigner beeindruckten ihre Kollegen in Los Alamos durch ihre fast außerirdische Brillanz derart, dass sie den Spitznamen „die Marsianer" erhielten.

Edward Teller, der später den ungeliebten Titel „Vater der Wasserstoff-Bombe" bekam, 1908 in Budapest geboren, wurde in Ungarn als Jude diskriminiert und begann ein Chemie-Studium an der Universität Karlsruhe. 1928 wechselte er nach München, um unter Arnold Sommerfeld Physik zu studieren. Seine Zeit in München begann mit einem schlechten Omen. Bei einem unglücklichen Sprung von einer Straßenbahn kam sein rechter Fuß unter die Räder und wurde abgetrennt. Ein Jahr danach wechselte er nach Leipzig und arbeitete unter Heisenbergs Betreuung an seiner Dissertation, die er 1930 abschloss. Nach knappen drei Jahren bei Max Born und James Franck in Göttingen verließ er 1933 Deutschland. Nach Aufenthalten in England und Dänemark emigrierte er 1935 in die USA als Professor an der George Washington University in Washington, D.C.

> **A 5.13** Edward Teller verfasste ein Scherzgedicht (ein bayerisches „Gstanzl") zum Geburtstag von Max Born (1930):
> Und der Maxl, der schreibt Bücher/und es stehen Formeln drin,
> denn die Bücher ohne Formeln/machen meistens keinen Sinn.
> Für den Vektor und die Matrix/stets ein anderes Zeichen steht,
> jeder Form und jeder Größe,/und aus jedem Alphabet,
> und der Tensor hat nen Index/und der Index hat nen Strich,
> und man liest's und liest es wieder,/doch kapieren tut man's nicht.

Nach Kriegsbeginn bemühte sich Teller, an der Waffenentwicklung mitzu-arbeiten und schlug schon 1942 bei einem von Oppenheimer veranstalteten Workshop in Berkeley die Konstruktion einer Wasserstoffbombe vor. Die bei einer Kernfusion (Kernverschmelzung) freiwerdende Energie ist ein Vielfaches der aus einer Kernspaltung gewonnenen Energie. 1943 wurde er in Los Alamos Mitglied der Theoriegruppe, verärgerte aber Bethe, damals Leiter der Abteilung, da er vorwiegend an Plänen für die Fusionsbombe arbeitete. Oppenheimer richtete Teller daraufhin eine eigene Abteilung ein. Die Mehrheit der Wissenschaftler waren skeptisch, ob eine Fusionsbombe machbar wäre.

A 5.14 Edward Teller: Wenn es jemals eine falsche Bezeichnung gab, dann ist es „exakte Wissenschaft". Die Wissenschaft war schon immer voller Fehler. Der heutige Tag ist keine Ausnahme. Und unsere Fehler sind gute Fehler; sie erfordern ein Genie, um sie zu korrigieren. Natürlich sehen wir unsere eigenen Fehler nicht.

Nach Kriegsende ging Teller zunächst an die Universität Chicago, kehrte jedoch 1950 nach Los Alamos zurück. Gemeinsam mit Stanislav Ulam ent-wickelte er ein neues Konzept, bei dem die Fusion durch die Explosion einer Kernspaltungsbombe ausgelöst wird. Am 1. November 1952 wurde die erste Wasserstoffbombe auf den Marshall Inseln im Stillen Ozean zur Explosion gebracht.

Tellers Beiträge sind im Bereich der Kern- und Molekularphysik, der Spektroskopie und Oberflächenphysik. Er war Ko-Autor der Arbeit von Metropolis et al., welche die Monte-Carlo Methode (Kap. 12) in die Statistische Physik einführte.

A 5.15 Edward Teller: Physik ist hoffentlich einfach. Physiker sind es nicht.

John von Neumann könnte man als „Mathematiker der Quanten-mechanik" bezeichnen. Er wurde 1903 in Budapest geboren, sein Vater war Bankier. Schon als Sechsjähriger sprach er Altgriechisch und dividierte achtstellige Zahlen im Kopf. Mit 19 hatte er bereits zwei Arbeiten zur Mathematik publiziert. Auf Wunsch seines Vaters studierte er in Berlin und Zürich Technische Chemie, besuchte aber auch Mathematik-Vor-lesungen von Hermann Weyl an der ETH und studierte auf eigenem Wunsch Mathematik in Budapest. Gleichzeitig mit seiner Graduierung in Zürich schloss er 1926 sein Mathematik-Studium mit der Promotion ab. Im Jahr darauf habilitierte er sich bei David Hilbert in Göttingen. In den

Folgejahren lehrte er in Berlin, Hamburg und als Gast in Princeton. 1933 wurde ihm am Institute for Advanced Studies in Princeton eine permanente Professur angeboten, die er annahm und bis zu seinem Tod 1957 innehatte.

A 5.16 Von Neumann war Nichtraucher, aß und trank aber gern. Seine zweite Frau Klara sagte, er könne alles zählen außer Kalorien.

Explosionen sind mathematisch schwer zu behandeln. Von Neumann war auch auf diesem Gebiet Fachmann und arbeitete als Konsulent beim Manhattan Projekt mit. Unzählige fundamentale Beiträge zu mehreren Bereichen der Mathematik, Quantenmechanik und Grundlagen der Computer-Technik stammen von ihm, darunter auch eine Erweiterung des von Turing vorgeschlagenen mathematischen Modells eines Computers.

A 5.17 John von Neumann trug immer formelle Anzüge. Einmal trug er einen dreiteiligen Nadelstreifanzug, als er auf einem Maultier den Grand Canyon hinunterritt.
Bei von Neumanns Promotionsprüfung 1926 soll Hilbert gefragt haben: „Bitte, wer ist der Schneider des Kandidaten?", weil er noch nie eine so elegante Abendgarderobe gesehen hatte.

Eugene Paul Wigner, 1902 in Budapest geboren, wie auch die anderen „Marsianer", studierte Technische Chemie in Budapest und Berlin. Durch die Mittwoch-Treffen der Deutschen Physikalischen Gesellschaft wurde sein Interesse für Physik geweckt. Sommerfeld vermittelte ihn als Assistent von David Hilbert nach Göttingen. Leider hatte Hilberts Interesse an Physik abgenommen. Die Physik sei zu schwer für die Physiker, war seine Meinung.

Hermann Weyl übernahm 1930 den Lehrstuhl, er hatte 1928 ein schwer lesbares Buch über Gruppentheorie und Physik verfasst. Wigners „Group Theory and Its Application to the Quantum Mechanics of Atomic Spectra" (1931) war für die Physiker-Gemeinde leichter zugänglich. Weyl und Wigner führten die Gruppentheorie in die Physik ein. Wigner bewies 1931 ein Theorem, das zeigte, wie Symmetrien in der Quantenmechanik repräsentiert werden. Im 10. Kapitel werden wir noch näher auf diese Beziehung eingehen. Nicht alle Physikerinnen und Physiker schätzten die Gruppentheorie, manche – auch Schrödinger – bezeichneten sie als „Gruppenpest".

A 5.18 Eugene Wigner: Die unerwartete Effizienz der Mathematik in der Wissenschaft ist ein Geschenk, das wir weder verstehen noch verdienen.

Wigner war, wie John von Neumann, ab 1930 in Princeton, hatte aber nur eine Stelle bis 1936. Während dieser Zeit lernte seine jüngere Schwester Margit „Manci" seinen Kollegen Paul Dirac kennen und sie heirateten. Wigner wechselte für zwei Jahre an die University of Wisconsin in Madison, kehrte 1938 aber wieder nach Princeton zurück.

Im Manhattan Projekt war er mit der Konstruktion von Kernreaktoren befasst, die Uran zu waffenfähigem Plutonium „erbrüten" sollten. Zu diesem Zeitpunkt gab es noch keinen funktionierenden Reaktor. Nach dem Krieg war Wigner kurz Direktor der Clinton Laboratories in Oak Ridge, kehrte dann aber wieder ans Institute for Advanced Studies nach Princeton zurück.

1963 wurde Wigner (zusammen mit Maria Goeppert-Mayer und Hans Jensen) der Nobelpreis für Physik „für seine Beiträge zur Theorie des Atomkerns und der Elementarteilchen, besonders durch die Entdeckung und Anwendung fundamentaler Symmetrie-Prinzipien" verliehen.

A 5.19 Eugene Wigner: Es gibt zwei Arten von Menschen auf der Welt: Johnny von Neumann und den Rest von uns.

A 5.20 Auch große Wissenschaftler können irren. In einem Artikel der Times am 12. September 1933 wurde Ernest Rutherford mit den Worten zitiert: „Anyone who looked for a source of power in the transformation of the atoms was talking moonshine" („Wer in der Umwandlung der Atome nach einer Kraftquelle sucht, redet Unsinn").

Leó Szilárd, gerade in England angekommen, fühlte sich durch Rutherfords Behauptung herausgefordert, das Gegenteil zu beweisen. In Budapest in eine technikfreundliche Familie geboren, studierte er Elektrotechnik, musste das Studium 1917 unterbrechen, da er in die k.u.k. Armee eingezogen wurde. Nach dem Krieg wurde das Leben für jüdische Studenten in Ungarn schwierig, und er wechselte nach Deutschland an die Friedrich-Wilhelms-Universität Berlin. Er promovierte in Physik mit einer von Einstein gepriesenen Dissertation über Thermodynamik und erhielt die Lehrbefugnis als Privatdozent.

Seine technische Ausbildung half ihm, mehrere Patente (Linearbeschleuniger, Kreisbeschleuniger) anzumelden. 1933 begann die Situation für Juden in Deutschland unerträglich zu werden und er emigrierte nach England.

Szilárd suchte zunächst nach Isotopen, die durch zusätzliche Neutronen zum Zerfall angeregt werden. Wenn bei diesem Zerfall weitere Neutronen frei würden, könnte es zu einer Kettenreaktion kommen. Er beschrieb diesen Prozess in einem Patentantrag, wollte diesen aber geheim halten, da ihm klar war, dass diese Kettenreaktion vielleicht als Waffe eingesetzt werden könnte. Er übereignete das Patent daher der britischen Admiralität.

A 5.21 Leó Szilárd: Wenn du in der Welt Erfolg haben willst, musst du nicht viel klüger sein als andere Menschen. Du musst nur einen Tag früher da sein.

1938 wechselte Szilárd in die USA. Er befürchtete, dass Deutschland den Bau von Waffen betreiben könnten, die auf dem Prinzip der Kettenreaktion bei der Kernspaltung beruhten. Er entwarf einen Brief an den amerikanischen Präsidenten Franklin D. Roosevelt, um auf diese Befürchtung hinzuweisen. Mithilfe von Edward Teller und Eugene Wigner überzeugte er Einstein, den Brief ebenfalls zu unterzeichnen. Dieser vertrauliche Brief im Sommer 1939 löste eine Kette von Aktionen aus, die zur Entwicklung einer Atombombe im Rahmen des sogenannten Manhattan-Projekts führten. Das Projekt begann 1939 bescheiden mit einem Hauptquartier in Manhattan und gewann mit zunehmendem Verständnis der Kernreaktionen an Bedeutung.

Zuerst musste bewiesen werden, dass eine Kettenreaktion auftritt und kontrolliert werden kann. Kurz nach Fermis Ankunft in New York war von Niels Bohr die Neuigkeit über die Entdeckung der Kernspaltung überbracht worden. Daran arbeiteten Fermi und sein Team (Leó Szilárd, Leona Woods, Herbert L. Anderson, Walter Zinn, Martin D. Whitaker, George Weil) unter dem Deckmantel des Metallurgischen Instituts an der Universität Chicago. Bei diesem ersten Schritt wurde noch Natururan verwendet. Um die bei der Kernspaltung freiwerdenden schnellen Neutronen so zu bremsen, dass sie neue Kernspaltungen bewirkten, verwendete man Graphit. Der Reaktor „Chicago Pile No. 1" wurde aus ziegelsteingroßen Blöcken von metallischem Uran (4,9 t), Uranoxyd (41 t) und Graphit (330 t) gebaut. Am 2. Dezember 1942 um 15:25 gelang die erste kritische, kontrollierte Kettenreaktion.

A 5.22 Leó Szilárd: Wir kippten den Schalter, sahen die Blitze, schauten zehn Minuten lang zu, schalteten dann alles aus und gingen nach Hause. In dieser Nacht wusste ich, dass die Welt auf Kummer zusteuerte.

A 5.23 Am 2. Dezember 1942, nachdem Fermis Team die erste kontrollierte nukleare Kettenreaktion der Geschichte erfolgreich durchgeführt hatte, tätigte Arthur Compton einen kurzen Anruf bei James Conant, dem Vorsitzenden des National Defense Research Committee. Das Gespräch war verschlüsselt, wenn auch nicht vorher vereinbart.

Compton: „Der italienische Seefahrer ist in der Neuen Welt gelandet.“
Conant: „Wie waren die Eingeborenen?“
Compton: „Sehr freundlich.“

A 5.24 Die Jahrestage seiner Entdeckung pflegte Fermi immer zu feiern. Als er dies wieder einmal allein bei einigen Gläsern Chianti tat, sah er auf der Rechnung, dass er sich um einen Tag vertan hatte. Seine Bemerkung dazu war: „Dann habe ich mich heute umsonst betrunken.“

Das Manhattan Projekt wurde von Kanada und Großbritannien unterstützt. Die Leitung in den Jahren 1942–1946 hatte Major General Leslie Groves des U.S. Army Corps of Engineers inne. Er setzte Robert Oppenheimer zum Wissenschaftlichen Leiter des geheimen Labors in Los Alamos, einem Hochplateau nahe Santa Fe, ein. Als charismatischer Mensch sollte „Oppie“ möglichst viele gute Physikerinnen und Physiker zu einer Mitarbeit bewegen.

In diesen Jahren wurden zwei Typen von Kernspaltungsbomben entwickelt, die 1945 in Hiroshima und Nagasaki eingesetzt wurden.

(Julius) Robert Oppenheimer (1904–1967) entstammte einer wohlhabenden Familie in New York. Sein „behütetes Familienleben“ habe ihm nicht „die normale, gesunde Möglichkeit eingeräumt, jemals ein Lausbub zu sein“. Von 1922 bis 1925 studierte er Chemie an der Harvard Universität.

Er interessierte sich zunehmend für Physik und ging zu Rutherford ans Cavendish Laboratory in Cambridge, England. Für die experimentellen Aufgaben zeigt er wenig Geschick oder Interesse und er wandte sich der theoretischen Physik zu. Seine Publikationen zu Problemen der Quantenmechanik (1926) fielen Max Born auf, der ihn als Doktorand nach Göttingen holte. Er kam so in Kontakt mit Bohr, Dirac, Fermi, Heisenberg, Jordan, Pauli und Teller.

A 5.25 Oppenheimer war Borns Doktorand. Max Born gab eine Arbeit über die Streuung von Elektronen an Wasserstoffatomen an Robert Oppenheimer und bat um Überprüfung. Oppenheimer gab die Arbeit am nächsten Tag mit der Bemerkung zurück: „Ich konnte keinen Fehler finden. Haben Sie wirklich alles allein gerechnet?“

A 5.26 Oppenheimer war dafür bekannt, zu enthusiastisch in Diskussionen zu sein, manchmal bis zu dem Punkt, Seminarsitzungen völlig zu dominieren. Dies ärgerte einige von Borns anderen Studenten so sehr, dass Maria Goeppert Born eine von ihr und anderen unterzeichnete Petition überreichte, in der mit einem Boykott gedroht wurde, wenn er Oppenheimer nicht zum Schweigen bringe. Born ließ sie auf seinem Schreibtisch liegen, wo Oppenheimer sie lesen konnte, und es wirkte, ohne dass ein Wort gesprochen wurde.

Die sogenannte Born–Oppenheimer Näherung ist eine Vereinfachung der Schrödinger Gleichung für Systeme aus mehreren Teilchen. Oppenheimer promovierte 1927 mit Auszeichnung und ging zurück in die USA, zuerst nach Harvard, dann ans Caltech und 1929 als Assistenzprofessor an die Berkeley Universität in Kalifornien. Er schrieb 1926–1929 mehrere Arbeiten zur Quantenmechanik.

A 5.27 Am Caltech schloss Oppenheimer eine enge Freundschaft mit Linus Pauling. Sowohl die Zusammenarbeit als auch ihre Freundschaft endeten, als Pauling anfing, Oppenheimer zu verdächtigen, seiner Frau Ava Helen Pauling zu nahe zu kommen. Pauling beendete seine Beziehung mit ihm.

A 5.28 Edward Gerjuoy erinnert sich: Oppie war groß und absurd dünn. Er war selten bewegungslos; wenn nichts anderes, würde er an seiner Zigarette paffen oder sie herumschwenken, während er redete. Er war gebildet und belesen[...]. Sein Gesicht war beweglich; wie er reagierte, war kein Geheimnis. Als ich ihn kannte, war er zwischen 35 und 40 und zweifellos immer noch auf dem Höhepunkt seiner körperlichen und geistigen Kräfte.

In den 1930er Jahren war Oppenheimers Institut ein Zentrum für junge Studierende der Theoretischen Physik. Wie viele andere Intellektuelle dieser Epoche war er aufgeschlossen für kommunistische Ideen. In der McCarthy Ära wurde ihm dies vorgeworfen.

A 5.29 Bei der ersten Explosion einer Atombombe in der Wüste von Nevada erinnerte sich Oppenheimer an einen Satz aus dem Sanskrit-Text Bhagavad Gita: „Ich bin der Tod, der alles raubt, Erschütterer der Welten". Nach der Detonation der ersten Kernwaffe auf Hiroshima sagte Robert Oppenheimer „Jetzt haben die Physiker die Sünde kennengelernt, und das Wissen wird sie nie wieder verlassen."

Nach dem Einsatz der Atombomben in Hiroshima und Nagasaki wurde Oppenheimer als „Vater der Atombombe" bezeichnet. Er aber wandte sich zunehmend gegen eine Weiterentwicklung, insbesondere der Wasserstoffbombe. Das war eine der Ursachen dafür, dass er als kommunistischer Spion beschuldigt wurde, der „Umgang mit Kommunisten" hatte, und 1954 zu einer Sicherheits-Anhörung beordert wurde. Edward Tellers Aussage vor dem Untersuchungsausschuss beruhte auf zweifelhaften Informationen und schadete Oppenheimer. Die meisten seiner Wissenschaftler-Kollegen nahmen Teller das übel. Oppenheimer verlor die „Sicherheitsstufe" und die Zugangsberechtigung zum Laboratorium in Los Alamos und kehrte als Direktor an das Institute for Advanced Studies in Princeton zurück.

Zahlreiche bekannte Physikerinnen und Physiker, darunter Nobelpreiseträger, arbeiteten beim Manhattan-Projekt mit. Viele davon distanzierten sich später vom Einsatz der Atombombe. Der fachliche Erkenntnisgewinn bestand vorwiegend in technischen Fragen und im Verständnis der Physik der Atomkerne. Kein neues Elementarteilchen wurde entdeckt.

5.4   Der deutsche Uranverein

Nach öffentlichen Vorträgen über friedliche Nutzung der Kernspaltung reagierte das deutsche Reichserziehungsministerium schnell und richtete eine „Arbeitsgemeinschaft für Kernphysik" an der Physikalisch-Technischen Reichsanstalt in Berlin und an der Universität Göttingen ein. Das Heereswaffenamt wurde darauf aufmerksam, dass diese Forschung auch Waffen entwickeln könnte und zog diesen Forschungsbereich an sich. Im September 1939 wurde die Forschung dazu an der Physikalisch-Technischen Reichsanstalt in Berlin und an der Universität Göttingen eingestellt, und am Kaiser-Wilhelm-Institut für Physik konzentriert. Ziel war die Erreichung einer kontrollierten Kettenreaktion. Die Arbeiten unterlagen strenger Geheimhaltung. Der Direktor des Kaiser-Wilhelm-Instituts Peter Debye verließ aufgrund politischen Drucks Deutschland und wurde interimistisch durch Kurt Diebner, einem Heeresfachmann für Sprengstoffe, ersetzt.

Bereits 1940 hatte C. F. v. Weizsäcker darauf hingewiesen, dass ein Uranreaktor eventuell zur Erzeugung von Atomsprengstoff genutzt werden könnte, ohne die praktische Umsetzung zu diskutieren. In Leipzig wurden unter Heisenbergs Leitung die ersten Versuchsanordnungen gebaut. Im Sommer 1941 zeigten die erzielten Resultate, dass der Bau eines energieerzeugenden Reaktors mit reinem Uran und schwerem Wasser möglich sei.

Im September 1941, mitten im Krieg, besuchte Heisenberg Niels Bohr im von den Deutschen besetzten Kopenhagen. Es fand ein Gespräch unter vier Augen statt, dessen Inhalt nicht zweifelsfrei geklärt ist. Nach Heisenbergs Erinnerung wollte er Bohr gegenüber andeuten, dass die Arbeit am deutschen Atomprojekt einstweilen ruhe. Bohr interpretierte Heisenbergs Worte so, dass die Nationalsozialisten mit Heisenbergs Hilfe aktiv eine Bombe entwickelten, und brach das Gespräch ab. Niels Bohr engagierte sich im dänischen Widerstand. 1943 floh er mithilfe des britischen und dänischen Geheimdiensts nach Schweden. Als „Nicholas

Baker" reiste er in die USA weiter und war dort im Rahmen des Manhattan-Projekts tätig.

Die Kernphysiker Deutschlands wurden zur Mitarbeit aufgefordert, einige kamen auch nach Berlin, darunter Weizsäcker. Einer der Gründe mag die Befreiung vom Wehrdienst gewesen sein. 1942 wechselte Heisenberg im Rahmen des Projekts an das Kaiser-Wilhelm-Institut für Physik in Berlin und übernahm die Leitung,

Das physikalische Problem war die Bremsung der Neutronen durch einen geeigneten Moderator. Experimente mit schwerem Wasser und Kohlenstoff erfolgten. Die Beschaffung mehrerer tausend Tonnen Urans und größerer Mengen des Moderators verlief schleppend, es war Krieg. Im Sommer 1942 gelang Robert Döpel der Nachweis einer Neutronenvermehrung. Im Juni 1942 berichtete Heisenberg über den in Deutschland erreichten Kenntnisstand. Dem zuständigen Minister Speer erschien der erforderliche Aufwand viel zu hoch und die erforderliche Zeit zu lang. Speer entschied daher, die Entwicklung des Uranprojektes im bisherigen kleinen Stil weiter zu verfolgen.

Ab 1943 wurden Teile des Reaktorprojekts nach Haigerloch nahe von Hechingen (Schwäbische Alb) verlegt. Die in Berlin aufgebaute Anordnung wurde kurz vor Kriegsende dorthin gebracht. Knapp vor dem Eintreffen alliierter Truppen in Hechingen floh Heisenberg auf dem Fahrrad nach Oberbayern zu seiner Familie.

Ab September 1943 gab es die „Alsos Mission" als Teil des Manhattan Projekts. Eine Gruppe von Offizieren der amerikanischen und britischen Geheimdienste, der Armee und von wissenschaftlichen Beratern folgte der Front und versuchte zu klären, wie weit die Forschung zur Kernphysik fortgeschritten war. Heisenberg wurde Anfang Mai 1945 von Alsos-Leuten festgenommen. Mit anderen wichtigen Mitarbeitern am Reaktorprojekt wurde er in Farm Hall in England interniert und befragt.

A 5.30 Von 3. 7. 1945 bis 3. 1. 1946 wurden zehn deutsche Physiker, darunter Heisenberg und von Weizsäcker, als „Gäste" im Landsitz Farm Hall nahe Cambridge festgehalten. Sie wussten nicht, dass ihre sämtlichen Gespräche in einer Aktion „Epsilon" abgehört wurden. Die Originalaufzeichnungen auf Schellack-Platten gibt es nicht mehr, die ins Englische übersetzten Abhörprotokolle wurden 1992 freigegeben.

A 5.31 Im April 1957 unterzeichnete Hahn gemeinsam mit 17 weiteren international bekannten Atomwissenschaftlern, darunter auch Born, Heisenberg und von Weizsäcker, das so genannte „Göttinger Manifest" gegen die militärische Nutzung der Kernenergie in Deutschland. Das fand die Politik störend. Bundesverteidigungsminister Franz-Josef Strauß sagte über Hahn: „Ein alter Trottel, der die Tränen nicht halten kann und nachts nicht schlafen kann, wenn er an Hiroshima denkt."

Literatur und Quellennachweis für Anekdoten und Zitate

A 5.1 www.webofstories.com/play/hans.bethe/32

A 5.2 Physik in unserer Zeit 27(5), 1967, S. 214

A 5.3 Beck, G, Bethe, H. and Riezler, W. Bemerkungen zur Quantentheorie der Nullpunktsenergie. Die Naturwissenschaften, 2, 38–39 (1931)

A 5.4 www.sps.ch//artikel/physik-anekdoten/neues-zum-verhaeltnis-von-werner-heisenberg-und-carl-friedrich-von-weizsaecker-15

FAZ 16. 11. 2011, S. N3

A 5.5 Podiumdiskussion in Stuttgart, 1979, gesendet 2019 vom SWR2. Drieschner, M. Carl Friedrich von Weizsäcker. *J Gen Philos Sci* **39**, 1–16 (2008). https://doi. org/10.1007/s10838-008-9067-8

A 5.6 www.nytimes.com/1988/01/12/obituaries/isidor-isaac-rabi-a-pioneer-in-atomic-physics-dies-at-89.html

A 5.7 en.wikipedia.org/wiki/Isidor_Isaac_Rabi#Molecular_Beam_Laboratory

A 5.8 www.science-story-telling.eu/fileadmin/content/projekte/storytelling/bio-grafien/biografien-deu/mariecurie-biografie-de.pdf

A 5.9 Fischer (2000), S. 305

A 5.10 www.zeit.de/wissen/geschichte/2018-10/lise-meitner-physik-entdeckung-kernspaltung

A 5.11 en.wikipedia.org/wiki/Alpher–Bethe–Gamow_paper, Alpher, RA, Bethe, H, Gamow, G. The Origin of Chemical Elements, Physical Review 73, 803 (1948)

A 5.12 George Marx: The Martian's vision of the future. mek.oszk. hu/03200/03286/html/tudos1/martians.html

A 5.13 H. Mitter, private Mitteilung

A 5.14 Edward Teller, Wendy Teller, Wilson Talley Conversations on the Dark Secrets of Physics, Basic Books Ch. 10, p. 150), 1991, S. 37

A 5.15 wie A .5.14, S. 150

A 5.16 und A 5.17 en.wikipedia.org/wiki/John_von_Neumann

A 5.18 mathshistory.st-andrews.ac.uk/Biographies/Wigner/quotations/

A 5.19 www.econlib.org/library/Enc/bios/Neumann.html

A 5.20 (London) Times am 12. September 1933

A 5.21 Leó Szilárd, Helen S. Hawkins, G. Allen Greb, Gertrud Weiss Szilárd (1987). "Toward a Livable World Leó Szilárd and the Crusade for Nuclear Arms Control", p.25, MIT Press

A 5.22 Ausspruch nach einem frühen Experiment zur Atomspaltung (Columbia University, 1939): newworldencyclopedia.org/entry/Leó_Szilárd

A 5.23 www.ne.anl.gov/About/legacy/italnav.shtml

A 5.24 Exner (1996)

A 5.25 Hoffmann (1995)

A 5.26 und A 5.27 en.wikipedia.org/wiki/J._Robert_Oppenheimer#Studies_in_Europe

A 5.28 Edward Gerjuoy: Remembering Oppenheimer: The Teacher, The Man . APS-Nachrichten, Nov. 2004 (Vol. 13/10)

A 5.29 Lingsmann (1987) S.160. Eine vollständigere Übersetzung lautet: „Wenn das Licht von tausend Sonnen/am Himmel plötzlich bräch' hervor/das wäre gleich dem Glanze dieses Herrlichen, und ich bin der Tod geworden, Zertrümmerer der Welten." – Current Biography Yearbook, 1964, deutsche Übersetzung nach „Bhagavad Gita", vollständiger Text in transkribiertem Sanskrit und Deutsch

A 5.30 onlinelibrary.wiley.com/doi/epdf/https://doi.org/10.1002/phbl.19920481205

A 5.31 www.spektrum.de/news/deshalb-koennen-wir-nicht-schweigen/870702

Exner (1996) B. Exner, J. Ehtreiber, A. Hohenester „Physiker Anekdoten", Hölder Pichler Tempsky, Wien.

Farmelo (2009) Graham Farmelo, The strangest man: The Hidden Life of Paul Dirac, Mystic of the Atom. Basic Books.

Fischer (2000) E. P. Fischer „Aristoteles, Einstein und Co. Eine kleine Geschichte der Wissenschaft in Porträts", Piper, München.

Hoffmann (1995) Klaus Hoffmann: J. Robert Oppenheimer, Springer-Verlag Berlin Heidelberg.

Jungk (2020) Robert Jungk, Heller als tausend Sonnen. Rowohlt Buchverlag; 1. Auflage, Neuausgabe (2020).

Lingsmann (1987) B. Lingsmann, H. Schmied „Anekdoten, Episoden, Lebensweisheiten von Naturwissenschaftlern und Technikern", Aulis Verlag, Deubner, Köln, 1987.

6

Seltsame Teilchen

Zusammenfassung Nach jahrelangem Suchen wurde endlich Yukawas Teilchen, das Pion, gefunden. Dann ging es Schlag auf Schlag, eine Serie von stark wechselwirkenden Teilchen wurde in den Experimenten entdeckt, vorwiegend Baryonen. Die Grundzustände zerfielen mit schwacher Wechselwirkung und hatten deshalb eine relativ lange Zerfallszeit. Die angeregten Zustände der Baryonen zeigten eine kurze Lebensdauer. Das einzige stabile Baryon ist das Proton. Rätsel gab das K-Meson auf, das in vier Varianten vorkam. Bei der Klassifikation der Elementarteilchen wurde eine neue Quantenzahl postuliert. Zur Überraschung Vieler stellte sich heraus, dass die Spiegelungssymmetrie von der schwachen Kraft verletzt ist und auch die Zeitumkehr keine echte Symmetrie in der quantenmechanischen Welt ist.

6.1 Quantenzahlen

Es ist hoch an der Zeit, über Quantenzahlen zu sprechen. Klassische (also nicht quantenmechanische) Systeme werden durch sogenannte Bewegungsgleichungen beschrieben. Das sind Differenzialgleichungen, deren Lösung zum Beispiel den Ort eines Teilchens als Funktion der Zeit angeben. Die deutsche Mathematikerin Emmy Noether hatte 1918 gezeigt, dass eine Symmetrie eines solchen Systems immer mit einer Erhaltungsgröße – das ist eine Eigenschaft, die sich im Verlauf der Bewegung nicht ändert – verknüpft ist.

C. B. Lang und L. Mathelitsch, *Haben Sie eines gesehen?*, https://doi.org/10.1007/978-3-662-67972-2_6

Emmy Noether, geboren 1882 in Erlangen, – ihr Vater lehrte dort Mathematik – durfte an der Universität Mathematik studieren und 1907 promovieren. Frauen wurde damals eine universitäre Anstellung jedoch verwehrt und sie arbeitete einige Jahre unbezahlt am dortigen Mathematischen Institut.

A 6.1 David Hilbert, der führende Mathematiker dieser Zeit in Deutschland, lud Emmy Noether nach Göttingen ein. Andere Fakultätsmitglieder waren gegen die Anstellung einer Frau. Aber Hilbert und sein Kollege Felix Klein setzten sich durch und damals fiel der berühmte Satz Hilberts: „Eine Fakultät ist doch keine Badeanstalt."

Emmy Noether lieferte nicht nur bahnbrechende Beiträge zu Symmetrien und Erhaltungssätzen in der Physik, in der Mathematik war sie die Begründerin der modernen Algebra. Sie war erst 53 Jahre alt, als sie nach einer Operation starb.

A 6.2 Albert Einstein verfasste in der New York Times, 14. 04. 1935, einen Nachruf auf Emmy Noether: „Wie unauffällig das Leben dieser Einzelnen auch gewesen sein mag, die Früchte ihrer Bemühungen sind die wertvollsten Beiträge, die eine Generation ihren Nachfolgern übergeben kann."

Wenn Gleichungen, die eine Bewegung beschreiben auch nach Änderung der Zeitvariablen gleich aussehen (Symmetrie unter Verschiebung der Zeit), dann ist in diesem System die Energie „erhalten", das heißt konstant. Die Gleichungen haben dieselbe Form, egal ob man Greenwich-Zeit oder Wien-Zeit verwendet. Wenn die Gleichungen nach Änderung der Ortskoordinaten dieselben sind (Ortsverschiebung, Translation), dann ist der Gesamtimpuls erhalten. Und wenn die Bewegungsgleichungen auch in einem gedrehten System (Rotation) gleich aussehen, so ist der Drehimpuls eine Erhaltungsgröße. In der makroskopischen Welt ist der Drehimpuls ein Vektor und gibt die Stärke der Drehung sowie die Richtung der Drehachse eines rotierenden Objekts an. Dass der Drehimpuls eine Erhaltungsgröße ist, sieht man zum Beispiel beim Kreisel. Der Kreisel wehrt sich dagegen, durch eine äußere Kraft in seiner Bewegung geändert zu werden. Das freut die Radfahrerinnen und Radfahrer, da derart die Räder stabilisiert werden. Im schwerelosen, kräftefreien Raum würde der Kreisel weder Richtung noch Stärke ändern. Der klassische Drehimpuls ist jedoch nur für ausgedehnte Objekte definiert.

In der Quantenwelt sind die entsprechenden Gleichungen die Schrödingergleichung (nichtrelativistisch) oder die Klein-Gordon-Gleichung und die Diracgleichung (relativistisch). Die Erhaltungsgrößen Energie, Impuls und Drehimpuls bleiben dieselben, sind aber, abhängig von der Problemstellung, unter Umständen gequantelt.

Wir wollen uns noch einmal das Wasserstoff-Atom vornehmen. Genauer gesagt, betrachten wir die Quantenzahlen der Wellenfunktion des Elektrons der Atomhülle, das sich in verschiedenen Energieniveaus aufhalten kann. Die Wellenfunktion hat eine Hauptquantenzahl n, welche die Werte 1, 2, und so weiter annehmen kann. Sie gibt die Energieniveaus E_n an. Wie schon in Abschn. 1.4 erwähnt, gilt $E_n = - E_R/n^2$, wobei E_R die sogenannte Rydberg-Energie ist. Am stärksten gebunden ist ein Elektron im untersten Energieniveau mit $n = 1$.

In der Berechnung der Wellenfunktion erkannte man, dass es tatsächlich vier Quantenzahlen gibt, die mit der Symmetrie des Atoms unter Drehungen zusammenhängen und die den Zustand des Elektrons festlegen: die Hauptquantenzahl n, die Drehimpulsquantenzahl l, die Magnetquantenzahl m und den Spin s. Erst durch die Reaktion auf äußere elektromagnetische Felder kann man diese Quantenzahlen anhand der Aufspaltung der Energieniveaus erkennen.

Für jede Hauptquantenzahl n kann der Bahndrehimpuls, gemessen in Einheiten von $\hbar$, die Werte $l = 0, 1, \ldots, n - 1$ annehmen. Und für jedes l gibt es $(2l + 1)$ Werte der sogenannten Magnetquantenzahl m, nämlich von $m = -l$ bis $m = l$. Das entspricht den möglichen Einstellungen relativ zu einem äußeren Magnetfeld. Dazu kommt noch der schon behandelte Spin des Elektrons, der zwei Einstellungen $s = \pm\frac{1}{2}$ haben kann.

Man kommt so für jedes n auf $2n^2$ mögliche Kombinationen von l, m, und s, die alle dieselbe Energie aufweisen. Man sagt, die Energie sei $2n^2$-fach „entartet". Die Schalen der Atomhülle haben daher Platz für 2, 8, 18, 32, 50,… Elektronen (siehe auch Abschn. 5.1). Atome mit vollständig besetzten Schalen sind reaktionsträger als andere, es sind „Edelgase".

Die $(2l + 1)$ möglichen Werte, die m annehmen kann, fasst man zu einem „Multiplett" zusammen. Das Spin-Multiplett hat nur zwei Komponenten ($-\frac{1}{2}$, $\frac{1}{2}$), ist daher ein Dublett.

Der Begriff „Multiplett" wird noch häufiger vorkommen. Ein Multiplett ist eine Gruppe von Objekten die sich nur in einer Eigenschaft (Komponente) unterscheiden, sonst aber nicht. Betrachten wir zum Beispiel eine Schule mit 8 Klassen. Das Multiplett „Schule" hat daher 8 unterschiedliche Komponenten (1. Klasse, 2 Klasse, …, 8. Klasse), es ist also ein Oktett. Jede Schulklasse kann ebenfalls als Multiplett aufgefasst werden, dessen Komponenten die Schülerinnen und Schüler sind, die sich individuell unterscheiden, aber alle zum Beispiel zum Multiplett „4. Klasse" gehören.

In der Teilchenphysik unterscheiden sich die Pionen π^-, π^0 und π^+ durch ihre Ladungen, haben aber sonst die gleichen Eigenschaften in Bezug auf die starke Wechselwirkung. Wir sagen dazu daher Pion-Triplett. Auch beim Nukleon-Dublett (n, p) ist die elektrische Ladung der Komponenten verschieden, sie verhalten sich aber gleich in ihrer starken Wechselwirkung.

Die Art der Multipletts hängt von der Symmetrie des betrachteten Objekts zusammen. Im Fall des Elektrons des Wasserstoff-Atoms ist das die Rotation im Raum. In anderen Fällen sind es innere Symmetrien, die Rotationen in einem abstrakten Raum entsprechen. Spin und Isospin sind solche Beispiele, aber es gibt auch Symmetrien, die zu komplizierteren Multipletts führen. Ein Beispiel ist die Symmetrie der drei Quarks, die Gell-Mann 1964 entdeckte. Multipletts können dort zum Beispiel 1 (Singulett), 3 (Triplett), 8 (Oktett) oder 10 (Dekuplett) Komponenten haben.

Diese inneren Symmetrien sind mit nicht-kontinuierlichen, diskreten Erhaltungsgrößen verknüpft, die ebenfalls Quantenzahlen genannt werden. Jedes Teilchen trägt gleichsam einen Rucksack mit Quantenzahlen mit sich, die angeben um welchen Teilchentyp es sich handelt. Wenn zwei Teilchen zusammen reisen, so haben sie einen gemeinsamen Rucksack mit vorschriftsmäßig kombinierten Quantenzahlen.

Spin J: In der Quantenwelt gibt es eine Größe, die sich wie ein Drehimpuls verhält, obwohl die Teilchen punktförmig sein können. Es ist der sogenannte Spin J.

Diese Quantenzahl ist für Bosonen ganzzahlig, für Fermionen halbzahlig. Ein Spin J kann $(2J+1)$ Werte $J_3 = -J, -J+1, \ldots, J$ annehmen. Die Elektronen ($J = \frac{1}{2}$) in der Atomhülle können daher nur zwei Einstellungen $+\frac{1}{2}$ und $-\frac{1}{2}$ haben. Ein Elektronenpaar kann somit Spin 0 oder $J = 1$ ($J_3 = -1, 0, 1$) haben.

Isospin I: Diese Quantenzahl betrifft nur Hadronen. Werner Heisenberg führte sie 1932 ein, um auszudrücken, dass Gruppen von Teilchen, wie das Pion-Triplett (π^-, π^0, π^+) oder die beiden Nukleonen (n, p), sich in Bezug auf die starke Kraft völlig gleich verhalten. Ein solches Multiplett wird durch einen Isospin I charakterisiert, wobei die Komponenten die $(2I+1)$ Werte $I_3 = -I, -I+1, \ldots I$ annehmen. Analog zum Spin kann der Isospin ganzzahlig und halbzahlig vorkommen. Das Nukleon Dublett ($I = \frac{1}{2}$) hat $I_3 = -\frac{1}{2}$ (Neutron) oder $I_3 = +\frac{1}{2}$ (Proton) Einstellungen. Ein Pion ist mit Isospin 1 ein Triplett und hat drei Möglichkeiten: $I_3 = -1, 0, +1$, entsprechend den drei Ladungszuständen des Pions, negativ, neutral und positiv.

Elektrische Ladung Q: Bei Zusammenstößen von Teilchen können neue Teilchen erzeugt, andere vernichtet oder umgewandelt werden. In allen diesen Reaktionen zeigt sich, dass die Summe der elektrischen Ladungen zuvor und danach dieselbe ist. Alle beobachteten Teilchen tragen ein ganzzahliges Vielfaches der Elementarladung.

A 6.3 Ein Physik Student hatte bei einer Abschlussprüfung alles richtig bis auf eine Frage „Wieviele Elektronen hat das Wasserstoff-Atom?". Er hatte H mit He verwechselt und „zwei" geantwortet. Damit hatte er das „summa cum laude" verpasst. Deprimiert wandert er den Strand entlang und findet eine alte Öllampe aus Messing. Er hebt sie auf, reibt sie sauber, und plötzlich erscheint mit einem Knall ein Geist. Der Student darf einen Wunsch äußern und sagt: „Ich wünsche, ich hätte die Frage richtig beantwortet!". „So sei es", sagt der Geist, und das Universum explodiert.[1]

Baryonenzahl B: Die Baryonen, etwa die Nukleonen, haben eine weitere additive Ladungszahl. Diese ist für Baryonen 1, für Antibaryonen -1, und für die anderen Teilchen 0.

Leptonenzahl L: Analoges gilt für die Leptonen. So trägt ein Elektron und das Elektron-Neutrino die Leptonenzahl 1 und ihre Antiteilchen den Wert -1. In einem späteren Abschnitt werden wir weitere Leptonen und Neutrinos kennenlernen: μ, ν_μ, τ, ν_τ. Für jedes der drei Paare gibt es eine eigene Leptonenzahl: L_e, L_μ und L_τ.

Parität P: Wir sehen im Fernsehen eine Eiskunstläuferin, die eine Pirouette dreht. Können wir sicher sein, dass die Aufnahme direkt und nicht über einen Spiegel erfolgte? Nein, denn die klassischen Naturgesetze ändern sich nicht, wenn wir den Raum spiegeln, nur die Drehrichtung ändert sich. Viele, auch prominente, Physiker erwarteten auch im Mikrokosmos keine Verletzung der Spiegelungssymmetrie, auch Paritätssymmetrie genannt.

Die Quantenzahl P (Parität) hängt eng mit der Symmetrie bei Raumspiegelung zusammen (x, y, z werden durch $-x$, $-y$, $-z$ ersetzt). Sie gibt an, welchen Vorfaktor die Wellenfunktion bei Raumspiegelung erhält. Im Gegensatz zu den additiven Quantenzahlen, Q, B, L, ist die Parität multiplikativ. Der Faktor P kann die Werte + 1 oder -1 einnehmen.

---

[1] Die Wasserstoff-Atome wären dann geladen und würden sich abstoßen. Physik-Witze gibt es wenige und meist sind sie nur für Insider verständlich.

Bosonen haben ganzzahligen Spin. Für Spin null spricht man von skalaren Bosonen (Parität + 1) oder pseudoskalaren Bosonen (Parität -1). Bei Spin 1 unterscheidet man Vektorbosonen (Parität -1) oder Axialvektorbosonen (Parität + 1).

C-Parität: Auch diese Quantenzahl ist ein multiplikativer Faktor C mit den Werten + 1 oder -1. Die C-Parität wird auch Ladungskonjugationsparität genannt und entspricht dem Vorfaktor bei einem Übergang von einem Teilchen zu seinem Antiteilchen (Teilchen-Antiteilchen Symmetrie).

Zeitumkehr T: Dies ist eigentlich eine Bewegungsumkehr. Ersetzt man in Gleichungen die Zeitvariable t durch −t, so bewegt sich ein Teilchen anstelle von A nach B in die andere Richtung, von B nach A. Diese Symmetrie liefert keine Quantenzahl.

Für ein Elementarteilchen sollte man daher folgende Angaben machen: Bezeichnung X, Masse m in MeV/c^2, Ladung Q, Spin J, Parität P, Ladungskonjugationsparität C (für neutrale Teilchen) und für Hadronen noch Isospin I. Eine Kurzform dafür ist $X^{Q}(m)\ I\ (J^{PC})$, wie sie in den Tabellen der Particle Data Group (PDG, siehe Glossar) angegeben wird.

Beispiel: Für das positiv geladene Pion schreibt man $\pi^+(140)\ 1(0^-)$, für das ungeladene Pion $\pi^0(135)\ 1\ (0^{-+})$. Pionen haben $B = 0$ und daher ist das π^+ das Antiteilchen von π^-. Das ungeladene Pion ist sein eigenes Antiteilchen.

Bei Streuprozessen, Teilchenzerfällen oder -erzeugungen muss die Bilanz stimmen. Es müssen sowohl die Energie, Impuls, Drehimpuls (zusammengesetzt aus dem Bahndrehimpuls und dem Spin der einlaufenden Teilchen) sowie die Ladung des einlaufenden Systems erhalten bleiben. Darüber hinaus müssen auch die besprochenen Quantenzahlen Baryonenzahl und Leptonenzahl des einlaufenden Systems mit denen des auslaufenden Systems übereinstimmen. Ursprünglich erwartete man, dass auch die Parität und die Ladungskonjugationsparität erhalten bleiben. Das war ein Irrtum, wie in diesem Kapitel noch besprochen werden wird.

Durch die Bilanzgleichungen zahlreicher beobachteter Prozesse konnte man die Quantenzahlen der Elementarteilchen bestimmen.

Alle Quantenprozesse sind symmetrisch unter der kombinierten Anwendung von Ladungskonjugation, Raumspiegelung und Umkehr der Zeitrichtung (CPT). Ein einlaufendes Teilchen kann als ein in die andere Zeitrichtung laufendes Antiteilchen gesehen werden. Julian Schwinger bewies 1951 dieses sogenannte CPT Theorem.

6.2 Pionen

Seit Yukawas Vorhersage eines Mesons als Vermittler der starken Kraft zwischen Protonen und Neutronen versuchten zahlreiche experimentelle Gruppen, ein solches Teilchen zu finden.

Da es noch keine Teilchenbeschleuniger gab, konnte man hochenergetische Teilchen nur in der kosmischen Strahlung finden. So war das Myon in der Höhenstrahlung in Nebelkammeraufnahmen entdeckt worden. Man nutzte aber auch noch eine weitere Technik zum Nachweis von Teilchen – fotografische Platten. In unentwickelten Fotoplatten reagieren geladene Teilchen ähnlich wie Licht mit den Silberbromidmolekülen und hinterlassen Spuren, die nach der Entwicklung der Platte vermessen werden können. Aus der Dicke der Spuren und ihrer Länge kann auf Masse und Energie der Teilchen rückgeschlossen werden.

Die beiden Wiener Physikerinnen Marietta Blau und Hertha Wambacher untersuchten mit diesem Verfahren an der von Viktor Hess begründeten Versuchsstation am Hafelekar (in der Nähe von Innsbruck in 2300 m Höhe) die Höhenstrahlung. Sie fanden 1937 in den Spuren, dass die Teilchen der Höhenstrahlung so hohe Energien aufweisen, dass sie schwere Kerne zertrümmern konnten.

Marietta Blau war Jüdin und Albert Einstein ermöglichte ihr und ihrer Mutter 1938 die Emigration. Auf seine Empfehlung hin erhielt sie eine Professur am Polytechnischen Institut in Mexico City. Nach dem Krieg arbeitete Blau in Amerika (Columbia University und Miami), bis sie 1960 wieder nach Österreich zurückkehrte.

A 6.4 Als Marietta Blau auf dem Schiff nach Amerika emigrierte, traf sie die damals schon bekannte deutsche Autorin Anna Seghers. Sie hatte gewissermaßen Anteil an deren Roman „Transit", da sie Seghers für die Niederschrift des Manuskripts ihre Reiseschreibmaschine lieh.

Debendra Mohan Bose (nicht verwandt mit Satyendra Nath Bose, der mit Einstein publiziert hatte) und die Physikerin Bibha Chowdhuri brachten 1939–1942 Fotoplatten auf die hohen Berge der Darjeeling Region Indiens. Sie fanden Spuren von Teilchen, die weder Alphateilchen noch Protonen waren, mit einer Masse nahe 100 MeV/c^2. Es wurden Fotoplatten der englischen Firma Ilford verwendet. Die Auflösung war jedoch zu gering, um genaue Rückschlüsse zu ziehen.

Cecil Powell von der Universität Bristol und seine Mitarbeiter regten Ilford Inc. an, gemeinsam feiner auflösende Fotoemulsionsplatten zu entwickeln.

A 6.5 Cecil Powell beschrieb in seinen Memoiren den Fortschritt durch die verbesserte Auflösung der Fotoemulsionsplatten folgendermaßen: Das kleine Stück der Platte zeigte sich unter dem Mikroskop vollgestopft mit Zerfällen, die von kosmischen Teilchen hervorgerufen wurden, die eine weit höhere Energie aufwiesen, als man sie auf Erden erzeugen hätte können. Es war, als wären wir plötzlich in einen umfriedeten Obstgarten eingedrungen, wo geschützte Bäume gediehen und alle möglichen Arten exotischer Früchte in großem Überfluss reiften.

In diesen Spuren konnte die Gruppe um Cecil Powell 1947 das geladene Pion mit einer Masse von 140 MeV/c^2 entdecken. Sie verwendeten etwa 2 cm × 1 cm große Platten mit eine Schichtdicke von 0,050 mm, die sie auf den hohen Bergen der Anden und Pyrenäen längere Zeit der Höhenstrahlung aussetzten. Die bestrahlten und entwickelten Gelatine-Emulsionen wurden dann unter dem Mikroskop untersucht. Geladene Pionen haben eine mittlere Lebensdauer von $2,6 \times 10^{-8}$ s und zerfallen in ein Myon und ein Neutrino. Diesen Prozess kann man in den Spuren nachvollziehen (siehe Abb. 6.1). Die kurzen Spuren am linken Rand wurden von Pionen gebildet. Das Myon als Zerfallsprodukt rief die waagrechten Spuren hervor, das eben-

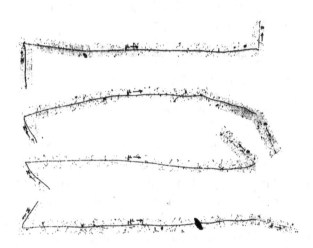

Abb. 6.1 Teilchenspuren, die zur Entdeckung des Pions führten. [The figure is a part of the Nobel Prize lecture of Cecil Powell, Copyright (c) The Nobel Foundation 1950 Abb. 5 in this link https://www.nobelprize.org/uploads/2018/06/powell-lecture.pdf]

falls erzeugte Neutrino ist als neutrales Teilchen nicht sichtbar. Der Knick am rechten Ende der Abbildung zeigt den Zerfall des Myons in ein Elektron und wiederum unsichtbare Neutrinos. Neben dem positiven wurde auch ein negativ geladenes Pion nachgewiesen. Ein neutrales Pion zeigte sich erst zwei Jahre später an Experimenten bei einem Teilchenbeschleuniger.

Powell erhielt 1950 den Nobelpreis für Physik für seine Emulsionsmethode und die Entdeckung des Pions. Vorschläge an das Nobelpreiskomitee, Marietta Blau für ihre Arbeiten und Entdeckungen ebenfalls den Nobelpreis zu verleihen, wurden nicht berücksichtigt. In seiner Nobelpreisrede erwähnte Powell weder Blau noch Hertha Wambacher.

6.3   Kaonen

George Rochester und Clifford Charles Butler von der Universität Manchester verwendeten Nebelkammern, um Teilchenspuren der kosmischen Strahlung zu identifizieren. Ein Magnetfeld erlaubte es, die Vorzeichen der Teilchenladungen zu bestimmen. Sie analysierten in 1 500 Stunden 5 000 stereoskopische Aufnahmen und fanden zwei davon bemerkenswert.

A 6.6 Der Vater von George Rochester war Schmied. Es ist zu vermuten, dass George seine exzellenten experimentellen Fähigkeiten den frühen Erfahrungen verdankte, die er bei handwerklicher Arbeit in der Schmiede seines Vaters erwerben konnte.

In einer Aufnahme entstanden aus dem „Nichts" zwei geladene Teilchen. Dies war ein Indiz, dass ein noch unbekanntes, neutrales Teilchen in zwei geladene Teilchen zerfallen ist. Aufgrund der auseinandergehenden Spuren nannte man das neutrale Teilchen V-Teilchen. Die geladenen Teilchen waren Pionen und die Masse des neutralen Teilchens betrug etwa die Hälfte der Masse eines Protons, also um die 500 MeV/c^2.

In der anderen Aufnahme zerfiel ein unbekanntes geladenes Teilchen in ein geladenes und ein neutrales Teilchen. Es wurde K-Teilchen genannt und seine Masse entsprach ungefähr der des V-Teilchen.

Obwohl die Auffindung ähnlicher Spuren langsam vor sich ging, zeigte sich, dass beide Teilchen, V und K, nur unterschiedliche Ladungseinstellungen eines einzigen waren, welches in der Folge Kaon genannt wurde. Wie beim Pion gibt es also auch beim Kaon neben einer positiv und einer negativ geladenen Variante eine ungeladene Version. In weiteren Nebelkammeraufnahmen fand Rosemary Brown im Jahr 1949 K-Zerfälle in drei geladene Teilchen. In allen Fällen identifizierte man die Zerfallsprodukte als Pionen.

Damit hatten die Kaonen Eigenschaften, welche die Bezeichnung „Seltsame Teilchen" rechtfertigten:

- Sie wurden immer nur in Paaren erzeugt.
- Man wusste, dass die mittlere Lebensdauer bei Zerfällen mit starker Wechselwirkung viel kleiner ist als bei Zerfällen mit schwacher Wechselwirkung. Die Kaonen wurden in Hadronkollisionen mit Zeiten von 10^{-23} s sehr rasch erzeugt, zerfielen aber in 10^{-8} s vergleichbar langsam. Das legte nahe, dass sie durch die starke Wechselwirkung erzeugt werden, aber durch die schwache Wechselwirkung zerfallen.
- Man beobachtete für K^+ unterschiedliche Zerfallsarten, nämlich in zwei Pionen ($\pi^+\pi^0$) und in drei Pionen ($\pi^+ \pi^+ \pi^-$).

6.4 Das Rätsel der K-Mesonen

Die ersten beiden Rätsel, dass die K-Teilchen stark erzeugt werden und schwach zerfallen und dass sie nur paarweise auftreten, fanden eine gemeinsame Lösung. Mehrere Forscher (Murray Gell-Mann, Abraham Pais, Tadao Nakano and Kazuhiko Nishijima) schlugen 1952/53 vor, dass diese Teilchen Mesonen sind, die eine neue additive Quantenzahl „Strangeness" (Seltsamkeit) tragen. In starker Wechselwirkung ist die Strangeness erhalten, also eine „gute" Quantenzahl, aber bei schwacher Wechselwirkung nicht. Kaonen können daher in starker Wechselwirkung nur paarweise als Kaon und Anti-Kaon erzeugt werden, damit die Gesamt-Strangeness gleichbleibt. Der Zerfall erfolgt schwach unter Verletzung der Strangeness und ein einzelnes K-Meson kann in ein Pion übergehen.

> **A 6.7** Abraham Pais war ein exzellenter Student an der Universität Utrecht. Holland wurde 1940 durch deutsche Truppen okkupiert, als Pais schon an seiner Doktorarbeit arbeitete. Die Besatzer verboten die Promotion von Juden mit Stichtag 14. Juni 1941. Pais schaffte es, 5 Tage davor sein Doktorat zu erhalten und er war der letzte jüdische Student, der promoviert wurde. Im Frühjahr 1943 begann die Deportation der Juden und Pais überlebte im Untergrund bis zum Kriegsende.

Es bleibt noch ein Rätsel offen, der Zerfall des K^+ in $\pi^+ \pi^0$ und $\pi^+ \pi^+ \pi^-$. William Chinowsky und Jack Steinberger hatten 1954 die Parität des Pions als negativ ermittelt. Da P eine multiplikative Quantenzahl ist, können π^+ π^0 und $\pi^+\pi^+ \pi^-$ nicht die gleiche Parität haben. Es wurde daher eine Zeitlang vermutet, es handle sich beim K^+ um zwei andersartige positiv geladene Teilchen, die zerfallen. Das allerdings wurde bald ausgeschlossen. Wie verläuft also der schwache Zerfall, warum können die Zerfallskanäle unterschiedliche Paritäten aufweisen? Tsung-Dao Lee und Chen-Ning (Frank) Yang führten eine sorgfältige Analyse der vorhandenen Experimente durch und waren überzeugt, dass die Paritätssymmetrie in der elektromagnetischen und in der starken Wechselwirkung nicht verletzt ist. Nicht sicher waren sie bei der schwachen Wechselwirkung, deren bekanntester Fall der Betazerfall war. Sie schlugen 1956 Experimente vor, deren Ergebnisse Klarheit schaffen sollten.

Tsung-Dao Lee wurde 1926 in Shanghai geboren und ist dort aufgewachsen. Seine Studienjahre wurden durch den Krieg zwischen Japan und China beeinträchtigt. Nach dem Kriegsende schlug ihn sein Professor für ein Studienstipendium in den USA vor und ab 1947 war Enrico Fermi an der Universität Chicago sein Betreuer. Nach der Promotion 1950 forschte er zwei Jahre an der Universität Berkeley und wechselte 1953 an die Columbia University in New York, der er sein Leben lang die Treue hielt.

Chen-Ning Yang war der Ältere der beiden, er wurde 1922 in Hefei, Anhui, China geboren. Seine Schul- und Highschool-Jahre verbrachte er in Peking, bis die Familie aufgrund der japanischen Invasion nach Kumming zog. Er studierte an der National Southwestern Associated University und der Tsinghua University mit einem Master-Abschluss 1944. Dank eines Stipendiums konnte er ab 1946 bei Edward Teller an der University of Chicago studieren und 1948 promovieren. In den USA wählte er den Vornamen Frank. Er arbeitete ein Jahr mit Enrico Fermi und ging dann ans Institute for Advanced Study in Princeton, wo er 1955 zum Professor ernannt wurde. Yang hatte sich schon einen Namen gemacht, als er 1953 zusammen mit dem jüngeren Robert Mills eine grundlegende Arbeit über Quantenfeldtheorien mit Eichsymmetrien verfasst hatte (Yang-Mills Theorie, Kap. 10).

Masselose Teilchen (und die Neutrinos sind nahezu masselos) können nur mit Lichtgeschwindigkeit fliegen und ihr Spin kann nur in Bewegungsrichtung oder entgegengesetzt zeigen. Betrachten Sie Ihre rechte Hand und schließen Sie die Finger, sodass der Daumen nach oben zeigt. Die Finger deuten dann die Drehrichtung des Spins an, der in die Bewegungsrichtung des Daumens zeigt. Diese Kombination, wenn der Spin in die Bewegungsrichtung zeigt, nennt man rechtshändig. Dementsprechend ist bei Linkshändigkeit der Spin der Bewegungsrichtung entgegengesetzt gerichtet.

A 6.8 Ausgelöst durch einen Artikel von Jeremy Bernstein im „The New Yorker" kam es 1962 zu einem Streit, wer von den beiden, Lee oder Yang, wissenschaftlich mehr zu der berühmten Arbeit beigetragen habe. Ihre fruchtbare Zusammenarbeit wurde beendet. Erst 25 Jahre danach gab es wieder eine gemeinsame Publikation.

T.D. Lee hatte an der Columbia University eine Kollegin, Chien-Shiung Wu, die eine exzellente Experimentalphysikerin war und außerdem Spezialistin für den Betazerfall. Als sie von seinen und Yangs Untersuchungen hörte, wollte sie überprüfen, ob Neutrinos sowohl rechtshändig als auch linkhändig sein können. Dazu überlegte sie sich folgendes Experiment: Als Ausgangsmaterial wählte Wu das Isotop Cobalt-60 (27 Protonen, 33 Neutronen), welches radioaktiv durch einen Betazerfall in Nickel-60 (28 Protonen, 32 Neutronen) zerfällt. Bei der Umwandlung eines Neutrons in ein Proton verlassen ein Elektron und ein Antineutrino den Kern. Aufgrund der Spins von Cobalt und Nickel weiß man, dass sowohl das Elektron als auch das Antineutrino Spineinstellung $+\frac{1}{2}$ haben. Durch ein starkes, gleichförmiges Magnetfeld erreichte Wu, dass die Spins der Atomkerne alle in eine Richtung, zum Beispiel nach oben, zeigten. Dann mussten auch die Spins der Zerfallsprodukte Elektron und Antineutrino beide nach oben zeigen.

Wu hatte an der Columbia University nicht die geeignete Ausstattung, um solch ein starkes Magnetfeld zu erzeugen. Sie bat Ernest Ambler vom National Bureau of Standards, ihr auszuhelfen, und so fand das Experiment im Tieftemperatur-Labor des National Bureau of Standards in Washington statt.

Wegen der Impulserhaltung mussten Elektron und Antineutrino in entgegengesetzte Richtungen fliegen, also eines nach oben und eines nach unten. Nun gibt es zwei Konstellationen für den Zerfall (Abb. 6.2).

1. Das Elektron fliegt nach oben, in Spinrichtung; das Antineutrino fliegt nach unten, der Spinrichtung entgegengesetzt, es ist daher linkshändig.
2. Das Elektron fliegt nach unten, entgegengesetzt der Spinrichtung; das Antineutrino fliegt nach oben, in Spinrichtung, es ist daher rechtshändig.

Nun brauchte Frau Wu nur mehr zu zählen, wie viele Elektronen oben und unten die Atomkerne verlassen. Es war ziemlich aufwändig, ein Magnetfeld ausreichender Stärke und Homogenität zu erzielen, die Ergebnisse waren daher nicht genau so, wie man sie von einem perfekten Experiment erwartet.

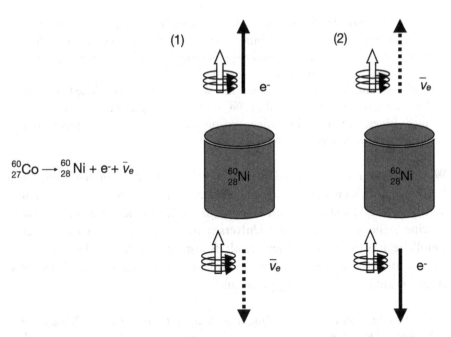

$^{60}_{27}\text{Co} \longrightarrow {}^{60}_{28}\text{Ni} + \text{e}^- + \bar{\nu}_e$

Abb. 6.2 Schematische Darstellung des Wu-Experiments; gezeigt werden die beiden Zerfallsmöglichkeiten, wenn die Parität erhalten ist. Die dicken Pfeile geben die Richtung der Spins an, die anderen Pfeile deuten die Richtungen an, in die die Teilchen davonfliegen

Dennoch war das Resultat eindeutig: Viel mehr Elektronen flogen nach unten! Rechtshändige Antineutrinos dominierten und somit war die rechts-links Symmetrie, also die Paritätssymmetrie, klar verletzt. Wie sich in weiterer Folge herausstellte, koppelt die schwache Wechselwirkung generell nur an linkshändige Neutrinos und rechtshändige Antineutrinos.

Chien-Shiung Wu wurde 1912 in Liuhe, Taicang, Jiangsu, China geboren. Ihr Vater war wohlhabend, neuen Ideen sehr aufgeschlossen und unterstützte seine Tochter in ihrer Ausbildung maßgeblich. Nach ihrem Abschluss als Klassenbeste an der Suzhou Women's Normal School studierte sie Mathematik und Physik an der National Central University in Nanjing.

Sie wurde an der University of Michigan zum Studium zugelassen, schreckte aber zurück, nachdem sie erfahren hatte, dass Studentinnen die Hörsaalgebäude nur durch den Hintereingang betreten durften. 30 Jahre davor war es Lise Meitner in Berlin ähnlich ergangen. Stattdessen inskribierte Wu in Berkeley und Ernest O. Lawrence war ihr Betreuer. Emilio Segrè erkannte ihr Talent und arbeitete gemeinsam mit ihr an Projekten zum Betazerfall.

A 6.9 Der Nobelpreisträger Luis Alvarez sagte über Wu: „Ich habe diese Doktorandin in der Freizeit kennengelernt. Sie wohnte nebenan und hieß ‚Gee Gee' (Wus Spitzname in Berkeley). Sie war die talentierteste und schönste Experimentalphysikerin, die ich je getroffen habe."

Segrè erkannte Wus Brillanz und verglich sie mit Wus Heldin Marie Curie, die Wu immer zitierte, sagte aber, dass Wu „weltlicher, eleganter und witziger" sei. Auch Ernest Lawrence beschrieb Wu als „die talentierteste Experimentalphysikerin, die er je gekannt hatte".

Wu schloss ihr Doktoratsstudium 1940 ab. Trotz der Unterstützung von Lawrence und Segrè bekam sie zunächst keine Professur an einer Universität. Stattdessen unterrichtete sie an einem College für Frauen. Schließlich nahm sie eine Stelle an der Princeton University in New Jersey an, wo sie die erste weibliche Physikerin mit einer Fakultätsposition wurde. Ab 1944 arbeitete sie in einem Labor des Manhattan Projekts an der Columbia Universität, zunächst auf einer Forschungsprofessur.

A 6.10 Chien-Shiung Wu im Zusammenhang mit ihrer Arbeit im Manhattan Projekt: „Denkst du, dass die Menschen so dumm und selbstzerstörerisch sind? Nein. Ich habe Vertrauen in die Menschheit. Ich glaube, wir werden eines Tages friedlich zusammenleben."

1952 wurde sie die erste Physikprofessorin in der Geschichte der Universität. In ihrer Karriere setzte sie noch einen weiteren Meilenstein der Physik: Sie bestätigte durch ein Experiment zum ersten Mal die Existenz verschränkter Photonen und damit das Einstein–Podolsky–Rosen (EPR) Paradoxon.

A 6.11 Chien-Shiung Wu: Betazerfall war [...] wie ein lieber alter Freund. Es würde immer einen besonderen Platz in meinem Herzen geben, der speziell dafür reserviert ist.

Lee und Yang erhielten 1957 den Nobelpreis für Physik, Wu ging leer aus. In den Dankesreden zum Preis wurde auf ihre Arbeit hingewiesen. Nobelpreisträger Jack Steinberger erklärte mehrmals, dass er es für den größten Fehler des Nobelpreis-Komitees hielt, dass Wu übergangen worden war. 1978 wurde sie mit dem neu gestifteten Wolf-Preis ausgezeichnet.

A 6.12 Wolfgang Pauli glaubte nicht an Paritätsverletzung. In einem Brief an Victor Weisskopf erklärte er sich bereit, eine große Geldsumme darauf zu wetten, dass die Ergebnisse symmetrisch sein würden. Nachdem er von der gemessenen deutlichen Asymmetrie erfahren hatte, schrieb er erneut an Weiss-kopf:

Der erste Schock ist nun vorüber, und ich beginne mich wieder zu sammeln ... Nur gut, dass ich keine Wette eingegangen bin. Sie hätte zu einem schweren finanziellen Verlust geführt (was ich mir nicht leisten konnte). Ich habe mich selbst zum Narren gemacht; und (ich glaube, das kann ich mir eher leisten) ... die anderen haben das Recht, mich auszulachen.

...Ich bin nicht so sehr durch die Tatsache erschüttert, dass der HERR die linke Hand vorzieht, als vielmehr durch die Tatsache, dass er als Linkshänder weiterhin symmetrisch erscheint, wenn er sich kräftig ausdrückt. Kurzum, das eigentliche Problem scheint jetzt in der Frage zu liegen: Warum sind starke Wechselwirkungen links-rechts-symmetrisch?(Siehe auch Abb. 6.3.)

A 6.13 Feynman erzählte in einer seiner Vorlesungen von dem möglichen Kontakt mit weit entfernten Außerirdischen. Wir tauschen mittels Funkbot-schaften Informationen über die Welt, in der wir leben, aus. Wir informieren die Außerirdischen, wie unsere Maßeinheiten für Länge, Zeit und Masse definiert sind und beschreiben Experimente, die die Außerirdischen durch-führen können, um unsere Einheiten zu begreifen. Es stellt sich heraus, dass sie uns in Größe und Masse sehr ähnlich sind, allerdings sind sie weiter in der Technologie. Wir erklären ihnen, was links und was rechts ist, und wie sie

Abb. 6.3 Wolfgang Pauli (1900–1958) und Chien-Shiung Wu (1912–1997). [PAULI-ARCHIVE-PHO-050, mit freundlicher Genehmigung des Pauli Archive, CERN]

dies durch ein Experiment wie Frau Wu messen können. Wir informieren sie über unsere sozialen Regeln, zum Beispiel, dass wir uns bei der Begegnung die rechte Hand reichen. Ihr Raumschiff hat die Erdumlaufbahn erreicht und wir treffen uns im All zwischen Erde und Mond. Sie und die Außerirdische verlassen in Raumanzügen das jeweilige Raumschiff und schweben aufeinander zu. Sie strecken Ihre rechte Hand zum Gruß aus. Die Außerirdische streckt die linke Hand aus. Nichts, wie weg!!![2]

A 6.14 Pauli verfasste 1957 bei einer Konferenz in Rehovot eine „Todesanzeige" für die Parität:
Es ist uns eine traurige Pflicht bekannt zu geben, dass unsere langjährige Freundin PARITÄT am 19. Januar 1957 nach kurzem Leiden bei weiteren experimentellen Eingriffen sanft entschlafen ist.
Für die Hinterbliebenen: e, μ, ν.

6.5   CP Verletzung?

Pauli wunderte sich, warum „Gott ein schwacher Linkshänder" sei, die Paritätssymmetrie bei der starken Wechselwirkung aber nicht verletzt wäre.

Die Kombination von Transformationen CPT ist eine Symmetrie in allen Quantentheorien, das war streng bewiesen worden. Wenn P verletzt ist, dann mussten C oder T oder die Kombination CT verletzt sein! Wenden wir Raumspiegelung auf ein linkshändiges Teilchen an, so wird es rechtshändig, wie durch einen Spiegel betrachtet. Wenn wir nun auch mit der Ladungskonjugation aus dem Teilchen sein Antiteilchen machen, dann wird mittels dieser Transformationen aus einem linkshändigen Neutrino ein rechtshändiges Antineutrino. Vielleicht ist wenigstens die Kombination CP eine Symmetrie der schwachen Kraft?

Die Multiplett-Struktur der Kaonen war eigenartig. Neben dem K^+ und dem K^- hatte man nicht nur ein neutrales Kaon gefunden, sondern zwei Arten neutraler Kaonen mit unterschiedlichen Zerfallseigenschaften:
$K^0_S \rightarrow 2\pi$ (mittlere Lebensdauer 9×10^{-11}s),
$K^0_L \rightarrow 3\pi$ (mittlere Lebensdauer 5×10^{-8}s),
(S steht für „Short", L für „Long").

---

[2] Die Außerirdische besteht aus Antimaterie. Alle messbaren Eigenschaften wie zum Beispiel Atomradien, Bindungsenergie, Wellenlänge sind bei Antimaterie gleich wie bei Materie – bis auf die Parität. Bei Antimaterie sind die Neutrinos rechtshändig. Wenn Sie die Hand ergriffen hätten, so wären Sie beide ein enormer Feuerball geworden.

Die Erklärung war, dass die K-Mesonen ein Dublett (K$^+$, K^0) bilden und ebenso ihre Antiteilchen ($\overline{K}^0$, K$^-$). Die im Experiment beobachteten K^0_S und K^0_L sind CP-symmetrische Kombinationen von K^0 und $\overline{K}^0$. Damit wäre zumindest die CP-Symmetrie gerettet.

Zu früh gefreut! Es dauerte nur sieben Jahre bis 1964 James Cronin, Val Fitch und Mitarbeiter zeigten, dass es auch eine – sehr kleine – Verletzung von CP gibt. Sie beobachteten, dass etwa ein Tausendstel der K^0_L auch in zwei Pionen zerfällt, daher die physikalischen K^0 keine reinen CP-symmetrischen Teilchenzustände sind (Nobelpreis 1980). Da CPT, wie schon erwähnt, eine strenge Symmetrie ist, folgt, dass auch die Zeitumkehr keine Symmetrie der schwachen Wechselwirkung ist.

Val Logsdon Fitch (1923–2015) wurde in Nebraska auf einer Rinderfarm etwa 40 Meilen südöstlich von Wounded Knee geboren, die seine Eltern nur 20 Jahre nach dem Massaker erworben hatten. Er wurde 1943 zur Army eingezogen und bald darauf für das Manhattan Project ausgewählt und nach Los Alamos, New Mexico, geschickt, wo er mit den Methoden der experimentellen Physik vertraut wurde.

Fitch blieb nach dem Krieg ein Jahr in Los Alamos und studierte dann Elektrotechnik an der McGill University (Abschluss 1948) und Physik an der Columbia University (Ph.D. 1954). Nach einigen Monaten als Dozent verließ er auf Drängen von John Wheeler Columbia, um als Assistenzprofessor an die Physikfakultät von Princeton zu gehen. Seine Experimente führte er am neuen „Cosmotron" Beschleuniger am BNL durch. Dort lernte er James Cronin kennen und als ein neuer Beschleuniger, das 30 GeV Alternating Gradient Synchrotron (AGS), verfügbar wurde, schlugen sie 1963 auf einem zweiseitigen Antrag ein Experiment vor, mit dem sie 1964 CP-Verletzung zeigen konnten.

A 6.15 Val Fitch erinnerte sich: „Ich baute Go Carts und Kräne. Im Alter von etwa 12 Jahren fand ich heraus, dass es einen Beruf gibt, der sich mit solchen Dingen befasst. Er wird Physik genannt."

James Watson Cronin (1931–2016) kam in Chicago zur Welt und studierte ab 1951 an der University of Chicago Experimentalphysik, wo er 1955 promovierte. Cronin ging ans BNL und untersuchte am neuen Teilchenbeschleuniger „Cosmotron" Paritätsverletzung beim Zerfall von Hyperonen. Damals kam er mit Val Fitch in Kontakt und sie untersuchten die Zerfälle des neutralen Kaons. Während der oft langen nächtlichen Wartezeiten, bis der Beschleuniger für ihr Experiment verfügbar war, spielten sie Bridge. Im Jahr 1964 konnten sie zeigen, dass auch die CP-Symmetrie verletzt ist. In den folgenden Jahren arbeitete Cronin in Saclay (Frankreich), Princeton, und ab 1971 als Professor an der University of Chicago.

A 6.16 „Es war Val, der die Verwendung meiner Apparatur vorschlug, die zur Entdeckung führte", erinnerte sich Cronin, nachdem er den Preis erhalten hatte. „Ich glaube nicht, dass ich jemals auf diese Anwendung gekommen wäre. Aber es war ein Glück, dass es einen geeigneten Apparat gab, um die Grenze für den K^0_L-Zerfall in zwei Pionen deutlich zu erniedrigen. Keiner von uns hätte gedacht, dass wir tatsächlich Events finden würden."

A 6.17 James Cronin hatte denselben Geburtstag wie Enrico Fermi. Er hat Fermi auch als Student an der University of Chicago kennengelernt. Zum 100. Jahrestag der Geburt Fermis gab Cronin ein Buch „Fermi Remembered" heraus mit Beiträgen von sieben Nobelpreisträgern, allesamt Schüler von Fermi.

Dieses Ergebnis von Cronin und Fitch hat weitreichende Konsequenzen. Andrej Sacharov hat 1967 darauf hingewiesen, dass es dabei helfen könnte, zu erklären, warum unser Universum hauptsächlich aus Materie und nicht aus Antimaterie besteht, obwohl beim Urknall beide mit gleicher Wahrscheinlichkeit erzeugt wurden. Erst ein tieferes Verständnis der Wechselwirkungen würde dieses Verhalten erklären, wie wir in Kap. 13 sehen werden (Abb. 6.4).

Literatur und Quellennachweis für Anekdoten und Zitate

A 6.1 de.wikipedia.org/wiki/Emmy_Noether
Diese Bemerkung hat auch einen konkreten Hintergrund. Die Göttinger Mathematiker trafen sich regelmäßig in der Klieschen Badeanstalt an der Leine, die nur für Männer zugelassen war, mit Ausnahme von Emmy Noether, die dort regelmäßig badete, und Nina Courant, der Ehefrau von Richard Courant und Tochter von Carl Runge.
A 6.2 Albert Einstein: The late Emmy Noether, in The New York Times, May 4, 1935
A 6.3 aus: Vertriebene Vernunft, Bd. 2: Emigration und Exil österreichischer Wissenschaft 1930–1940; Friedrich Stadler (Hrsg.). LIT 2004
A 6.4 www.bristol.ac.uk/physics/media/histories/12-powell.pdf
A 6.5 physicstoday.scitation.org/doi/https://doi.org/10.1063/1.1510290
A 6.6 Unbekannte Quelle

Abb. 6.4 Nobelpreisträger. Stehend von links nach rechts: Val L. Fitch (1923–2015) and James W. Cronin (1931–2016), Samuel C.C. Ting (1936). Sitzend von links nach rechts: Chen Ning Yang (1922) und Isidor Isaac Rabi (1898–1988). [Photo: Brookhaven National Laboratory. commons.wikimedia.org/wiki/File:HD.3 F.010_(11.086.446.676). jpg, public domain]

A 6.7 sorrel.humboldt.edu/~rescuers/book/Strobos/BramPais/BramPaisStory1.html

A 6.8 www.newyorker.com/magazine/1962/05/12/a-question-of-parity

A 6.9 en.wikipedia.org/wiki/Chien-Shiung_Wu

A 6.10 Chiang, Tsai-Chien (2014) S 98

A 6.11 todayinsci.com/W/Wu_ChienShiung/WuChienShiung-Quotations.htm

A 6.12 Sutton (1994) und Gardner (1979)

A 6.13 Feynman (1963). 52.8 Antimatter

A 6.14 Charles P. Enz „Pauli hat gesagt", Verlag Neue Züricher Zeitung, Zürich 2005, S. 131

A 6.15 Val L. Fitch: A Biographical Memoir by A. J. Stewart Smith, James W. Cronin, and Pierre Piroué. www.nasonline.org/publications/biographical-memoirs/memoir-pdfs/fitch-val.pdf. Download 21.11.2022

A 6.16 phy.princeton.edu/department/history/faculty-history/val-fitch

A 6.17 Aus news.uchicago.edu/story/james-w-cronin-nobel-laureate-and-pioneering-physicist-1931–2016

Chiang, Tsai-Chien (2014) Madame Chien-Shiung Wu: The First Lady of Physics Research. World Scientific.

Feynman (1963) Richard Feynman, Robert B. Leighton, Matthew Sands: The Feynman Lectures on Physics. Addison–Wesley.

Gardner (1979) Martin Gardner: The Ambidexterous Universe, Scribner.

Sutton (1994) Christine Sutton: Raumschiff Neutrino: Die Geschichte eines Elementarteilchens. Birkhäuser.

Thaller (2000) Bernd Thaller, Visual Quantum Mechanics. Springer, New York.

7

Die Zähmung der Unendlichkeit

Zusammenfassung Paare von Teilchen und Antiteilchen können aus dem Vakuum entstehen, man musste daher die Quantenmechanik modifizieren, um diese Prozesse beschreiben zu können. Gleichzeitig sollte die Spezielle Relativitätstheorie mit ihrer Masse-Energie Beziehung berücksichtigt werden. Die Quantenelektrodynamik war die erste Quantenfeldtheorie, die diese Forderungen erfüllte. Es traten jedoch in der Rechnung unendlich-wertige Terme auf. Tomonaga, Feynman und Schwinger fanden eine Methode, damit fertig zu werden.

7.1 Quantenelektrodynamik

Die Entwicklung der Quantenfeldtheorie für Elektronen und Photonen hat die bedeutendsten Wissenschaftler zwei Jahrzehnte lang bis in die 1950er Jahre beschäftigt. Die Fragestellung ist nicht einfach und wir müssen uns mit einigen abstrakten Themen befassen. Es braucht für dieses Kapitel also ein wenig Durchhaltevermögen, aber es wird sich lohnen.

Rufen wir uns zuerst noch einmal die Bedeutung einiger Begriffe in Erinnerung: nicht-relativistisch, relativistisch, Mechanik, Quantenmechanik, Feldtheorie und Quantenfeldtheorie.

Die klassische, nicht-relativistische Mechanik beschreibt die Bewegung von Objekten bei Geschwindigkeiten, die deutlich kleiner als die Lichtgeschwindigkeit sind. Die nicht-relativistische Quantenmechanik (Heisenberg, Schrödinger) befasst sich mit Wellenfunktionen und

C. B. Lang und L. Mathelitsch, *Haben Sie eines gesehen?*, https://doi.org/10.1007/978-3-662-67972-2_7

Aufenthaltswahrscheinlichkeiten von Teilchen mit ebenfalls kleineren Geschwindigkeiten.

Die relativistische Mechanik erweitert die Bewegung von Objekten auf Geschwindigkeiten bis zur Lichtgeschwindigkeit. Dasselbe wird in der relativistischen Quantenmechanik (Dirac) für Aufenthaltswahrscheinlichkeiten und Wellenfunktionen von Teilchen umgesetzt.

Die Dirac-Gleichung brachte aber auch ein neues Konzept: Antiteilchen. Beginnend vom Antiteilchen des Elektrons, dem Positron, wurden zu allen anderen Teilchen Antiteilchen mit den vorhergesagten Eigenschaften experimentell gefunden. Paare von Teilchen und Antiteilchen können aber auch „virtuell" aus dem Vakuum erzeugt werden und wieder ins Vakuum verschwinden. Ähnlich wie bei der Heisenbergschen Unschärferelation von Ort und Impuls ist die Energieunschärfe umgekehrt proportional der Zeitunschärfe. Die Energie eines Zustands ist innerhalb einer damit verknüpften Zeitspanne nicht exakt festlegbar. Dies gilt auch für die (Null-) Energie des Vakuums. Diese kurzfristig vorhandene „geborgte" Energie kann jedoch in Form von Teilchen, die aus dem Vakuum entstehen und wieder verschwinden, und in Form von Zwischenzuständen umgesetzt werden. Wie wir im 4. Kapitel gesehen haben, bilden virtuelle Teilchen das zentrale Moment in Wechselwirkungsprozessen.

Es gilt jedoch eine starke Einschränkung für alle diese Prozesse: Die Energie-Impuls Bilanz muss stimmen, das heißt die gesamte Energie und der gesamte Impuls der einlaufenden Teilchenkombination müssen auch der Impuls und die Energie der auslaufenden Teilchenkombination sein. Auch die Gesamt-Quantenzahlen müssen erhalten bleiben. Da das Vakuum für alle Quantenzahlen den Wert Null hat, muss dies auch für die erzeugten und vernichteten Teilchen in Summe gelten. Deshalb kann etwa nicht ein einzelnes Elektron auftauchen, sondern immer nur ein Elektron-Positron-Paar oder ein Proton gemeinsam mit einem Antiproton. Das Quantenvakuum ist also nicht leer, ganz im Gegenteil, manche sehen es wie eine Suppe aus virtuellen Teilchen und Antiteilchen jeder Art.

A 7.1 Paul Urban, der akademische Lehrer der beiden Autoren, pflegte in seiner Vorlesung zu sagen: „Im Vakuum geht es zu wie an einem Samstagvormittag beim Kastner" (Anmerkung: das ist ein bekanntes Grazer Großkaufhaus).

Alle denkbaren und physikalisch erlaubten Prozesse finden für uns fast unsichtbar im Vakuum statt. Aber eben nur fast. Reale Teilchen spüren die Vakuumfluktuationen, wenn auch nur schwach.

Bei dieser Definition des Vakuums der QFT geht man von der Störungsreihe aus. Dabei ist das Vakuum leer und wird durch „aus dem Vakuum" erzeugte virtuelle Teilchen besiedelt. In den Feynman Diagrammen sind die internen Linien virtuelle Teilchen. Dieses weit verbreitete Konzept ist hinfällig, wenn nichtperturbative Quantisierungsmethoden (wie in der Gittereichtheorie, Kap. 12) eingesetzt werden.

Stellen wir uns eine Meeresoberfläche, zum Beispiel im Atlantik, vor. Von einer Raumstation aus sieht man eine glatte Oberfläche. Auch vom obersten Deck eines großen Kreuzfahrtschiffes erscheint die Meeresoberfläche relativ glatt, wenn nicht gerade ein Sturm tobt. Das Schiff wird in seiner Fahrt durch die Wellen nur wenig beeinträchtigt. Ein kleines Motorboot daneben merkt jedoch den Wellengang, es wird dadurch sogar etwas gebremst. Und ein Schwimmer muss beträchtliche Energie aufwenden, um gegen die Wellen anzukommen. So gilt auch bei Vakuumfluktuationen: Kleine leichte Teilchen spüren sie stärker als große schwere.

Die theoretische Schwierigkeit bestand nun darin, mit den Vakuumfluktuationen, diesen unzählbar vielen virtuellen Prozessen zurechtzukommen. Eine geeignete Methode wurde in der Form eines relativistischen Quantenfeldes gefunden. Teilchen werden nicht mehr durch Aufenthaltswahrscheinlichkeiten beschrieben, sondern durch spezielle Feldkonfigurationen, die beliebigen Teilchenkombinationen der gleichen Quantenzahlen entsprechen können.

Ein klassisches Feld kann zum Beispiel eine Funktion sein, die jedem Punkt des Raumes eine Temperatur zuordnet. Wenn man eine Strömung beschreiben möchte, dann gibt man an jedem Punkt ihre Richtung und Größe an, es handelt sich dann um ein sogenanntes Vektorfeld. Felder, die den Anforderungen der SRT genügen, bilden die Basis dieser neuen Formulierung der Quantentheorie. Die erste Herausforderung für eine solche relativistische Quantenfeldtheorie (QFT) war die korrekte Darstellung von Elektronen, Positronen und Photonen. Die Quantenfelder sollen nicht mehr nur ein Teilchen beschreiben, sondern auch seine Wechselwirkung mit den virtuellen Teilchen-Antiteilchen Paaren des Vakuums und dem Strahlungsfeld der Photonen. Das führte zur Entwicklung der Quantenelektrodynamik (QED).

Die Quantisierung von Feldern stellte die Physiker vor das folgende große Problem. Eine Feldkonfiguration erhält man, wenn man jedem Raum-Zeit-Punkt einen Wert zuordnet. Das kann eine reelle oder komplexe Zahl sein, oder auch eine Menge von mehreren solchen, abhängig von der Art des Feldes. Die Wahrscheinlichkeit, bei einer Messung bestimmte Werte zu finden, ist durch eine Summe über alle denkbaren Feldkonfigurationen gegeben, gewichtet mit einem Faktor, der die Wechselwirkung zwischen den Feldwerten berücksichtigt. Teilchen und Wechselwirkungen zwischen ihnen entsprechen speziellen Feldkonfigurationen. Allerdings gibt es in jedem noch so kleinen Raum-Zeit Volumen beliebig viele Punkte und damit Feldkonfigurationen. Diese Beiträge addieren sich in bestimmten Fällen nicht zu endlichen Zahlen. Mathematisch gesprochen: Integrale werden formal unendlich, sie divergieren.

Richard Feynman, Julian Schwinger und Shin'ichirō Tomonaga fanden in den 1940er Jahren unabhängig voneinander eine Lösung für dieses Problem. Dafür erhielten sie 1965 den Nobelpreis für Physik.

Shin'ichirō Tomonaga, 1906 geboren, war ein Jahr älter als sein Studienkollege und enger Freund Hideki Yukawa. Er schloss sein Studium 1929 gleichzeitig mit Yukawa ab und war dann Assistent von Yoshio Nishina, den er zeitlebens schätzte und verehrte.

A 7.2 Tomonaga wurde sogar neben Nishina begraben. Auf seinem Grabstein steht: „Er ruht in Hörweite seines Lehrers."

Nach einem Forschungsaufenthalt 1937–1939 bei Heisenberg in Leipzig wurde Tomonaga Professor in Tokio, setzte seine Arbeiten zur Quantenfeldtheorie fort und fand 1942 eine relativistische Formulierung. In einer Serie von fünf Arbeiten 1947/48 löste er auch das Problem der Divergenzen.

Julian Schwinger wurde 1918 in New York City geboren und studierte zunächst am City College of New York. Er war exzellent in Mathematik und Physik, aber in anderen Fächern hatte er schlechte Noten und so erfüllte er nicht die Zulassungsbedingungen für die Columbia University in New York. Andererseits hatte er schon eine Arbeit zum Thema Quantenelektrodynamik verfasst, die sogar von Bethe gutgeheißen wurde, und er wurde schließlich doch zum Studium zugelassen. Sein Doktorvater war Isidor Isaac Rabi.

A 7.3 Julian Schwinger hatte auch bei der Doktoratsprüfung Probleme, weil er keine Mathematik-Vorlesungen besuchte und daher nicht genügend Zeugnisse über Mathematik hatte. Sein Doktorvater Isidor Rabi riet ihm, Vorlesungen bei George Uhlenbeck zu besuchen. Uhlenbeck meinte, dass Schwinger bereits gleich viel wisse wie er. Rabi bat Uhlenbeck, Schwinger dennoch streng zu prüfen. Schwinger beantwortete alle Fragen korrekt, bekam die notwendigen Zeugnisse und promovierte 1939 im Alter von 21 Jahren.

Dank eines Reisestipendiums konnte Schwinger mit Gregory Breit and Eugene Wigner zusammenarbeiten. Damals gewöhnte er sich an, in der

Nacht zu arbeiten und am Tag zu schlafen, eine Gewohnheit, die er sein Leben lang beibehielt.

A 7.4 Julian Schwinger wurde 1939 Oppenheimers wissenschaftlicher Assistent.
Edward Gerjuoy erinnert sich:
Bei Seminaren vermied Oppenheimer es, einen seiner Gastredner zu unterbrechen; er war ein höflicher Mann. Aber bei seinen Schülern war seine Befragung heftig, oft grausam.
Das erste Seminar von Julian (Schwinger) verlief genauso, wie ich es erwartet hatte. Julian fing an zu reden und sehr bald stellte Oppie Julian eine Frage, die Julian beantwortete. Eine weitere Frage folgte und Julian antwortete. Weitere Fragen kamen; weitere Fragen wurden beantwortet. Nach etwa einem Dutzend Fragen, die Julian ohne sichtbare Anzeichen von Verzweiflung beantwortete, hörte Oppie auf, Fragen abzufeuern, und ließ ihn sein Seminar ohne weitere Unterbrechung beenden. Auch unterbrach er Julians nachfolgende Seminare nie wieder ungebührlich. Oppie hörte auf, Fragen zu stellen, weil sich herausstellte, dass Julian immer wusste, wovon er sprach.

Nach seinem Studienabschluss forschte er in Berkeley und Purdue und während des Krieges am MIT Radiation Laboratory, wo er mithalf, das Radar zu entwickeln. Die dabei auftretenden Differentialgleichungen wurden mit sogenannten Greenschen Funktionen gelöst. Schwinger übernahm diese Technik und formulierte die QFT entsprechend um.

A 7.5 Schwingers Vortragsstil war barock ausschweifend und nicht einfach zu verfolgen. Freeman Dyson erzählt: Im direkten Gespräch war Schwinger sehr zugänglich. In seinen Vorträgen allerdings erklärte er nicht, wie man ein Problem lösen solle, sondern erzählte, wie nur er selbst es lösen könne.

Die schillerndste Gestalt der drei Nobelpreisträger war sicher Richard Feynman. Er wurde wie Schwinger 1918 in New York City geboren. Als Erwachsener betonte er seine Herkunft aus Queens und sprach mit einem derart übertriebenen New Yorker Akzent, dass seine Freunde Wolfgang Pauli und Hans Bethe einmal kommentierten, Feynman spräche wie ein „Penner".

A 7.6 Einer von Feynmans engsten Kollegen war Murray Gell-Mann, der 1969 den Nobelpreis für seine Arbeit zur Klassifizierung von Elementarteilchen erhielt. Gell-Mann, der 1955 zu Caltech kam, hatte das Büro neben dem von Feynman. In einem Essay für Physics Today aus dem Jahr 1989 nannte Gell-Mann seinen Kollegen „eine äußerst inspirierende Person" und beschrieb ihn als „ein Bild von Energie, Vitalität und Verspieltheit".

Feynman besuchte die Far Rockaway High School und bewarb sich dann an der Columbia University. Die Aufnahme wurde ihm verweigert, da der Anteil an jüdischen Studenten schon zu groß wäre. Stattdessen studierte er am MIT (Massachusetts Institute of Technology in Cambridge bei Boston) und publizierte bereits damals zwei Arbeiten in der höchst angesehenen Fachzeitschrift „Physical Review". 1939 schloss er das Bachelor Studium in Boston ab und bestand die Aufnahmeprüfung an der Princeton University mit Bravour. Unter seinem Betreuer John Archibald Wheeler dissertierte er 1942 mit einer Arbeit über das Prinzip der kleinsten Wirkung in der Quantenmechanik. Das war der Ausgangspunkt für eine Integralformulierung der Quantenmechanik, die später als Pfadintegral bekannt wurde.

Das Pfadintegral der Quantenmechanik ist eine Quantisierungsmethode. Sie besteht in einer Mittelung über alle klassisch erlaubten Wege, gewichtet mit einem vom Weg abhängigen komplexen Faktor. Als Ergebnis erhält man Aussagen über die Wahrscheinlichkeit bestimmter Übergänge von einem Zustand in einen anderen. Daraus kann man die quantenmechanische Wellenfunktion bestimmen.

A 7.7 Zu Beginn einer Besprechung mit Studenten legte Wheeler seine teure Taschenuhr auf den Tisch. Das sollte den eng gesteckten zeitlichen Rahmen unmissverständlich zum Ausdruck bringen – so als wäre die Zeit des Professors ein Vielfaches kostbarer als jene des Studenten. Feynman nahm bei seinem ersten Gespräch mit Wheeler die Taschenuhr zur Kenntnis. Für sein zweites Treffen hatte sich Feynman vorbereitet. Er hatte sich eine alte, schäbige Taschenuhr gekauft. Als nun Wheeler seine Taschenuhr auf den Tisch legte, holte Feynman aus seiner Tasche seine eigene heraus und legte sie parallel dazu. Nach einem kurzen Moment der Verblüffung begann Wheeler herzlich zu lachen.

Solange Feynman studierte, durfte er nicht heiraten. Erst nach der Promotion zum PhD heiratete er seine Jugendliebe Arline, ohne dass Familienangehörige oder Freunde anwesend waren. Arline hatte Tuberkulose und musste anschließend in einem Krankenhaus behandelt werden.

Die Arbeiten im Rahmen des Manhattan-Projekts fanden seit 1939 an verschiedenen Orten statt. 1943 begann die Entwicklung einer Atombombe im Los Alamos Laboratory. Robert Oppenheimer leitete die Forschungsabteilung und überredete Feynman zur Mitarbeit. Die kranke Arline wurde im 100 Meilen entfernten Krankenhaus in Albuquerque untergebracht. Feynman besuchte sie an den Wochenenden mit einem Auto, das er sich von Klaus Fuchs lieh, der später als russischer Spion entlarvt wurde. Arlene starb 1945 und mehr als ein Jahr nach ihrem Tod schrieb ihr Feynman einen berührenden Brief, der erst in seinem Nachlass gefunden wurde.

Feynman arbeitete in der Theorie-Abteilung von Hans Bethe. Gemeinsam entwickelten sie die Bethe-Feynman-Formel zur Berechnung der Ausbeute einer Spaltbombe. Er nahm an Untersuchungen zur Ermittlung der kritischen Masse bei der Kernspaltung teil, und er leitete die Berechnungsgruppe Human Computer. Dort führte er mit den menschlichen Prozessoren Rechenverfahren ein, die als Vorläufer der Vektor- und Parallelprozessoren gesehen werden können.

Der Krieg endete 1945 und viele Wissenschaftler verließen das Manhattan-Projekt. Nach einigen Verhandlungen mit der University of Wisconsin–Madison, der University of California und der Cornell-University in Ithaca, New York, entschied sich Feynman für Ithaca.

A 7.8 Es gibt unzählige Anekdoten über Richard Feynman, etliche stammen von ihm selbst, viele davon findet man in seinem Buch „Surely you're joking, Mr. Feynman!"
Feynman war berühmt für seine Exzentrik und immer für Scherze zu haben. Sein Kollege Murray Gell-Mann erinnert sich: Ein Freund Feynmans war ein älterer armenischer Maler. Auch meine Frau und ich waren mit ihm befreundet. Wir hatten die Idee, ihm einen Pfau zu schenken. Also haben wir uns mit den Feynmans verschworen. Sie lenkten seine Aufmerksamkeit woanders hin, während meine Frau und ich den Pfau aus dem Auto holten und ihn in sein Schlafzimmer stellten. Ein Pfau in seinem Bett! Es ist eine wunderbare Art, jemandem ein Geschenk zu machen.

A 7.9 Kurz nach seiner Ankunft in New Mexico bemerkte Feynman, der ein gewisses Geschick als Schlossknacker hatte, dass viele Dokumente, die geheimes wissenschaftliches Material enthielten, in unsicheren Aktenschränken aus Holz aufbewahrt wurden. Als Feynman bei einem Meeting auf die Sicherheitslücke hinwies, erwähnte Edward Teller, dass er seine wichtigen Geheimnisse in seiner Schreibtischschublade sicher bewahre. Wie Feynman später erzählte, konnte er der Chance nicht widerstehen, seine Fähigkeiten im Schlossknacken auf die Probe zu stellen.
„Das Meeting geht also weiter, und ich schleiche mich hinaus und gehe nach unten, um seine Schreibtischschublade zu untersuchen. OK? Ich muss nicht einmal das Schloss der Schreibtischschublade knacken. Es stellt sich heraus, dass man das Papier wie bei diesen Toilettenpapierspendern von der Unterseite hinten herausziehen kann. Ich leerte die ganze verdammte Schublade, legte alles beiseite und ging wieder nach oben."

Am Ende des Treffens schlug Feynman Teller vor, dass die beiden nachsehen sollten, ob die Schreibtischschublade des älteren Physikers sicher sei. Teller vermutete sofort, dass Feynman bereits in den Schreibtisch eingebrochen war. „Das Problem, wenn man einem hochintelligenten Mann wie Mr. Teller einen Streich spielt, ist, dass die Zeit, die er braucht, um es herauszufinden, von dem Moment an, in dem er sieht, dass etwas nicht stimmt, bis er genau versteht, was passiert ist, zu verdammt kurz ist, um sich daran zu erfreuen!" beklagte sich Feynman scherzhaft.

A 7.10 Als Fermi und Wigner Los Alamos besuchten, taten sie es aus Geheimhaltungsgründen unter den Decknamen Farmer und Wagner. Der Wachposten kannte Wigner, aber „Farmer" schien ihm verdächtig. Da beruhigte ihn Wigner mit den Worten: „Sein Name ist Farmer, so wahr ich Wagner heiße".

A 7.11 J. Robert Oppenheimer hielt Feynman für den brillantesten Physiker in Los Alamos – keine geringe Aussage, wenn man bedenkt, dass Bethe, Teller und Oppenheimer selbst alle dort arbeiteten.

Robert Oppenheimer organisierte nach Kriegsende eine Serie von drei Konferenzen über Themen der Quantenphysik. Auf dem ersten Treffen dieser Reihe, der Shelter Island Conference im Juni 1947 sollten die Probleme der Quantenelektrodynamik diskutiert werden, aber die Tagung wurde dominiert von der Entdeckung der Lamb-Verschiebung (Lamb Shift) der Spektrallinien und der Messung des magnetischen Moments des Elektrons.

Schon zwanzig Jahre vorher hatte man Abweichungen der Spektrallinien von den Vorhersagen des Bohrschen Modell gefunden. Die Ursachen waren relativistische Effekte (Feinstruktur) und die Wechselwirkung des Elektrons mit dem Kernspin. Beide konnten mithilfe der Dirac-Gleichung erklärt werden.

Die Lamb-Shift wurde 1947 von Willis Lamb und seinem Studenten Robert Retherford gefunden. Sie bezeichnet die Aufspaltung zweier Energieniveaus des Wasserstoff-Atoms, die nach der Dirac-Gleichung zusammenfallen sollten. Die Dirac-Gleichung konnte diesen Effekt also nicht erklären. Erst die Berücksichtigung der Wechselwirkung mit den Vakuumfluktuationen in der QED und die Renormierung erlaubte die Berechnung des Werts. Das Verfahren der Renormierung wird weiter unten ausführlicher erklärt.

Victor Weisskopf berechnete mit seinem Studenten den Wert, publizierte ihn aber nicht, da Schwinger und Feynman zunächst andere Ergebnisse lieferten. Bethe leitete eine renormierte nicht-relativistische Quantengleichung für die Lamb-Verschiebung ab. Feynman wollte eine relativistische Version davon erstellen, wobei er seine Pfadintegral-formulierung anwendete. Diese Formulierung konnte auf Feldtheorien erweitert werden. Statt über die klassischen Wege summierte man über die klassischen Feldkonfigurationen. Ein iteratives Näherungsverfahren lieferte eine Entwicklung in Termen, für die die Feynman-Graphen eine grafische Darstellung bildeten.

Bei der Pocono-Konferenz 1948, der zweiten Konferenz der Serie, präsentierte Julian Schwinger seine Arbeit zur Quantenelektrodynamik, und Feynman stellte seine Version erstmalig mit (Stückelberg-)Feynman-Diagrammen vor, konnte das illustre Publikum (darunter Bohr, Dirac und Teller) aber nicht überzeugen, wohl aber Freeman Dyson.

A 7.12 Über Dirac wird erzählt, dass er, als er den jungen Richard Feynman zum ersten Mal auf einer Konferenz traf, nach langem Schweigen sagte: „Ich habe eine Gleichung. Haben Sie auch eine?"

Freeman Dyson wurde 1923 in eine wohlhabende englische Familie geboren und schon früh entpuppte er sich als mathematisches Wunderkind. Mit 17 begann er ein Studium der Mathematik am Trinity College in Cambridge, das er 1943 abschloss. Bis Kriegsende arbeitete er als Mathematiker bei der Royal Air Force. Danach entschied er sich, Theoretische Physik zu studieren. Rudolf Peierls war sein Mentor in Birmingham. 1947 ging Dyson mit einem Forschungsstipendium ein Jahr an die Cornell University in Ithaca und ein Jahr an das Institute for Advanced Studies in Princeton. Nach zwei Jahren in England und einem Jahr als Professor an der Cornell University wechselte er 1952 an das Institute for Advanced Studies, wo er bis zu seiner Emeritierung blieb.

Freeman Dyson hatte als junger Postdoc in Ithaca Feynman kennen-gelernt. Er betonte Feynman gegenüber wiederholt, dass eine exakte mathematische Formulierung der Feynman Diagramme dringend not-wendig sei. Es müssten Regeln formuliert werden, welche die Diagramme eindeutig in mathematische Ausdrücke „übersetzen". Tomonaga, Schwinger und Feynman hatten drei unterschiedliche Formulierungen der Quanten-elektrodynamik und Verfahren, die problematischen Beiträge zu behandeln, vorgeschlagen. Alle drei kamen zu übereinstimmenden Ergebnissen. In der Physik reicht es jedoch nicht, dass ein Ergebnis richtig ist, man muss auch erklären können, wie man zu dem Ergebnis kommt. Dyson veröffentlichte 1949 eine Arbeit, in der er die Äquivalenz der drei Zugänge zeigt. Er fügte Feynmans Methode neue Regeln hinzu und systematisierte Schritte zur Renormierung.

A 7.13 Es wird erzählt, dass Dyson führende Physiker und Mathematiker entweder als Vögel oder als Frösche klassifizierte. Einstein war der archetypische Vogel – hoch in der Luft mit weitem Ausblick. Sich selbst sah Dyson als Frosch, der von einem Problem zum anderen hüpfte. Er ließ wenige Ausnahmen zu, eine war, dass sein Freund Richard Feynman „ein Frosch war, der ein Vogel sein wollte".

Feynman veröffentlichte von 1948 bis 1951 eine Reihe von Arbeiten über seine Methode und die QED. Die dritte Konferenz der Serie fand 1949 in Oldstone-on-the-Hudson in Peekskill, New York, statt und wurde von Feynmans Zugang zur QED dominiert.

A 7.14 Schwinger misstraute den von Feynman eingeführten Diagrammen, die zu vereinfachten Berechnungen von Teilchenreaktionen führten. Er verbot sie sogar seinen Studenten. Dass sie dennoch überall Anwendung fanden, kommentierte er so: „..zwei unterschiedliche Zugänge zur Quantenmechanik, den differentiellen und den integralen. Letzterer, angeführt von Feynman, hat die ganze Presseberichterstattung erhalten, aber ich glaube weiterhin, dass der differenzielle Standpunkt allgemeiner, eleganter und nützlicher ist."
„Wie die Siliziumchips der letzten Jahre brachte das Feynman-Diagramm Rechnen zu den Massen."

Schwinger und Feynman waren sehr unterschiedlich. Schwinger war sehr formell und auf die Eleganz der mathematischen Formulierung bedacht, wobei die Verständlichkeit litt. Feynman hingegen argumentierte sehr eloquent und intuitiv. Gell-Mann kritisierte Schwingers Stil, da diesem Eleganz wichtiger als Korrektheit gewesen sei.

Das damals eingeführte Verfahren der Renormierung (oder Renormalisierung) ist nicht einfach zu erklären und manche Physiker sind auch heute nicht glücklich mit dieser Methode. Es ist ein wenig so, wie mit folgender Messung der Höhe eines Turms: Der gemessene Abstand der Bodenfläche des Turms zum Erdmittelpunkt sei A = 6 370 005 m, der Abstand der Turmspitze vom Erdmittelpunkt B = 6 370 035 m. Die Turmhöhe H ergibt sich aus der Differenz dieser beiden zu B-A = 30 m. Offensichtlich war der im Vergleich zur Höhe sehr große Wert von A unerheblich, da das Ergebnis davon unabhängig ist. Man muss A nicht kennen, um H zu messen, man kann H durch den Abstand der Turmspitze zur Bodenfläche bestimmen.

Dazu ein anderes Beispiel: Ein Elektron ist nicht nur ein „nacktes" Elektron, sondern wechselwirkt mit dem Vakuum und dessen virtuellen Teilchen, aber auch mit sich selbst, wie zum Beispiel durch das Aussenden und Einfangen von Photonen. Man kann sich das als eine Wolke von Teilchen, Antiteilchen und Photonen rund um das nackte Elektron vorstellen. Dies führt zur tatsächlichen, physikalischen, messbaren Masse, aber auch zur physikalischen Ladung und anderen Messgrößen, die aus Streuprozessen gewonnen werden können. Die Berechnung erfolgt in einer Aufsummierung von Termen, worin möglichst viele der relevanten Effekte berücksichtigt sind.

In diesen Summen gibt es allerdings Übeltäter, nämlich Integralterme, die divergieren, also formal keinen endlichen Beitrag liefern. Nehmen wir an, dass die Berechnung der Teilchenmasse zwei Terme ergibt: einen endlichen Term A und ein divergentes Integral X. Da wir wollen, dass die Summe der beiden Terme gleich der experimentell bestimmten Masse ist, ersetzen wir X durch (M-A). Man versteckt damit gleichsam die Divergenz. Dies bringt fürs erste keinen Gewinn, da wir die Masse ja nicht berechnet, sondern durch den experimentellen Wert ersetzt haben. Einen Sinn erhält dieses Vorgehen erst dann, wenn wir weitere Größen bestimmen wollen, in deren Berechnung das Integral X ebenfalls aufscheint. Ersetzen wir dort X durch den endlichen Zahlenwert (M-A), so kommen wir zu einer echten theoretischen Vorhersage.

Ähnlich geht man bei der Berechnung der Ladung vor. Auch dort versteckt man ein divergentes Integral in der gemessenen Ladung. In der QED gibt es nur zwei Divergenzen und so haben alle berechneten Größen endliche Ergebnisse, wenn man die Masse und die Ladung „opfert", also durch die im Experiment gemessenen Werte ersetzt.

Welchen Kräften ist das Elektron ausgesetzt? Wenn wir die elektromagnetische Wechselwirkung abschalten könnten, so hätten wir ein freies, „nacktes" Elektron. Schalten wir die elektromagnetische Wechselwirkung ein, so umgibt sich das freie Elektron gleichsam mit einem Mantel aus elektromagnetischem Feld und Vakuumfluktuationen. Und schließlich könnte das Elektron auch im Atom gebunden sein.

Die unendlichen Beiträge („Divergenzen") treten beim Vergleich des im Atom gebundenen, mit dem elektromagnetischen Feld wechselwirkenden Elektrons mit einem freien, nackten Elektron auf. Vergleicht man es stattdessen mit einem freien (nicht im Atom gebundenen), mit dem elektromagnetischen Feld wechselwirkenden Elektron, so gibt es keine Divergenzen. Dieses sogenannte Renormierungsverfahren wurde in nachfolgenden Jahrzehnten noch verfeinert.

Nach dem Erfolg der QED wurden weitere Feldtheorien für die anderen Wechselwirkungen vorgeschlagen. Zu einem Kriterium wurde, ob diese Theorie renormierbar ist, es also möglich ist, die auftretenden Divergenzen hinter physikalischen Messgrößen zu „verstecken". Die allgemeine Meinung war damals, dass physikalisch sinnvolle Quantenfeldtheorien renormierbar sein müssen.

Ein Zugang zum Verständnis dieses Konzepts sind Maßstabsänderungen. Makroskopische Gesetze haben meist einen beschränkten Gültigkeitsbereich. Zur Beschreibung von Flüssigkeitsströmungen gibt es mathematische Gleichungen. Wenn man immer kleinere Abstände betrachtet, so erkennt man, dass die Flüssigkeit aus Molekülen besteht. Auf dieser Größenskala sind die Strömungsgleichungen nicht mehr anwendbar und man muss die Regeln ändern. Das Konzept Flüssigkeit muss durch das Konzept Teilchen ersetzt werden und nun gelten gänzlich andere Gleichungen.

Es gibt jedoch Fälle, bei denen die Gleichungen unverändert bleiben und nur bestimmte Parameter sich ändern. Um die Bedeutung der Skalenänderung und Skaleninvarianz zu verstehen, betrachten wir das Fraktal in Abb. 7.1. In jedem Schritt wird ein Drittel der Struktur herausvergrößert, man verändert die Betrachtungsskala also um den Faktor 3. Trotzdem sieht

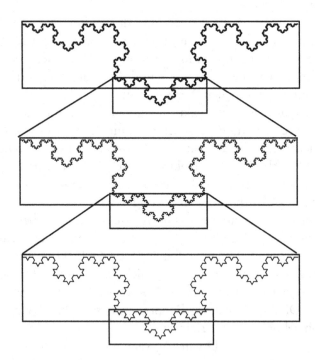

Abb. 7.1 Skalenänderung bei einem Fraktal. Die Ausschnitte haben immer wieder dieselbe Form

der Ausschnitt gleich aus, wie die gesamte Struktur. Diese Eigenschaft nennt man Skaleninvarianz.

Eine renormierbare Theorie muss für jede Skala dieselbe Form haben, man sagt, die Feldgleichungen müssen skaleninvariant sein. Nur die Parameter der Theorie, die Kopplungskonstanten, dürfen sich ändern. Und das passiert auch in der QED. Seien Sie nicht enttäuscht: Auch die berühmte Feinstrukturkonstante $\alpha = e^2/(\hbar c)$ ist abstandsabhängig, also streng gesehen keine Konstante. Bei großen Abständen ist sie $\alpha = 0.00729735\ldots = 1/137.036\ldots$, bei kleineren Abständen wird sie jedoch größer. Man nennt dieses Verhalten eine „running coupling constant", eine laufende Kopplungskonstante.

Die QED ist die genaueste bekannte Theorie. So stimmt etwa das berechnete magnetische Moment eines Elektrons (die Magnetfeldstärke eines ruhenden Elektrons) auf zehn Nachkommastellen mit der Messung überein! Das zeugt von einer gewaltigen experimentellen und theoretischen Leistung. Die Gravitationskonstante etwa ist experimentell „nur" auf vier Stellen genau bestimmt. Zur theoretischen Ermittlung des Wertes des magnetischen Moments des Elektrons wurden mehr als zehntausend Terme (Feynman-Diagramme) explizit berechnet.

7.2 Probleme der Quantenfeldtheorie

7.2.1 Störungsreihe

In einem Experiment wird ein wohldefinierter Anfangszustand hergestellt, beschrieben durch, zum Beispiel, Ort und Geschwindigkeit eines Projektils und eines Targets. Nach einer Wechselwirkung werden bestimmte Größen, wie Art und Anzahl von auslaufenden Teilchen, deren Bahnen und Energien sowie weitere Parameter vermessen. Dabei ist der Anfangszustand ein Teilchen, wenn man einen Zerfall untersucht. Er kann aber auch durch zwei oder mehr Teilchen gegeben sein, wie bei einem Experiment, bei dem ein Projektil auf ein Target stößt. Es ist auch möglich, dass sich mehrere Endzustände ergeben und es Übergänge zu unterschiedlichen Teilchengruppen geben kann. Mithilfe der Quantentheorie soll die Wahrscheinlichkeit des Übergangs vom Anfangs- zum Endzustand berechnet werden.

Im Prinzip sollte die Quantenfeldtheorie dazu in der Lage sein. In der Praxis muss man dazu unendlich-dimensionale Integrale über komplizierte Funktionen ausführen. Die sogenannte Störungsreihe ist ein Versuch, sich dem richtigen Ergebnis schrittweise zu nähern.

Es gibt viele mathematische Möglichkeiten, eine Näherungsformel für eine Funktion $f(x)$ zu finden. Typische Beispiele sind Potenzreihen wie $f_0 + f_1 x + f_2 x^2 + f_3 x^3 \ldots$ Betrachten wir zum Beispiel die Reihe $1 + x/2 - x^2/8$ als Näherung für die Funktion $f(x) = \sqrt{1+x}$. Für kleine $x < 0.1$ stimmt der Wert dieser Reihe auf 4 Dezimalstellen mit der Funktion $f(x)$ überein. Sie nähert damit dort die Funktion sehr gut. Die Qualität dieser Näherungsformel nimmt mit wachsendem Wert von x ab, bei $x = 0.4$ sind nur mehr 2 Dezimalstellen richtig.

Die Feynmansche Störungsreihe ist eine unendliche Reihe in Potenzen der Kopplungskonstante. Bei der QED ist die Kopplungskonstante etwa 1/137, erfüllt damit das Kriterium „kleine x", wie wir oben beschrieben haben. Die Beiträge kann man durch Diagramme visualisieren. Jedes Diagramm entspricht mithilfe von Ersetzungsregeln einem Beitrag zur Streumatrix, der Wahrscheinlichkeitsfunktion für den betrachteten Streu- oder Zerfallsprozess. Für jede Ordnung in der Kopplungskonstante kann es zahlreiche Diagramme, also Beiträge geben.

In den Stückelberg-Feynman Diagrammen für, zum Beispiel, Streuprozesse entsprechen Linien den einlaufenden und auslaufenden Teilchen. Im dazwischen liegenden Wechselwirkungsteil gibt es Knoten (Vertices), an denen drei oder mehr Linien zusammenkommen. Das sind die Wechselwirkungspunkte, welche die Kopplungskonstanten enthalten. Je mehr Vertices, desto höher die Potenz der Kopplungskonstanten im Term. Wenn die Kopplungen null sind, gibt es keine Wechselwirkung und die Theorie beschreibt den Grenzfall freier Teilchen.

Dieser Zugang funktionierte für die QED gut. Das Problem beginnt aber auch hier, wenn man näher hinsieht. Offenbar kann man zunehmend mit der Zahl der Vertices beliebig komplizierte Diagramme finden. Toichiro Kinoshita hat 1981 alle Diagramme der QED zur Berechnung des anomalen magnetischen Moments des Elektrons bis zur Ordnung α^4 ermittelt, es sind 891! Die Zahl der Diagramme nimmt mit der Ordnung exponentiell zu, 2015 wurden für die Ordnung α^5 bereits 12 672 Diagramme benötigt. Da die Feinstrukturkonstante $\alpha \approx 1/137$ klein ist, kann man hoffen, dass die Reihensumme trotz dieser explodierenden Zahl an Diagrammen einen endlichen, korrekten Wert liefert. Die Ergebnisse von Rechnungen zur QED weisen eine hohe Präzision auf, wie wir bezüglich des magnetischen Moments des Elektrons bereits gezeigt haben.

Nach den fundamentalen Arbeiten von Tomonaga, Schwinger und Feynman (Abb. 7.2) war der Enthusiasmus groß. Man versuchte, analog zur QED, auch die starke Wechselwirkung der Hadronen durch

Abb. 7.2 Die Begründer der QFT: Richard Feynman (1918–1988), Julian Schwinger (1918–1994), Shin'ichirōTomonaga (1906–1979). [Feynman: commons.wikimedia. org/w/index.php?curid = 44950603 by Tamiko Thiel1984 licensed with CC BY-SA 3.0. Schwinger: snl.no/Julian_Schwinger (Public domain). Tomonaga:commons.wikimedia. org/wiki/File:Tomonaga_cropped.jpg by Nobel foundation gemeinfrei.]

Mesonaustausch zu beschreiben. In die Modelle gingen im Wesentlichen die Informationen ein, welche Hadronen wie stark mit anderen Hadronen wechselwirkten. Die Wechselwirkungsterme konnten durch einige wenige Diagramm-Bausteine visualisiert werden. Die Knotenpunkte der Diagramme waren Baryon-Baryon-Meson oder Meson-Meson-Meson Vertices. Demzufolge gab es viele verschiedene Kopplungskonstanten, nämlich für jeden Vertex-Typ eine (Abb. 7.3).

A 7.15 Gell-Mann erinnert sich: Einige Leute schlugen vor, die höheren Korrekturen wegzuwerfen, aber das war absurd. Wie Bhabha sagte, nur weil etwas unendlich ist, heißt das nicht, dass es null ist.

Für die starke Wechselwirkung war die Störungsreihe krass divergent. Auf der einen Seite sind die Kopplungskonstanten nicht so klein wie bei

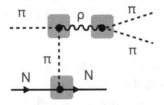

Abb. 7.3 Beispiel für ein Diagramm zum Prozess $\pi\,N \to \pi\,\pi\,N$ mit einem Baryon-Baryon-Meson Vertex und zwei vom Typ Meson-Meson-Meson

der elektromagnetischen Wechselwirkung, andererseits explodieren die Zahl der Terme und ihre Werte in höherer Ordnung und die Theorie war nicht renormierbar. Man beschränkte sich daher bei vielen Prozessen auf die Berücksichtigung nur der niedrigsten Ordnung dieser Störungsentwicklung. Daneben versuchte man, andere Methoden wie Differenzial- und Integralgleichungen, Dispersionsrelationen und Streutheorie, zu entwickeln. Dies führte zu effektiven Modellen, die zum Teil erfolgreich waren, aber unbefriedigend, da sie nur beschreibend waren, die eigentliche Dynamik jedoch fehlte.

7.2.2 S-Matrix Theorie

Wenn die Störungsreihe der QFT für Hadronen keine akzeptablen Ergebnisse liefert, vielleicht reicht es aus, nur die grundlegenden Eigenschaften der QFT als Grundlage zu nehmen?

Die Streumatrix oder kurz S-Matrix ist, analog einer Schrödingerschen Wellenfunktion, eine Funktion, deren Betragsquadrat die Wahrscheinlichkeit eines Prozesses angibt. Diese Funktion muss einige grundlegende Eigenschaften erfüllen:

- Analytizität. Die S-Matrix muss eine analytische komplexe Funktion ihrer Variablen sein, das sind die Impulse der ein- und auslaufenden Teilchen. Eine „analytische Funktion" ist an jedem Punkt durch eine Potenzreihe darstellbar. Analytische komplexe Funktionen von komplexen Variablen haben spezielle Eigenschaften. Aus der Kenntnis der Funktion und ihrer Ableitungen an einem Punkt kann man mittels des Verfahrens der „analytischen Fortsetzung" die Funktion an allen anderen Punkten berechnen.
- Crossing. Wie bei den Feynman-Diagrammen können einlaufende Teilchen als auslaufende Antiteilchen interpretiert werden. Die so entstehenden Streuprozesse werden durch dieselbe S-Matrix beschrieben, nur an anderen Werten der Impulse.
- Unitarität: Damit wird ausgedrückt, dass bei einem Streuprozess die Summe der Wahrscheinlichkeiten, in einem der möglichen Endzustände zu enden, gleich 1 sein muss.

Diese mathematisch formulierten Forderungen können physikalische Prozesse einerseits einschränken, andererseits können sie Verbindungen zwischen verschiedenen Streuprozessen schaffen. Betrachten wir Proton-Proton Streuung. Wegen Crossing ist dieser Streuprozess auch mit $p \, \bar{p} \rightarrow$

p p̄ analytisch verbunden. p p̄ kann aber auch an π π koppeln, also den Prozess p p̄ → π π bilden. Dieser wiederum ist mit p π → p π verbunden, und so weiter. Damit können beispielsweise Messdaten für p π → p π über analytische Fortsetzung Aussagen über den Streuprozess p p̄ → π π liefern, die durch direkte Experimente schwierig bis gar nicht zu erhalten wären.

Geoffrey Chew von der Universität Berkeley war der Ansicht, dass diese vielfaltigen Beziehungen und Bedingungen die S-Matrix so stark einschränkten, dass nur eine einzige Lösung möglich sei. Wie Münchhausen sich an seinem Haarschopf aus dem Sumpf zieht, so passiere es auch bei der S-Matrix. Da man sich im englischen Sprachgebrauch nicht am Haarschopf, sondern an den Schuhbändern aus dem Sumpf zieht, nannte Chew diesen Ansatz „Bootstrap-Modell". Seine Erklärung für den Namen war: „…each particle helps to generate other particles which in turn generate it."

Geoffrey Chew wurde 1944 noch als Student von seinem Lehrer George Gamow nach Los Alamos empfohlen, wo er unter Edward Teller arbeitete. Erst nach dem Krieg beendete er seine Doktorarbeit bei Enrico Fermi.

A 7.16 Demokratie unter den Teilchen: Im Gegensatz zur gebräuchlichen Unterteilung in elementare und zusammengesetzte Teilchen behandelte Chew alle Teilchen auf derselben Ebene und nannte dies „nukleare Demokratie".

Chew beschrieb die Quantenfeldtheorie als „alter Soldat" und zu „steril", um damit die Probleme der starken Wechselwirkung behandeln zu können.

A 7.17 Die Meinungen waren geteilt. Kenneth Wilson lehnte die S-Matrix-Theorie ab, „da die Gleichungen der S-Matrix-Theorie, selbst wenn man sie aufschreiben könnte, zu kompliziert und unelegant waren, um eine Theorie zu sein; und im Gegensatz dazu half mir die Existenz einer Näherung [...], zu glauben, dass die Quantenfeldtheorie sinnvoll sein könnte."

A 7.18 Fritjof Capra, ein Physiker, Philosoph und populärer Autor, verglich diese S-Matrix-Vorstellung der Teilchenwelt mit einer vollkommenen Kugeloberfläche, die aus vielen Perlen zusammengesetzt ist. In jeder Perle spiegeln sich alle anderen. Wenn man eine Perle entfernt, so ändern sich alle anderen, da sie ein anderes Spiegelbild zeigen.

Der in Wien geborene Capra promovierte 1966 an der dortigen Universität. Nach Forschungsaufenthalten an der Sorbonne in Paris und dem Imperial College in London war er von 1975 bis 1988 an der University of California in Berkeley tätig.

A 7.19 „Das Tao der Physik" ist ein bekanntes Buch von Fritjof Capra. Darin versucht er grundsätzliche Eigenheiten der Quantenphysik mit fernöstlicher Mystik zu verbinden. Seine Kritiker führen dagegen an, dass die Unbestimmtheit der Quantenmechanik und auch die durch die S-Matrix ausgedrückte Verbundenheit verschiedener Teilchen eine andere Ebene der Natur behandeln als ein philosophischer Holismus oder eine Vernetztheit in Wirtschaft, Politik und Gesellschaft.

Letztlich war das so konstruierte System zu kompliziert. Welche Anfangsdaten sollte man beim Versuch einer systematischen Konstruktion zulassen? Vermutlich die Massen der ein- und auslaufenden Teilchen, sicher auch die Kopplungskonstanten. Worin bestand dann die Vorhersagekraft? Konnte man neue Teilchen vorhersagen?

Man lernte viel über analytische Strukturen und die Analyse von Streuexperimenten, was auch heute noch sehr hilfreich ist. Die Resultate hatten aber eher den Charakter von Konsistenzchecks, nicht von Vorhersagen.

A 7.20 Heinrich Leutwyler (2012):

Vor fünfzig Jahren bestand die Quantenfeldtheorie der starken Wechselwirkung aus einer Sammlung von Überzeugungen, Vorurteilen und Annahmen. Die meisten davon erwiesen sich als falsch.

Zur Zeitgeschichte: 1950–1959

Der republikanische Senator Joseph McCarthy initiiert 1950 eine Hexenjagd bezüglich „unpatriotischer Umtriebe", die Karrieren vernichtet und Menschen in den Selbstmord treibt.

Der „Kalte Krieg" ist im Gange.

Die Formel 1 Meisterschaft für Automobile wird neu aufgestellt. Das erste Rennen findet in Silverstone in England statt.

In der Bundesrepublik Deutschland läuft 1950 die Verwendung von Lebensmittelkarten aus. Die Deutsche Bundespost wird gegründet.

Im November 1952 wird die erste Wasserstoff-Fusionsbombe getestet. Mit dem Tod Josef Stalins beginnt 1953 der Prozess der Entstalinisierung in der UdSSR.

Am 1. Juli 1953 unterzeichnen Vertreter von zwölf europäischen Staaten in Paris die Gründungsurkunde des CERN (Conseil Européen pour la Recherche Nucléaire, englisch European Council for Nuclear Research).

Am 25. März 1957 gründen in Rom die Vertreter Belgiens, der Bundesrepublik Deutschland, Frankreichs, Italiens, Luxemburgs und der Niederlande die Europäische Wirtschaftsgemeinschaft (EWG).

Von 1950 bis 1953 findet ein militärischer Konflikt zwischen der Demokratischen Volksrepublik Korea (Nordkorea) und der Republik Korea (Südkorea) statt. Mit dem Eingreifen der USA und später Chinas wird er ein Stellvertreterkrieg.

Hula-Hoop und Petticoats werden modern. Elvis Presley beginnt seine Karriere 1954. Frisbees kommen 1957 auf den Markt.

Im Jahr 1954 wird Vietnam von der Kolonialmacht Frankreich unabhängig. Das Land spaltet sich in Nordvietnam und Südvietnam auf und es kommt zu einem Krieg zwischen den beiden Landesteilen. China und die Sowjetunion unterstützen das kommunistische Nordvietnam mit Waffen und Beratern. Die USA unterstützen Südvietnam, ab 1965 auch mit amerikanischen Soldaten.

1956 richtet sich in Ungarn ein Volksaufstand gegen die kommunistische Regierung und die russische Besatzungsmacht. Der Freiheitskampf endet mit dem Einmarsch von Truppen der übermächtigen Sowjetarmee. Hunderttausende Ungarn flüchten vor der Diktatur in den Westen.

Die Autoren dieses Jahrzehnts sind unglaublich. Ernest Hemingway will es nochmal wissen und schreibt „Der alte Mann und das Meer". J.D. Salinger veröffentlicht im selben Jahr „Der Fänger im Roggen" und 1959 erscheint „Die Blechtrommel" als Debüt von Günter Grass. Und noch viele andere!

Papst Johannes XXIII überrascht die Kirchenwelt mit der Einberufung des 2. Vatikanischen Konzils.

Literatur und Quellennachweis für Anekdoten und Zitate

A 7.1 Eigene Wahrnehmung

A 7.2 www.scientificlib.com/en/Physics/Biographies/SinItiroTomonaga.html

A 7.3 mathshistory.st-andrews.ac.uk/Biographies/Schwinger/

A 7.4 Edward Gerjuoy: Remembering Oppenheimer: The Teacher, The Man. APS-News November 2004 (Vol. 13/10).

A 7.5 Freeman Dyson: www.webofstories.com/play/freeman.dyson/73

A 7.6 Physics Today, Mai 2018; doi.org/https://doi.org/10.1063/PT.6.4.20180511a

A 7.7 Gribbin (1997), S. 5

A 7.8 Feynman (2018), www.discovermagazine.com/the-sciences/the-man-who-found-quarks-and-made-sense-of-the-universe

A 7.9 wie A 7.6

A 7.10 Edward Teller, www.webofstories.com/play/edward.teller/86

A 7.11 wie A 7.6

A 7.12 en.wikipedia.org/wiki/Paul_Dirac und Zee (2010)

A 7.13 Graham Farmelo: Remembering Freeman Dyson. Scientifica American . April 12, 2020.

A 7.14 Schwinger (1973), en.wikipedia.org/wiki/Julian_Schwinger

A 7.15 Murray Gell-Mann: www.webofstories.com/play/murray.gell-mann/22

A 7.16 A. Kaiser: NuclearDemocracy.web.mit.edu/dikaiser/www/Kaiser.NucDem. pdf

A 7.17 Aus www.nobelprize.org/uploads/2018/06/wilson-lecture-2.pdf

A 7.18 und A 7.19 Capra (2012)

A 7.20 H. Leutwyler: Oberwölz Symposium 2012 und Mod. Phys. Lett.A, 29 (2014) 1430023

Capra (2012) F. Capra, Das Tao der Physik: Die Konvergenz von westlicher Wissenschaft und östlicher Philosophie. O. W. Barth.

Close (2011) Frank Close, The Infinity Puzzle. Basic Books New York.

Dyson (1988) Freeman Dyson, Infinite in all directions, Disturbing the Universe. Harper & Row, New York.

Feynman (2018) Richard P Feynman, Sie belieben wohl zu scherzen, Mr. Feynman: Abenteuer eines neugierigen Physikers. R. P. Feynman, E. Hutchings (Hsg.), Piper Zürich.

Gribbin (1997) John Gribbin, Mary Gribbin: Richard Feynman: A Life in Science, Viking.

Hoffmann (1995) Klaus Hoffmann: J. Robert Oppenheimer, Springer-Verlag -Berlin Heidelberg.

Jungk (2020) Robert Jungk, Heller als tausend Sonnen. Rowohlt Buchverlag; Neuausgabe.

Schwinger (1973) Julian Schwinger: A report on quantum electrodynamics. In J. Mehra (ed.), The Physicist's Conception of Nature. Reidel, Dordrecht.

8

Teilchen beschleunigen

Zusammenfassung Den Durchbruch in der Elementarteilchenphysik brachte eine neue Art von Experimentiergerät: der Teilchenbeschleuniger. Protonen und Elektronen wurden zu immer höheren Energien beschleunigt und in Kollisionen entstanden unzählige neue Teilchen. Linearbeschleuniger, Synchrotrone und Collider sind einige Typen, die diskutiert werden.

Vor dem 2. Weltkrieg gab es vereinzelt noch Physikerinnen und Physiker, wie beispielsweise Ernest Rutherford oder Enrico Fermi, die sowohl in der Theorie als auch im Experiment Hervorragendes geleistet haben. Mittlerweile wurden die Techniken sowohl auf den experimentellen als auch den theoretischen Bereichen immer ausgefeilter und aufwendiger, sodass sich notgedrungen eine Spezialisierung ergeben musste. Eine eigene Gruppe von Spezialisten konstruierte und baute die Beschleuniger, den täglichen Betrieb und die Wartung übernahm aber bereits ein anderes Team. Genauso waren jeweils verschiedene Wissenschaftler beteiligt beim Aufbau der Detektoren oder der Auswertung der Daten. In der Theorie gab es eine Differenzierung nach der Art der Methode: Aus analytischen Berechnungen entwickelten sich symbolische, auch numerische Verfahren, und Monte Carlo Simulationen (Kap. 12) wurden eigene Wissenszweige. Die wichtigsten Grundlagen zu Erfolgen blieben aber allen gemeinsam: Kreativität und tiefes Verständnis für Physik.

Sie haben sicher schon die Bezeichnung Hochenergiephysik für die Elementarteilchenphysik gehört. Warum eigentlich dieser Begriff? Den

C. B. Lang und L. Mathelitsch, *Haben Sie eines gesehen?*,
https://doi.org/10.1007/978-3-662-67972-2_8

Grund liefert das Auflösungsvermögen von Mikroskopen. Man „sieht" dabei das Objekt (das „Target") durch die Ablenkung der Photonen (der „Projektile"). Selbst hochpräzise Instrumente sind durch die Wellenlänge des Lichtes beschränkt: Es können keine Strukturen gesehen werden, die kleiner sind als die Wellenlänge des verwendeten Lichtes. Kleinere Wellenlängen entsprechen aber höheren Frequenzen und damit höheren Energien. Je kleiner also die Distanz ist, die man auflösen will, auf eine desto höhere Energie müssen die Untersuchungsteilchen (Photonen oder andere Elementarteilchen) gebracht werden. In der Hochenergiephysik verschwindet der Unterschied zwischen Target und Projektil, beide sind Teilchen, manchmal sogar vom selben Typ.

Welche Distanzen oder Energien sind bei der Teilchenphysik relevant? Wir haben in Kap. 2 schon die Energieeinheit Elektronenvolt (eV) eingeführt. George Gamow zeigte, dass bereits Teilchenenergien unter 1 MeV ausreichen, um die Barriere der atomaren Elektronenhülle zu durchtunneln und den Kern zu treffen.

Um die innere Struktur von Proton und Neutron aufzulösen, bedarf es aber bereits Energien in der Größenordnung von GeV, also einen Faktor Tausend mehr, im Bereich der Masse der Nukleonen. Wobei noch ein weiterer wichtiger Aspekt hinzukommt: Stoßprozesse bei so hohen Energien befähigen nicht nur genauer hinzusehen, es können auch gemäß der Energie-Masse Äquivalenz neue Teilchen erzeugt werden. Je höher die bereitgestellte Energie, desto mehr und schwerere Teilchen können entstehen und in den Detektoren nachgewiesen werden.

A 8.1 Aus einem Vortrag von Werner Riegler (Technischer Leiter von ALICE) „Die lange Reise der Antikerne", München, 01. 02. 2023.
1982 besuchte Papst Johannes Paul II (Karol Wojtyla) CERN. Der Generaldirektor Herwig Schopper erklärte dessen Wirkungsweise. Der von Schopper benutzte englische Ausdruck für die Erzeugung von Teilchen („creation") missfiel dem Papst, da es nur einen Schöpfer (Creator) gäbe. Man einigte sich auf „production" anstelle von „creation".

8.1 Teilchen beschleunigen – geradeaus

Geladene Teilchen erfahren durch elektrische Spannung eine Beschleunigung, die Definition des Elektronenvolts als Energieeinheit der Teilchenphysik beruht darauf. Um Teilchen möglichst stark zu beschleunigen, ist eine entsprechend hohe Spannung erforderlich.

Ein erster Erfolg dabei wurde durch den mehrere Meter hohen Van-de-Graaff Generator erzielt, der ab 1929 von Robert Van de Graaff am MIT entwickelt und gebaut wurde. Es ist ein sogenannter Bandgenerator, wobei ein umlaufendes Gummiband durch Reibung elektrische Ladung aufnimmt. Mit einer Bürste wird die Ladung abgestreift und auf eine Hohlkugel geleitet. Die Ladung verteilt sich auf die Oberfläche der Hohlkugel, die dadurch bis auf einige Megavolt aufgeladen werden kann. Geladene Teilchen können dann in einer Röhre beschleunigt werden (Abb. 8.1).

Heute werden Van-de-Graaff Generatoren noch in der Kernphysik und der Nuklearmedizin eingesetzt. Man findet sie aber auch in Schullabors oder in Wissenschaftsmuseen, den größten davon im Boston Museum of Science. Die ohrenbetäubenden und grellen Entladungen rufen Erstaunen und Erschrecken der Besucherinnen und Besucher hervor. Solche Funkenüberschläge waren allerdings bei den Teilchenexperimenten unerwünscht. Um diese zu vermeiden, waren die Anlagen in einem mit Stickstoff gefüllten Druckkessel eingebettet.

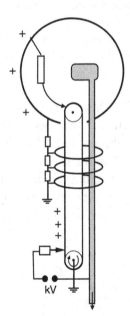

Abb. 8.1 Links: Funktionsskizze eines Van-de-Graaff Generators. Rechts: Van-de-Graaff Generator im Science Museum Boston. [Rechts: commons.wikimedia.org/wiki/File:Van_Der_Graff_Generator,_Boston_Museum_of_Science,_Boston.jpg   by"Beyond My Ken" licensed under CC BY-SA 4.0 International]

A 8.2 Der in Tuscaloosa, Alabama, 1901 geborene Robert Jemison Van de Graaff studierte 1924 an der Sorbonne in Paris. Die Vorlesungen von Marie Curie lenkten sein Interesse auf atomphysikalische Fragen und auf den Bedarf hochenergetischer Teilchenstrahlen.

Ähnlich aufgebaut ist der sogenannte Cockroft-Walton Generator. Dabei bewegen sich die Teilchen durch ein hintereinander angeordnetes Spannungsgefälle, einen Spannungsvervielfacher. Der Engländer John Cockroft und der Ire Ernest Walton beschleunigten damit 1930 am Cavendish-Laboratorium Protonen, die sie auf Lithium-Atome schossen. Die Erzeugung von zwei Alphateilchen war die erste experimentell induzierte Kernumwandlung und wurde 1951 mit dem Nobelpreis gewürdigt.

Cockroft-Walton Beschleuniger werden manchmal auch heute noch unmittelbar nach der Teilchenquelle als erste Stufe von Beschleunigern eingesetzt.

A 8.3 John Cockroft wurde 1939 Mitglied des MAUD Konsortiums. Dieses britische Komitee bestätigte zum ersten Mal, dass der Bau einer Atombombe aus physikalischen Gründen möglich sei. Damit wurden auch entsprechende Stellen in Amerika beeinflusst, einen solchen Plan zu verfolgen. Übrigens: Der Name MAUD geht auf einen Brief des Dänen Niels Bohr zurück, in dem er auch seine Haushälterin Maud Ray erwähnt.

Bei einem Van-de-Graaff Generator wird den Teilchen durch eine hohe Spannung einmalig eine Energie mitgegeben, bei einem Linearbeschleuniger erfolgt eine mehrfache Beschleunigung. Driftröhren sind abwechselnd positiv und negativ aufgeladen (Abb. 8.2). Damit kommt es im Zwischenraum zwischen zwei Kammern zu einer Beschleunigung der durchfliegenden Teilchen. Damit aber auch beim nächsten Spalt eine Beschleunigung erfolgt, müssen die Röhren während der Zeit, in der das Teilchen darin

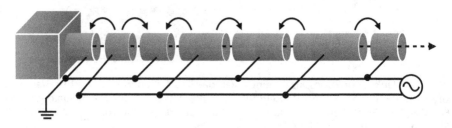

Abb. 8.2 Prinzipskizze: Driftröhren-Beschleuniger

ist, umgepolt werden. Es erfordert daher ein hochfrequentes Wechselfeld, dessen Frequenz der Geschwindigkeit der Teilchen angepasst ist. Da die Teilchen immer schneller werden, die Frequenz des Feldes aber gleichbleibt, müssen die nachfolgenden Kammern immer länger als die vorhergehenden sein.

Der erste Beschleuniger dieser Art wurde vom Norweger Rolf Wideröe 1928 an der RWTH Aachen gebaut. Er übernahm dabei einen Vorschlag von Gustav Ising. Es gelang ihm, damit Quecksilber-Ionen auf eine Energie von 50 keV zu beschleunigen.

Eine Weiterentwicklung erfuhren Linearbeschleuniger (Linear Accelerators, kurz Linacs) erst nach dem zweiten Weltkrieg durch den Einsatz hochfrequenter elektromagnetischer Felder, die im Krieg für Radarzwecke beforscht wurden. 1947 erweiterte Luis Alvarez Wideröes Ansatz, indem er stehende elektrische Wellen in Hohlröhren nutzte, um Teilchen zu beschleunigen. Er plante und konstruierte an der University of California in Berkeley eine etwa 12 m lange Anlage, die Protonen auf eine Energie von 30 MeV beschleunigte. Alvarez erhielt 1968 den Nobelpreis, allerdings nicht für die Entwicklung des Linearbeschleunigers, sondern für eine verbesserte Datenanalyse mithilfe von Blasenkammern.

A 8.4 Luis Walter Alvarez (1911–1988) war Mitglied einer berühmten Familie. Sein Großvater Louis F. Alvarez war Arzt auf Hawaii und entwickelte eine Diagnosemethode für Macula Lepra. Sein Vater Walter C. Alvarez war ein bekannter Arzt und Autor mehrerer Lehrbücher. Der Sohn von Louis Alvarez, der Geologe Walter Alvarez, fand heraus, dass vor etwa 65,5 Millionen Jahren Iridium in verstärktem Ausmaß abgelagert wurde. Gemeinsam mit seinem Vater führte er dies auf den Aufprall eines großen Asteroiden zurück, in dessen Folge sich das Erdklima änderte und unter anderem die Dinosaurier ausstarben. Inzwischen wird diese These allgemein akzeptiert.

In Los Alamos wurde 1972 nach diesem Prinzip ein annähend 900 m langer Linac gebaut, der Protonen auf etwa 800 MeV beschleunigt.

Elektronen bewegen sich bei solch hohen Energien bereits nahe der Lichtgeschwindigkeit. Damit eröffnete sich eine weitere Möglichkeit der Beschleunigung, nämlich nicht mit stehenden, sondern mit elektromagnetischen Wanderwellen, auf denen die Elektronen – wie ein Surfer mit einer Wasserwelle – „mitreiten". Das einlaufende Teilchenpaket wird von elektrischen Feldern gleichsam eingehüllt und von ihnen weitergetrieben.

Die derzeit größte Anlage dieser Art ist der Stanford Linear Accelerator (SLAC) in Menlo Park nahe der Stanford University, der 3,2 km lang ist und Elektronen auf eine Energie von 50 GeV bringt. Das ist fast 100 000 mal die Masse eines Elektrons. 1972 wurde ein Speicherring SPEAR angeschlossen, in dem Positronen gesammelt wurden, die dann mit Elektronen kollidierten und neue Teilchen erzeugten (siehe das Kap. 12 über Quarks). Resultate des SLAC führten bisher zu drei Nobelpreisen: 1990 für den allgemeinen Nachweis von Quarks, 1976 für die Entdeckung des J/Ψ Mesons, was als Nachweis des Charm-Quarks gegolten hat, und 1995 für die Identifizierung des Tau-Leptons. Der theoretische Hintergrund für diese Entdeckungen folgt in den späteren Kapiteln.

8.2   Teilchen beschleunigen – im Kreis

Geladene Teilchen werden durch ein Magnetfeld, das senkrecht zur Bewegungsrichtung der Teilchen steht, auf eine Kreisbahn abgelenkt. Dies bietet eine Möglichkeit, die langen Strecken eines Linacs zu vermeiden: Bei jedem Umlauf im Kreis solle die Teilchenenergie zunehmen. Wie kann das ermöglicht werden?

Die Idee dafür steht, genau wie die eines Linacs, bereits in der Dissertation von Rolf Widerøe, obwohl diese nur einen Umfang von etwas mehr als zwanzig Druckseiten hatte! Widerøe nannte das Gerät Strahlentransformator, heute wird es Betatron genannt, weil Betastrahlen, also Elektronen, beschleunigt werden. In einem Magnetfeld bewegen sich Elektronen in einem Kreis rund um die Magnetfeldlinien. Durch periodische Veränderung des Magnetfeldes wird ein elektrisches Feld induziert, das die Elektronen beschleunigt. Diese Idee hatte der aus Oslo stammende Rolf Widerøe (1902–1996) schon 1923 während seines Studiums der Elektrotechnik in Karlsruhe, das er 1924 als Diplomingenieur abschloss. Theoretisch ungeklärte Probleme verhinderten den erfolgreichen Bau eines solchen Betatrons bis 1940, als Donald W. Kerst an der University of Illinois Erfolg hatte. Allerdings hatte schon 1935 Max Steenbeck ein funktionierendes Betatron gebaut, dies wurde jedoch von seinem Arbeitsgeber (die Siemens-Schuckertwerke) geheim gehalten.

Ein Betatron besteht aus einem kreisförmigen Strahlrohr, eingebettet zwischen den Polschuhen eines Elektromagneten. Elektronen werden eingeleitet, in einigen 100 000 Umrundungen beschleunigt und dann als Strahl herausgelenkt und ihren Anwendungen zugeführt. Sie können zur Erzeugung von Röntgen-Strahlung oder für Experimente der Teilchenphysik verwenden werden. Energien über 340 MeV, das 665-fache der Elektronenmasse, wurden erreicht. Dazu mussten allerdings Magnete von 330 t eingesetzt werden. Heutzutage werden kleinere Betatrone in der Medizin zur Krebsbehandlung und industriell für Strukturanalysen eingesetzt.

A 8.5 Widerøes Bruder war wegen Beteiligung an einer Widerstandsaktion in deutscher Haft. Im Jahr 1943 wurde Widerøe in Norwegen für die deutsche Wehrmacht eingezogen, um in Hamburg ein Betatron zu entwickeln. Er arbeitete gemeinsam mit Bruno Touschek an diesem Projekt. Obwohl das Betatron bis Kriegsende nicht funktionsfähig war, wurde Widerøe nach dem Krieg in Norwegen fälschlicherweise der Zusammenarbeit mit den Nazis beschuldigt.

Während der Arbeit in Deutschland wurde Bruno Touschek von der Gestapo verhaftet, weil er in der Bibliothek ausländische Zeitungen gelesen hat. Widerøe besuchte ihn in der Haft und versorgte ihn mit Zigaretten und physikalischen Aufzeichnungen.

Ernest O. Lawrence war durch Arbeiten von Widerøe auf die Idee eines Zyklotrons gekommen. Zwischen den Polschuhen eines statischen Magneten befinden sich in einer Vakuumkammer ein wenig voneinander getrennt die zwei Hälften („D" oder „Dee" genannt) eines hohlen Zylinders als Elektroden (Abb. 8.3). An diese beiden wird eine Wechselspannung angelegt. Im Inneren der Dees gibt es kein elektrisches Feld. Die Teilchen werden an einer Quelle nahe dem Zentrum eingespeist und bewegen sich im Magnetfeld auf (Halb)Kreisbahnen. Die Wechselspannung ist so eingestellt, dass sich die relative Polarität der Dees nach jedem halben Umlauf

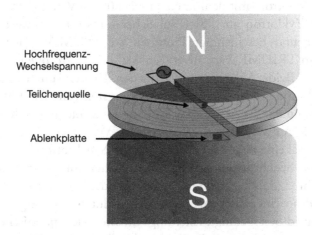

Abb. 8.3 Skizze eines Zyklotrons. Die Vakuumkammer, welche die beiden Ds umhüllt, ist nicht gezeigt. Die Teilchen (Elektronen, Protonen, Ionen) fliegen von der Quelle spiralig nach außen bis sie eine Ausgangsöffnung erreichen

ändert und die Teilchen auf der Strecke zwischen den Dees beschleunigt werden. Sie werden schneller, der Kreisradius wird größer und die Teilchen folgen annähernd spiralförmigen Bahnen, bis sie das Zyklotron verlassen. Werden etwa Protonen zwischen Magneten der Feldstärke 1 T beschleunigt, so erhalten sie bei einer Umschaltfrequenz von 15 MHz nach 50 Umläufen eine Energie von 10 MeV. Die Größe der elektrischen Spannung ist dabei unwichtig, sie beeinflusst nur die Zahl der Umläufe.

Lawrence und sein Doktorand M. Stanley Livingston konstruierten 1930 in Berkeley das erste funktionierende Zyklotron. Lawrence wurde 1939 der Nobelpreis für Physik verliehen.

A 8.6 Während seines Studiums an der University of South Dakota arbeitete Ernest Lawrence als Vertreter: Er verkaufte Küchengeräte, indem er die Farmen der weiteren Umgebung besuchte. Vielleicht war dies eine gute Lehre, denn Lawrence war später sehr erfolgreich, Geldmittel für seine Labors aufzutreiben.

Es muss für Lawrence wohl die größte Freude und Genugtuung gewesen sein, als die Krebserkrankung seiner Mutter durch die Bestrahlung mit einer „Sloan-Lawrence-Maschine" geheilt wurde.

Im Labor von Lawrence war man sieben Tage rund um die Uhr tätig. Arbeitete jemand nur siebzig Stunden die Woche, war er anscheinend „not very interested in physics."

Wenn die Teilchen Geschwindigkeiten nahe der Lichtgeschwindigkeit erreichen sollen, müssen geeignete Adaptierungen erfolgen. Eine Variante ist das Synchrozyklotron, mit dem Energien bis 800 MeV erreicht werden.

Das Ring Zyklotron am PSI (Paul Scherer Institut, Schweiz) hat 15 m Durchmesser und beschleunigt Protonen auf 590 MeV Auch das 17 m Zyklotron am TRIUMF, Vancouver, Kanada, bringt Protonen auf etwa dieselbe Energie. Beide Anlagen wurden in den 1970er Jahren errichtet. Das jüngste Zyklotron wurde 2006 am Forschungszentrum RIKEN, Japan, in Betrieb genommen. Es ist 18,4 m groß und beschleunigt schwere Ionen. Der materielle Aufwand stand einer weiteren Vergrößerung der Zyklotrone entgegen, zumal eine neue Idee auftauchte: das Synchrotron.

Bei einem Synchrotron werden die Teilchen in einer kreisförmigen Vakuum-Röhre durch mehrere Magnetfelder auf einer Kreisbahn gehalten und an einer oder mehreren Stellen durch ein geeignet getaktetes elektrisches Feld beschleunigt. Allerdings mussten viele praktische Probleme gemeistert werden, wie etwa die Strahlstabilität: zu Beginn haben die Teilchen nicht die exakt gleiche Geschwindigkeit, dennoch soll sich der Strahl nicht aufweiten; außerdem muss die Teilchenbahn genau eingehalten werden, was bei jedem Kreislauf eine synchronisierte Magnetfeldstärke bedingt.

Weiters ergibt es große Energieverluste durch ausgesandte Strahlung (Synchrotronstrahlung): Geladene Teilchen, deren Bewegungsrichtung geändert wird, strahlen in ihre Bewegungsrichtung Photonen aus. Das Verhalten wurde schon im 19. Jh. von Heinrich Hertz entdeckt. Legt man eine Wechselspannung an eine Antenne, so werden die Elektronen in Schwingung gebracht und durch diese kontinuierliche Richtungs- und Bewegungsänderung werden laufend elektromagnetische Wellen abgestrahlt. Diese werden als Trägerwellen für Rundfunk, Fernsehen und andere Arten der Kommunikation verwendet.

Was bei der Antenne ein Nutzen ist, stellt beim Synchrotron fürs erste ein Problem dar: Die Synchrotronstrahlung aufgrund der Kreisbahn der geladenen Teilchen ist einerseits gefährlich, weshalb sich, wenn der Beschleuniger aktiv ist, niemand im Tunnel aufhalten darf. Andererseits wird dadurch dem Strahl Energie entnommen. Auch aus diesem Grund wurden immer größere Synchrotrone gebaut, da wegen des größeren Durchmessers der Teilchenbahn die Synchrotronstrahlung geringer ist. Linearbeschleuniger haben dieses Problem nicht. Wo ein Nachteil, da ist manchmal auch ein Vorteil: Auch die Synchrotronstrahlung kann für wissenschaftliche und medizinische Anwendungen genutzt werden.

Vladimir Veksler publizierte 1944 das Prinzip des Synchrotrons, Die Arbeit in einer sowjetischen Zeitschrift war Edwin Mattison McMillan jedoch nicht bekannt, als er in den USA 1945 das erste Elektronensynchrotron konstruierte. Der Australier Mark Oliphant präsentierte in Europa 1952 das erste Protonen-Synchrotron und erreichte damit eine Energie von 1 GeV.

A 8.7 Edwin McMillan wehrte sich gegen Spezialisierungen, unter anderem den Unterschied zwischen Experimentalphysik und Theorie. Bei einer Hochenergiephysiktagung sagte er: „Any experimentalist, unless proven a damn fool, should be given one half year to interpret his own experiment"- „Jeder halbwegs vernünftige Experimentator sollte zumindest ein halbes Jahr darauf verwenden, seine eigenen Messwerte zu verstehen."
1951 erhielt er gemeinsam mit G. T. Seaborg den Nobelpreis für Chemie, für die Entdeckung von Transuranen.

Im selben Jahr lösten E. Courant, M. Livingston und H. Snyder das Problem der Strahlfokussierung durch eine spezielle Anordnung und Art der Ablenkungsmagnete. Der Siegeszug der Synchrotrone begann.

Zu den frühen Synchrotronen gehört das Bevatron des Lawrence Berkeley Laboratory (1950). Es beschleunigte Protonen auf bis zu 6,3 GeV. Das Cosmotron (1953) am Brookhaven National Lab war ebenfalls ein Proton-beschleuniger und erreichte 3,3 GeV.

Das derzeit größte Synchrotron wird am CERN betrieben und die Geschichte des CERN spiegelt auch die weitere Entwicklung der Beschleuniger wider. Im Jahr 1954 gründeten 12 europäische Staaten die Kernforschungsanlage CERN (Conseil Européen pour la Recherche Nucléaire), die derzeit von 23 Mitgliedstaaten getragen wird. Der erste Beschleuniger war ein 600 MeV Synchrozyklotron, das 1957 in Betrieb ging. Ab 1959 arbeitete diese Maschine jedoch nur mehr als Vor-beschleuniger, der Teilchen in das große Proton Synchrotron (PS) einspeiste. Der Durchmesser des PS betrug 200 m und Protonen wurden auf eine Energie von 28 GeV beschleunigt.

A 8.8 Als das CERN seinen ersten Beschleuniger gebaut hatte, so wird erzählt, waren die Landwirte der Umgebung sehr besorgt, ob die Strahlung negative Auswirkungen auf ihre Produkte habe. Sie glaubten, solche beobachtet zu haben, und strebten einen Prozess an, zogen die Klage allerdings zurück, als sie erfuhren, dass das Synchrotron noch nicht in Betrieb gewesen war.

Auch das PS ereilte dasselbe Schicksal und ab 1976 wurde es zum Vor-beschleuniger degradiert, und zwar für das Super Proton Synchrotron (SPS). Es hatte einen Umfang von 7 km und war der erste Beschleuniger, der auf schweizer und französischem Staatsgebiet lag. Die erreichte Teilchenenergie lag mit 400 GeV um 100 GeV über dem ursprünglich geplanten Limit (Abb. 8.4).

Der nächste Schritt stellte nicht nur eine beträchtliche Vergrößerung der Länge des Rings auf 27 km Umfang dar, es wurde auch die Art der beschleunigten Teilchen geändert, von Protonen auf Elektronen. 1989 liefen die ersten Elektronen im Kreis und erreichten eine Energie von etwa 100 GeV. Der Name der Maschine LEP steht für Large Electron–Positron Collider. Dieses Wort „Collider" wird gleich später etwas genauer erklärt werden.

Die letzte Stufe bisher bestand in einer Umwandlung des großen Rings LEP wiederum in eine Beschleunigungsanlage für schwerere Teilchen als Elektronen – LHC steht für Large Hadron Collider (Abb. 8.4). 2008/09 wurden Protonen auf eine Energie von 3,5 TeV gebracht. Ursprünglich sollte der LHC ab Ende 2011 umgebaut werden, um die Strahlenergie auf 7 TeV zu erhöhen. Allerdings erwartete man neue Entdeckungen, was auch

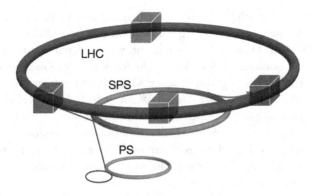

Abb. 8.4 Die Beschleuniger PS, SPS und LHC des CERN mit den vier „Underground Areas"

zutraf, und verschob die Erweiterung auf 2013. Danach ging der LHC mit dieser hohen Energie in Betrieb, wobei nicht nur Protonen, sondern auch Bleikerne beschleunigt wurden.

Zum Abschluss soll noch kurz auf die gewaltigen technischen Leistungen hingewiesen werden, die für diese Beschleuniger erforderlich waren. Um die Teilchenströme im Kreis und genau auf exakter Bahn zu halten, bedarf es sehr starker Magnete. Am LHC sind über die 27 km Länge 9 300 Magnete verteilt, darunter 474 Quadrupolmagnete, die die Teilchenstrahlbündel zusammendrücken, und 1 232 Dipolmagnete, also Magnete mit Nord- und Südpol, mit einer Länge von je 15 m. Das Dipolfeld der Elektromagnete hat eine Feldstärke von etwa 7 T. Um eine solche Stärke zu erzielen, müssen durch die Spulen Ströme von einigen zehntausend Ampere fließen. Dies gelingt nur mit Supraleitern aus einer Niob-Titan-Legierung, in denen der Strom annähernd verlustfrei fließt. Dazu muss allerdings eine Temperatur von minus 271 Grad Celsius, das ist zwei Grad über dem absoluten Null-punkt, aufrechterhalten werden. Die Kühlung wird durch flüssiges Helium erreicht, zur Vorkühlung wird flüssiger Stickstoff verwendet. Im Normal-betrieb benötigt CERN etwa 1,3 Terawattstunden Strom pro Jahr, das ist etwa die Hälfte des Verbrauchs der 200 000 Einwohner von Genf.

8.3 Teilchen beschleunigen – gegeneinander

Wie beim Linac und dem Betatron hatte auch für diese Idee Rolf Widerøe Impulse gegeben.

A 8.9 1943 berichtete Rolf Widerøe von einem Ferienerlebnis:
„An einem schönen Sommertag lag ich im Gras und betrachtete die vorüberziehenden Wolken. Dann stellte ich mir vor, was passieren würde, wenn zwei Autos frontal zusammenstießen. Wenn ein Auto mit der Geschwindigkeit v auf ein stehendes Fahrzeug von gleicher Masse prallt, beträgt die kinetische Energie ¼ mv² (unelastischer Stoß). Wenn jedoch beide Fahrzeuge mit gleicher Geschwindigkeit v frontal gegen einander stoßen, wird die vierfache Energie mv² generiert, obschon vor der Kollision nur die doppelte Energie vorhanden war. Das zeigt klar, dass Frontalkollisionen im Straßenverkehr vermieden werden müssen. Zusammenstöße von Protonen hingegen könnten von großem Nutzen für die Forschung sein."

Wiederholen wir Widerøes Überlegungen mit relativistischer Kinematik. In Abschn. 2.1. haben wir festgestellt, dass die Differenz des Quadrats der Energie zum Quadrat des Impulses eines Teilchens das Quadrat der Masse ergibt, nämlich

$$E^2 - p^2 c^2 = m^2 c^4.$$

Die Masse ist daher unabhängig vom Bezugsystem, sie ist eine „relativistische Invariante". Diese Invarianz gilt auch für eine Gruppe von Teilchen, wenn man deren Energien und Impulse addiert, zum Beispiel für zwei Teilchen einer Kollision,

$$(E_1 + E_2)^2 - (p_1 c + p_2 c)^2 = W^2$$

Die Größe W ist die relativistische Energie des Systems und sie ist die für die Teilchenproduktion wesentliche Größe.

Zur Vereinfachung betrachten wir Projektile und Targetteilchen gleicher Masse. Wir vergleichen die beiden Fälle. Im ersten Fall ruht das Targetteilchen und das Projektil hat die Energie E. Man kann zeigen: Wenn E viel größer als m ist, dann ist $W \sim \sqrt{2Emc^2}$.

Im zweiten Fall haben die beiden Projektile entgegengesetzte Impulse, die sich aufheben, und beide haben gleiche Energie E. Dann ist $W \sim 2\,E$ und daher viel größer.

Der in Wien geborene Bruno Touschek (1921–1978) arbeitete zu Beginn der 1940er Jahre mit Widerøe zusammen. Er kannte den Vorteil von Teilchenkollisionen und hatte eine geniale Idee: Derselbe Ring sollte zwei Gruppen von Teilchen gleichzeitig, aber gegenläufig beschleunigen! Dabei müssen die Teilchen natürlich entgegengesetzte elektrische Ladung tragen, wie zum Beispiel Elektron und Positron.

A 8.10 Bruno Touscheks Mutter war Jüdin und er überlebte die Kriegsjahre unter verschiedenen Namen und mit Hilfe von Freunden. Ab 1943 arbeitete er in Hamburg mit Rolf Widerøe. 1945 wurde er festgenommen und brach bei einem Todesmarsch in ein KZ zusammen. Nach einem Kopfschuss durch die Gestapo wurde er vermeintlich tot liegen gelassen. Er schaffte es in ein Krankenhaus, der Direktor informierte jedoch die Polizei und Touschek wurde wieder in ein Gefängnis eingeliefert, wo er bis zum Ende des Krieges verblieb.

Bruno Touschek entwarf und leitete den Bau des ersten Elektron-Positron-Colliders ADA („Anello d'Accumulazione") im italienischen Forschungszentrum Frascati in der Nähe von Rom. Nach der Fertigstellung 1960 wirkte er auch bei der Weiterentwicklung zum größeren Speicherring ADONE mit. Der sogenannte Touschek-Effekt beschreibt die Streuung und den Verlust geladener Teilchen in einem Speicherring.

A 8.11 Der erste Speicherring hatte den Namen ADA. Das war die Abkürzung für Anello d' Accumulazione, und Touschek freute sich, da dies auch der Name seiner Tante war.

A 8.12 Über Touschek gab es viele Anekdoten, in vielen Variationen. In die Bauzeit des Synchrotrons fällt die Geschichte des Motorradunfalls, woraufhin Touschek nach einem Aufprall auf die Rückseite eines Lastwagens mit einer leichten Gehirnerschütterung ins Krankenhaus nach Frascati eingeliefert wurde. Da Touschek verwirrt wirkte, wurde er in die neurologische und psychiatrische Abteilung eingewiesen. Der Stationsleiter untersuchte ihn und fragte, wer er sei und, was passiert sei. Touschek, vielleicht noch unter Schock, und in seinem eigentümlichen Italienisch mit starkem österreichischen Akzent, sagte, wenn man eine Zeitumkehrung durchführt, könnte man sagen, dass er von einem rückwärts fahrenden Lastwagen angefahren wurde. Dann fügte er hinzu, dass er Direktor des Graduiertenprogramms für Physik an der Universität Rom sei. Dem Arzt erschien die ganze Geschichte unwahrscheinlich, und er verordnete dem Patienten eine Elektroschocktherapie. An diesem Punkt stoppte der junge Praktikant Valentino Braitenberg, der später ein bekannter Neurobiologe wurde, den Vorgang mit den Worten: Tu es nicht! Er könnte ein theoretischer Physiker sein.
In einer anderen Variante der Anekdote antwortet Touschek auf die Frage, was er tue: „Inverto il tempo" (Ich drehe die Zeit um), da er sich gerade mit dem Problem der Zeitumkehr befasste.

A 8.13 Bruno Touschek verliebte sich in Rom in eine Schottin. Die Hochzeit fand in Schottland statt. Anstatt eines einfachen „yes" musst man seine Absicht durch folgenden Satz bekunden „I shall always be faithful to my lawful wife." Der gestresste Touschek vertat sich etwas: „I shall always be faithful to my awful wife."
Im Jahr 1967 wurde Bruno Touschek eine Professur in Wien angeboten. Er lehnte die Berufung mit folgenden Worten ab: „Ich bin von Wien, meine Frau aus Schottland, und darum ist es besser, wenn unsere Kinder in einem dritten Land aufwachsen."

Die Idee der Collider, um für Teilchenreaktionen immer höhere Energien bereit stellen zu können, war ungemein erfolgreich und wurde in der Folge in verschiedensten Laboratorien umgesetzt. In den 70 Jahren seit der Konstruktion von ADA wurde die Energie der Teilchen, aber auch die Strahlstärke, genauer die Kollisionen pro Fläche und Zeit (Luminosität), um fünf Größenordnungen (Faktor 100 000!) erhöht.

1991 wurde in Waxahachie nahe Dallas, Texas, mit dem Bau eines Superconducting Super Colliders (SSC) begonnen, in dem man Protonen bis zu 20 TeV beschleunigen und miteinander kollidieren wollte. 1993, als 25 % des Ringtunnels mit geplantem 87 km Umfang fertiggestellt waren, wurde der Bau durch den US-Kongress 1993 eingestellt. Grund war vor allem eine exorbitante Zunahme der Baukosten.

Neben dem bereits vorgestellten LHC in CERN arbeitet derzeit noch RHIC (Relativistic Heavy Ion Collider) im Brookhaven National Laboratory auf Long Island bei New York. In einem Ring mit 3,8 km Länge werden Protonen und schwere Ionen auf Energie um die 100 GeV beschleunigt. Mit einer Länge von 6,3 km war das Tevatron am Fermilab in der Nähe von Chicago noch größer, es beschleunigte Protonen und Antiprotonen auf eine Energie von 980 GeV. Das Tevatron wurde allerdings 2011 geschlossen.

A 8.14 Damit die Nachwelt an den zweitgrößten Beschleuniger der Welt erinnert wird, wurde über dem stillgelegten Tunnel des Tevatrons ein Landstreifen markiert, sodass man auch aus großer Höhe die Ausmaße des ehemaligen Bauwerks erkennen kann.

Der größte Elektron-Positron Collider war LEP (Large Electron–Positron Collider), gewissermaßen der Vorgänger des LHC, da die Elektronen/Positronen im selben 27 km langen Ring beschleunigt worden waren. LEP war von 1989 bis 2000 in Betrieb, nach einigen Adaptierungen wurden zuletzt Strahlenergie von 104,5 GeV erreicht, Elektronen und Positronen umrundeten den Ring 11 200 mal in der Sekunde.

Elektron-Positron Collider arbeiten derzeit in Japan bei KEK mit einer Teilchenenergie von 7 GeV (Elektronen) und 4 GeV (Positronen), am BINP in Novosibirsk (6 GeV), in Peking (1,89 GeV) und in Frascati (0,7 GeV).

A 8.15 Die Positionierung von LEP war auf Millimeter genau, man musste die Gezeiten berücksichtigen oder eine Senkung, wenn sich der Genfer See im Frühling mit Schmelzwasser füllt. Unregelmäßigkeiten, die jeweils um die Mittagszeit auftraten, gaben vorerst Rätsel auf. Die Lösung bestand im französischen Hochgeschwindigkeitszug TGV auf der Strecke von Genf nach Lyon, der schwache elektrische Ströme auslöste. Bei der Inbetriebnahme hatte man die Störungen nicht gesehen, weil zu dieser Zeit die französischen Eisenbahner in Streik waren.

Protonen und Elektronen sind häufige Teilchen in unserer Umgebung, sodass es keine große technische Herausforderung darstellt, daraus Strahlen genügender Intensität zu generieren. Wie sieht es aber mit den Antiteilchen aus, die benötigt werden, um gegenläufig in den Ringen beschleunigt und letztlich auf Kollisionskurs zu den Teilchen gelenkt zu werden? Bei LEP wurden Elektronen durch Glühkathoden erzeugt. Ein Teil davon wurde auf ein Wolfram-Target geschossen und abgebremst. Dabei entstehende Gammastrahlen wandeln sich in Positron-Elektronpaare. Danach wurden beide Teilchensorten in einem Linac beschleunigt. Um eine genügend hohe Strahlintensität zu erreichen, wurden die Teilchen in einem Speicherring gesammelt, die Elektronen bewegten sich im Uhrzeigersinn, die Positronen entgegen. Zuletzt wurden die Teilchen über das SPS in den LEP eingespeist. Auch Antiprotonen werden durch Beschuss von Protonen auf ein Target erzeugt, technische Herausforderungen sind die Separierung und Speicherung.

8.4 Teilchen beschleunigen – und zählen

Rutherfords Experiment bestand darin, α-Teilchen zu zählen, und zwar wie viele in welchem Winkel nach außen fliegen. Prinzipiell hat sich inzwischen nicht sehr viel verändert, lediglich die Arten des Nachweises und der Zählung wurden laufend verbessert.

Die Beschleunigerexperimente sind oft mit der Kollision von zwei Uhren bei hoher Energie verglichen worden, wobei man aus den Bruchstücken, den Rädchen, Schräubchen und Federchen die Funktionsweise der Uhren ermitteln will. Für die einlaufenden Teilchen (Projektile und Target oder Projektile bei Kollisionen) kennt man Impuls und Richtung. Die auslaufenden Teilchen werden durch verschiedene Detektoren gemessen. '

Eine zentrale Messgröße ist der Wirkungsquerschnitt. In der klassischen Mechanik ist das die effektiv streuende Fläche, die Querschnittsfläche. In Teilchen-Streuexperimenten ist er die effektive wirkende Fläche, ein Maß für die Streuwahrscheinlichkeit.

Wenn man mit einem Luftdruckgewehr am Jahrmarkt auf Dosen schießt, dann gibt es nur zwei Möglichkeiten. Entweder man trifft oder man schießt daneben. Die entscheidende Größe ist die Fläche des Querschnitts der Dose, eben der „Wirkungsquerschnitt". In der mikroskopischen Quantenwelt gibt es nicht nur die zwei Möglichkeiten „getroffen" oder „daneben". Projektile können durch Direkttreffer reflektiert werden, wie das Rutherford erkannt hat, sie können aber auch mehr oder weniger abgelenkt werden. Wenn eine Ablenkung erfolgt, gibt man auch hier eine effektiv „wirkende Fläche", einen Wirkungsquerschnitt, an. Der Wirkungsquerschnitt wird in der Einheit barn angegeben ($1 \, b = 10^{-24} \, cm^2 = 100 \, fm^2$).

> **A 8.16** Barn bedeutet auf deutsch „Scheune".
> 1942 suchte man einen Ausdruck für eine Fläche von $10^{-24} \, cm^2$. Namen von berühmten Physikern wurden diskutiert (zum Beispiel Oppie für Oppenheimer). Letztlich setzte sich folgende Idee durch: Diese Fläche ist zwar sehr klein, für Kernteilchen jedoch so groß wie ein Scheunentor.

Der Wirkungsquerschnitt gibt an, wie reaktionsbereit Teilchen füreinander sind. Trägt man den Wirkungsquerschnitt als Funktion der Teilchenenergie auf, so können sich lokale Maxima zeigen (Abb. 8.5), sogenannte Resonanzen oder „angeregte Zustände". Der Grund dafür ist die kurzfristige Bindung der beteiligten Teilchen.

Aus der Breite einer Resonanz kann sogar auf die Lebensdauer dieses gebundenen Zustands geschlossen werden. Typische hadronische Resonanzbreiten um die 50–200 MeV entsprechen einer mittleren Lebensdauer von ungefähr 10^{-23} s. Aus der Information, wie viele Teilchen durch den Stoßprozess in welchen Raumwinkel abgelenkt werden, kann die Drehimpulsquantenzahl bestimmt werden. Auf diese Weise sind weit über hundert Zustände gefunden und charakterisiert worden.

Teilchenspuren in Fotoemulsionen oder Blasen- und Nebelkammerbilder haben wir schon besprochen. Szintillationszähler (Auslösen von Lichtblitzen durch Teilchen), Funkenkammern (Funkenüberschlag durch Teilchen),

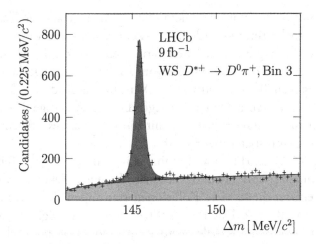

Abb. 8.5 LHCb collaboration: Signal für eine Resonanz im $D^0\pi^+$ Kanal (Beispiel für einen Wirkungsquerschnitt.) [LHCb collaboration: CERN-EP-2022–150/LHCb-PAPER-2022–017 September 8, 2022, licensed CC-BY-4.0]

Kalorimeter (Bestimmung der Energie eines Teilchens), Driftkammern (Auslösen von Elektronenlawinen) aber auch teilchenspezifische Myonkammern sind weitere Nachweismöglichkeiten für den Durchgang von Teilchen.

Moderne Detektoren bei Beschleunigerexperimenten bestehen aus einer Reihe dieser Apparaturen, die wie die Schalen einer Zwiebel um die Kollisionsstelle angeordnet sind. Durch Vergleich der Signale kann nicht nur auf die Anwesenheit eines Teilchens, sondern auch auf dessen Art und Ladung sowie auf Impuls und Energie geschlossen werden. Wenn man weiß, welche Energie beim Stoßprozess frei wird, so kann durch Aufsummierung aller gemessenen Spuren sogar darauf geschlossen werden, welche Teilchen mit welchen Energien nicht detektiert wurden, wie zum Beispiel Neutrinos.

War es zu Beginn der Experimente das Bemühen, möglichst jede Spur genau zu vermessen, so hat sich durch die drastische Erhöhung der an einem Ereignis freiwerdenden Energie, aber auch durch die große Anzahl der Stoßprozesse pro Zeiteinheit, ein anderes Problem aufgetan, nämlich das der zu großen Menge an Daten.

Wir wollen dies an einem Beispiel illustrieren, nämlich dem Detektor CMS (Compact Muon Solenoid), der zur Entdeckung des Higgs-Teilchens eingesetzt wurde. Der Name deutet bereits an, dass das Hauptaugenmerk auf die Detektion von Myonen gelegt ist, der Magnet zur Teilchenablenkung ist in Solenoid-Form. Der gesamte Detektor ist 21 m lang, hat einen Durchmesser von 16 m und ist aus rund 100 Mio. Einzelteilen gefertigt. Er ist 12,5 t schwer und kostete 350 Mio. EUR. Den Kern des Detektors bildet ein Spurendetektor, mit dem die Bahnen geladener Teilchen auf 0,01 mm genau bestimmt werden. In einem danach angeordneten Kalorimeter wird die Energie der Teilchen vermessen. Ganz außen befinden sich die Myonkammern, die eine Fläche von 18 000 m² überdecken und eine Ortsauflösung von 0,2 mm aufweisen. Warum wurde dieser Schwerpunkt auf die Erkennung von Myonen gelegt? Der gleichzeitige Nachweis von vier Myonen ist ein starker Hinweis auf die Existenz des gesuchten Higgs-Bosons, doch davon später mehr.

Im LHC wurde 2011 eine Luminosität von $4,7 \times 10^{34}$ Teilchen pro Quadratzentimeter und Sekunde erreicht. In einer Sekunde würden auf einem cm² entsprechend viele Kollisionen stattfinden. Die großen Experimente erfassen all diese Daten in Echtzeit, wie eine Digitalkamera. Über 100 Mio. elektronische Kanäle werden 40 Mio. Mal pro Sekunde ausgelesen.

Zum allergrößten Teil (99,999 %) sind die Stoßprozesse, also welche Teilchen entstehen und mit welcher Energie unter welchem Winkel wegfliegen, gut bekannt und damit uninteressant. Ein sogenanntes Triggersystem sorgt dafür, dass die Daten dieser Prozesse gar nicht aufgezeichnet werden: In einer ersten Stufe sind Ausschlusskriterien bereits in den einzelnen Detektoren implementiert (Hardware Tracking Trigger), in einer zweiten werden Daten miteinander verglichen (Software-basiertes High Level Triggering). Insgesamt werden beim CMS aus Millionen Ereignissen pro Sekunde die etwa hundert interessantesten ausgewählt.

Beim Detektor CMS sind insgesamt mehr als 150 (!) Institutionen weltweit beteiligt. Dementsprechend ist auch die Datenauswertung dezentralisiert, wobei viele Hochleistungsrechner eingebunden sind. Aufgebaut ist das System auf drei Ebenen: Tier 0 betrifft die Erstauswertung bei CERN; Tier 1 umfasst sieben Rechenzentren, die die Rohdaten nochmals evaluieren; Tier 2 sind etwa 40 Institutionen, die die Daten detailliert und teils mit individueller Software analysieren.

Literatur und Quellennachweis für Anekdoten und Zitate

A 8.1: Aus einem Vortrag von Werner Riegler (Technischer Leiter von ALICE) „Die lange Reise der Antikerne", München, 1. 2. 2023.

A 8.2 www.britannica.com/biography/Robert-Jemison-Van-de-Graaff

A 8.3 www.lindahall.org/about/news/scientist-of-the-day/john-cockroften.wikipedia.org/wiki/MAUD_Committee

A 8.4 www.britannica.com/biography/Luis-Alvarez

A 8.5 Sørheim (2015), S. 227 und S. 345

A 8.6 www.nasonline.org/publications/biographical-memoirs/memoir-pdfs/lawrence-ernest.pdf , S. 265

A 8.7 www.nasonline.org/publications/biographical-memoirs/memoir-pdfs/mcmillan-edwin.pdf

A 8.8 C. B. Lang, eigene Erinnerung

A 8.9 www.sps.ch/artikel/physik-anekdoten/rolf-wideroee-und-das-betatron-13

A 8.10, A 8.11 cds.cern.ch/record/135949?ln=de

A 8.12 Aus Bruno Touschek: From Betatrons to Electron–Positron Colliders, C.Bernardini et al., Reviews of Accelerator Science and Technology, 08 (2015), World Scientific; https://doi.org/10.1142/S1793626815300133

A 8.13 Thirring (2008), S. 81

A 8.14 www.nytimes.com/2011/01/18/science/18collider.html

A 8.15 cerncourier.com/a/the-greatest-lepton-collider/

A 8.16 physicstoday.scitation.org/doi/10.1063/1.3070918

Sørheim (2015) Aashild Sørheim: Von einem Traum getrieben. Forlaget Historie & Kultur AS, Oslo, Norway und Springer Berlin

Thirring (2008) Walter Thirring „Lust am Forschen" Seifert Verlag, Wien

9

Leptonen und Hadronen

Zusammenfassung Lange herrschte die Meinung vor, dass es nicht möglich sei, die elektrisch neutralen und nur schwach wechselwirkenden Neutrinos in einem Experiment zu finden. Im Jahr 1956 gelang es doch, die Elektron-Neutrinos nachzuweisen. Anfang der 1960er Jahre konnte man bestätigen, dass ein weiteres Neutrino, das Myon-Neutrino, existierte. Wir besprechen auch hadronische angeregte Zustände, sogenannte Resonanzen, und deren Zerfälle.

9.1 Leptonen

Anfang der 1950er Jahre waren bereits einige Leptonen bekannt: Elektron, Positron, Myon und (Anti)Neutrino (siehe Kap. 3). Das Elektron kann in einem Betazerfall entstehen, gemeinsam mit einem neutralen Teilchen, das vorerst als Neutrino bezeichnet wurde. Das Myon war 1936 in der kosmischen Strahlung entdeckt worden. Und das Positron entpuppte sich als das Antiteilchen des Elektrons. Bis auf das Neutrino waren diese Teilchen experimentell gut nachgewiesen.

Warum entzog sich das Neutrino so hartnäckig einer Entdeckung? Neutrinos sind elektrisch neutral und wechselwirken schwach. Und dieses „schwach" ist wirklich schwach. So wissen wir, dass durch die Kernreaktionen in der Sonne enorme Mengen von Neutrinos produziert werden und radial nach außen fliegen. Selbst auf der Erde langen noch sehr viele davon an: Jede Sekunde fliegen 100 Billionen solare Neutrinos durch

C. B. Lang und L. Mathelitsch, *Haben Sie eines gesehen?*,
https://doi.org/10.1007/978-3-662-67972-2_9

unsere Körper, und ungefähr ebenso viele aus anderen kosmischen Quellen. Dennoch bemerken wir die vielen Teilchen nicht – weil sie eben nur sehr schwach wechselwirken und nahezu ungehindert durch uns hindurchgehen. Wie konnte man die Neutrinos dennoch experimentell nachweisen?

9.1.1 Elektron-Neutrino

Bereits Wolfgang Pauli, der „Erfinder" der Neutrinos, hat bezweifelt, dass man diese Teilchen jemals finden würde. In einer Arbeit aus dem Jahr 1934 berechneten Rudolf Peierls und Hans Bethe, wie leicht Neutrinos durch die Erde fliegen könnten, ohne eine Reaktion zu verursachen. Sie kamen zu dem Schluss, dass „es praktisch keine Möglichkeit gibt, das Neutrino zu beobachten." Dennoch schlug Bruno Pontecorvo 1946 eine Methode vor, mit der man Neutrinos nachweisen könne.

Dazu müssen wir uns den Betazerfall des Neutrons $n \rightarrow p + e^- + \bar{\nu}_e$ näher ansehen. Bei ausreichender Energie kann der „Zerfall" auch in umgekehrter Richtung stattfinden. Man kann den Prozess als eine Art Bilanzgleichung sehen und auch die Teilchen die Seiten wechseln lassen oder einlaufende Teilchen in auslaufende Antiteilchen verwandeln (Abb. 9.1):

a. $n \rightarrow p + e^- + \bar{\nu}_e$ (Betazerfall)
b. $p \rightarrow n + e^+ + \nu_e$ (Solare Neutrinos, möglich im Sonnenplasma)
c. $n + \nu_e \rightarrow p + e^-$ (Neutrino-Einfang)
d. $p + \bar{\nu}_e \rightarrow n + e^+$ (Antineutrino-Einfang)

Pontecorvo schlug vor, den Antineutrino-Einfang (Reaktion d) zur Messung zu verwenden. Das so entstandene Positron reagiert mit einem Elektron aus der Umgebung und beide zerstrahlen zu zwei Gammaquanten. Das Neutron lagert sich einem Atomkern an, wobei ein drittes Gamma abgestrahlt wird. Die simultane Beobachtung von drei Gammas ist ein deutliches Signal

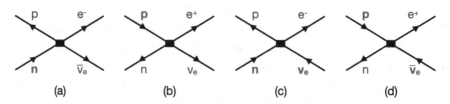

Abb. 9.1 Betazerfall-Variationen gemäß den Reaktionen (a) – (d). Einlaufende Teilchen sind rot und fett gekennzeichnet

für einen Antineutrino Einfang. Die Wahrscheinlichkeit für eine solche Reaktion ist sehr, sehr klein, 20 Zehnerpotenzen kleiner als die bei üblichen Kernreaktionen. Um dennoch ein Signal zu sehen, muss man einen starken Neutrinostrom zur Verfügung haben und/oder ein großes Volumen überwachen können.

A 9.1 Ab 1951 unterstützte das Los Alamos National Laboratory Cowan und Reines bei dem Versuch, das geisterhafte Neutrino nachzuweisen. Das Unternehmen erhielt den Namen „Poltergeist".

Clyde Cowan and Frederick Reines begannen 1951 mit der Planung eines Experiments der vorgeschlagenen Art. Als Antineutrinoquelle schlugen sie zuerst eine Atombombe vor, wurden dann aber überzeugt, dass ein Reaktor eine längere Beobachtungdauer erlaubte.

Sie führten ihr Experiment 12 m unter der Erde durch, um störende kosmische Strahlung abzuschirmen, und platzierten es in 11 m Abstand von einem Reaktor des Savannah-Fluss-Kernkraftwerks, um den starken Antineutrinofluss zu nutzen. Zwei Tanks mit je 200 Liter Wasser und 40 kg Cadmiumchlorid $Cd\,Cl_2$ waren umgeben von Szintillatoren, welche die Gammas in messbare Lichtblitze verwandelten. Cadmium absorbiert Neutronen effizient und strahlt dabei ein Photon ab. Cowan and Reines fanden im Mittel drei Signale pro Stunde. Sie publizierten ihre Ergebnisse 1956 nach einer Messzeit von mehreren Monaten.

Erst 1995, fast 40 Jahre später, wurde Frederick Reines (gemeinsam mit Martin Perl) mit dem Nobelpreis ausgezeichnet. Da war Clyde Cowan schon lange verstorben.

A 9.2 Als Bethe erfuhr, dass er sich geirrt hatte, sagte er: „Nun, man sollte nicht alles glauben, was man in den Zeitungen liest."

Clyde Lorrain Cowan (1919–1974) wurde in Detroit geboren, wuchs aber in Missouri auf und graduierte 1940 an der Missouri School of Mines and Metallurgy. Schon ab 1936 war er in Reserveoffizier-Ausbildung und ab 1941 trat er der US Army bei. Er beendete den aktiven Dienst 1946 und konnte, unterstützt durch ein Wiedereingliederungsprogramm für Veteranen, an der Washington University in St. Louis studieren. Nach der Erlangung des Doktorgrades 1949 wurde er im Los Alamos Scientific Laboratory beschäftigt, wo er Frederick Reines kennenlernte. Sie arbeiteten an ihrem Experiment von 1951 bis zur Publikation 1956. Nach kurzer Lehrtätigkeit an der George Washington University in Washington, D.C., wechselte Cowan an die Catholic University of America in Washington, D.C., wo er bis zu seinem frühen Tod blieb.

Frederick Reines (1918–1998) stammte aus New Jersey und war das Kind russischer Einwanderer.

> **A 9.3** Reines sang im Chor und als Solist. Eine Zeitlang erwog er die Möglichkeit einer Gesangskarriere und er wurde von einem Gesangslehrer der Metropolitan Opera kostenlos unterrichtet, weil die Familie nicht das Geld dafür aufbringen konnte.

Obwohl er zu einem Studium am MIT zugelassen wurde, studierte er lieber am Stevens Institute of Technology in Hoboken, New Jersey, wo er 1941 als Master of Science im Fach mathematische Physik abschloss. Sein Doktoratsstudium an der New York University schloss er 1944 ab. Richard Feynman holte ihn in seine Arbeitsgruppe im Manhattan Projekt in Los Alamos. 1946 wurde er selbst Leiter der „Theory of Dragon" Gruppe. Der Dragon (Drache) war ein Gerät, mit dem man für kurze Augenblicke Plutonium in einen kritischen Zustand bringen konnte. Ab 1951 wurde Reines für die Planung und Durchführung des Neutrino-Experiments freigestellt. Nach der Publikation 1956 befasste er sich weiterhin mit Neutrinophysik. 1966 wurde er Gründungsdekan für Naturwissenschaften an der neu gegründeten University of California, Irvine.

Wenn eine große Sonne am Ende ihrer Lebenszeit kollabiert und zu einer Supernova wird, dann wird in diesem Prozess eine gewaltige Anzahl von Neutrinos frei. Reines hatte die Möglichkeit erkannt, dass seine Detektoren den Anstieg des kosmischen Neutrinoflusses im Fall einer Supernova messen könnten. Er hatte Glück: 1987 gab es die Supernova SN1987A. Die Irvine–Michigan–Brookhaven Kollaboration konnte in 10 s 19 Ereignisse messen, während sonst nur wenige Neutrinos pro Tag gefunden wurden. Es war der Beginn der Neutrino-Astronomie.

9.1.2 Myon-Neutrino

Nicht nur beim Betazerfall, auch beim Zerfall von geladenen Pionen treten Neutrinos auf:

$$\pi^+ \to \mu^+ + \nu.$$

Allerdings war die allgemeine Meinung, dass es sich bei diesen Neutrinos um dieselben wie beim Betazerfall handelte. Dass dies ein Irrtum war, zeigte sich bei der Lösung eines anderen Rätsels. Man wunderte sich, warum ein Myon nicht in ein Elektron zerfällt:

$$\mu^- \nrightarrow e^- + \gamma.$$

Da das Elektron leichter als das Myon ist, sprach nichts gegen eine solche Reaktion, die jedoch trotz emsiger Suche nicht entdeckt wurde. Im Sommer 1960 zeigten C.N. Yang und T.D. Lee, dass die Nicht-Beobachtung dieser Reaktion nur erklärbar wäre, wenn sich das Myon grundlegend vom Elektron unterscheidet, mit der Folge, dass es zwei Sorten von Neutrinos gibt. Ein Neutrino wäre der Elektron-Familie zugehörig, das andere der Myon-Familie. Der Zerfall des Pions kann damit auf folgende Weise erfolgen:

$$\pi^- \rightarrow \mu^- + \bar{v}_\mu \text{ und } \pi^+ \rightarrow \mu^+ + v_\mu.$$

Aber wie kann man das nachweisen? Wenn man hochenergetische Protonen auf ein Target schießt, dann entstehen unzählige Teilchen aller möglicher Arten. Schirmt man diese Teilchenflut durch dichte Materie ab, dann kommen nur die am wenigsten wechselwirkenden Teilchen durch die Abschirmung und das sind Neutrinos. Experimentalphysiker nennen dies ein „Beam Dump Experiment".

Um 1960 waren nahezu gleichzeitig das Protonensynchrotron (PS) am CERN und das Alternating Gradient Synchrotron (AGS) des Brookhaven National Lab fertiggestellt worden. Den Wettstreit hatte CERN 1959 gewonnen, einige Monate danach erreichte allerdings das AGS eine Protonenenergie von 33 GeV und wurde damit der weltweit leistungsstärkste Beschleuniger.

Leon Lederman, Melvin Schwartz und Jack Steinberger führten ihr Beam Dump Experiment am AGS aus (Steinberger dankte Bruno Pontecorvo für den von ihm 1959 geäußerten Vorschlag für ein solches Experiment). Mit einer zehn Tonnen schweren Funkenkammer konnten sie durch Neutrinos angeregte Zerfälle identifizieren und zeigen, dass es neben den Elektron-Neutrinos auch Myon-Neutrinos gibt (1962). Sie beobachteten, dass, wenn Strahlen der Myon-Neutrinos auf Targets trafen und in Leptonen konvertierten, die elektrische Ladung ausnahmslos von einem Myon getragen wurde. Im Fall der Elektron-Neutrinos werden nur Elektronen erzeugt, keine Myonen. Für diese Entdeckung erhielten sie 1988 den Nobelpreis für Physik.

Damit kannte man Anfang der 1960er Jahre zwei Leptonen-Paare sowie deren Antiteilchen: e^-, v_e und μ^-, v_μ.

A 9.4 Die Arbeit wurde in der Welt der Physik als „das Zwei-Neutrinos-Experiment" bekannt, worüber Lederman scherzte, dass „die zwei Neutrinos" wie eine italienische Tanzgruppe klangen.

Leon Max Lederman (1922–2018) stammt aus New York City und war das Kind ukrainischer Einwanderer. Nach seinem Undergraduate Studium am City College of New York ging er 1943–1946 zur US Army. Er studierte danach an der Columbia University und promovierte 1951 (Betreuer: Isidor Isaac Rabi). Im Rahmen seiner Doktorarbeit baute er eine Wilson Nebelkammer. Er blieb an der Columbia University und wurde 1958 zum Professor ernannt. Von 1979 bis 1989 war er Leiter von Fermilab, danach wechselte er ans Illinois Institute of Technology.

A 9.5 „Physik ist keine Religion", pflegte Lederman zu witzeln. „Wenn es so wäre, hätten wir es viel einfacher, Geld zu sammeln."

A 9.6 Lederman begann 2011 unter Gedächtnisverlust zu leiden und musste, nachdem er mit Arztrechnungen zu kämpfen hatte, seine Nobelmedaille für 765 000 US$ verkaufen, um die Kosten im Jahr 2015 zu decken. Er starb 2018 im Alter von 96 Jahren in einer Pflegeeinrichtung an den Folgen einer Demenzerkrankung.

Melvin Schwartz (1932–2006) stammt aus New York. Er studierte an der Columbia University, wo er 1958 (Betreuer: Jack Steinberger) promovierte und dort als Assistent Professor, später Full Professor angestellt wurde. Bereits ab 1956 arbeitete er auch am Brookhaven National Laboratory. Anfang der 1960er Jahre waren Lederman, Schwartz und Steinberger gleichzeitig an der Columbia University. Schwartz wurde nach eigener Aussage durch T.D. Lee zum Experiment inspiriert. 1966, vier Jahre nach dem bahnbrechenden Experiment, wechselte Schwartz an die Stanford University, 1991 wurde er Associate Director am BNL und wieder Professor an der Columbia University. Er emeritierte 2000.

Jack Steinberger (1921–2020) wurde als Hans Jakob Steinberger in Bad Kissingen in Bayern geboren. 1934 schickten seine Eltern ihn und seinen Bruder als Emigranten in die USA. 1938 folgte ihm seine Familie. Steinberger studierte Elektrotechnik am Armour Institute of Technology, dem heutigen Illinois Institute of Technology, musste aber aus finanziellen Gründen abbrechen. Er trat in den Militärdienst ein und erhielt ab 1946 finanzielle Unterstützung für Veteranen und konnte so an der University of Chicago, betreut von Edward Teller und Enrico Fermi, dissertieren. 1948 verbrachte er ein Jahr in Princeton, danach am Radiation Lab der University of Berkeley.

Bald nach Beendigung des 2. Weltkriegs begann der „Kalte Krieg". Man befürchtete Unterwanderung durch sowjetische Agenten. In Kalifornien mussten Staatsbedienstete, damit auch Angestellte der University of California, einen Eid leisten, dass sie keine Kommunisten seien und deren Ziele nicht befürworteten. Am Beginn eines Jahrzehnts der Furcht vor „unamerikanischen" Umtrieben und des aktiven Anti-Kommunismus stand die Rede des Senators Joseph McCarthy 1950.

Steinberger weigerte sich, den „Non-Communist Oath" zu unterzeichnen und musste 1950 Berkeley verlassen. Er nahm eine Fakultätsstelle an der Columbia University in New York an, die nicht an den „Levering Act" gebunden war. Die Universität hatte eine Forschungsstätte in Irvington, New York, das Nevis Laboratory. Dort stand ab 1950 ein Mesonenstrahl zur Verfügung. Die Mesonen entstanden bei der Bestrahlung von Beryllium mit Protonen aus dem 400 MeV Nevis Synchrocyclotron, wurden durch geeignete Ablenkfelder aussortiert und konnten durch einen Kanal das Zyklotron verlassen. Steinberger experimentierte mit Pionenstrahlen und verschiedenen Targets, dabei fand er auch das neutrale Sigma Hyperon, ein Baryon mit Strangeness. Ab 1960 führte er mit Leon Lederman und Melvin Schwartz Experimente in Brookhaven zur Identifikation des Myon-Neutrinos durch.

Ab 1968 war Steinberger Leiter der Experimentalphysik Division am CERN und beteiligte sich dort an mehreren Experimenten und Entwicklungen. Er war Sprecher der ALEPH Kollaboration, die am Large Electron–Positron Collider (LEP) durch präzise Messungen zum Z-Boson Aussagen über die Zahl der Quark- und Lepton-Familien machen konnte. 1986 verließ er CERN und lehrte an der Scuola Normale Superiore di Pisa in Italien.

Anlässlich seines 80. Geburtstags 2001 wurde seine ehemalige Schule in Bad Kissingen in Jack-Steinberger-Gymnasium umbenannt.

A 9.7 Seine Aufnahme als Flüchtling in den USA hat Steinberger nie vergessen. Er spendete seine Nobelpreismedaille seiner alten Schule, der New Trier High School in Winnetka, Illinois, und bemerkte, dass dieser „gute Anfang eines von mehreren wichtigen Privilegien in meinem Leben" gewesen sei.

9.2   Hadronen

Zu Beginn der 1950er Jahre waren folgende Hadronen bekannt: Proton, Neutron, Pion und Kaon. Von diesen ist nur das Proton stabil, das Neutron zerfällt außerhalb der Atomkerne durch Betazerfall mit einer mittleren Lebensdauer von rund 15 min. Proton und Neutron zählen zu den Baryonen, Pionen und Kaonen, von denen es zusätzlich unterschiedlich geladene Versionen gibt, sind Mesonen. Diese zerfallen viel rascher als Neutronen, nämlich mit einer mittleren Lebensdauer von 10^{-8} s (geladene Pionen und Kaonen) bis 10^{-17} s (neutrales Pion). In der Folge zeigte sich die Familie der Hadronen aber als weit vielzähliger und unübersichtlicher als die der Leptonen. Die Mesonen bezeichnete man mit kleinen griechischen Buchstaben (Ausnahme: K für Kaonen), Baryonen mit großen griechischen Buchstaben.

Die Zahl der in Experimenten gefundenen Mesonen nahm rasant zu. Bereits am Bevatron des Lawrence Berkeley National Laboratory wurden seit 1954 Pionen durch Aufprall von Protonen auf verschiedene Materialien in solcher Anzahl erzeugt, dass daraus Strahlen gebildet werden konnten. Diese wurden wiederum zur Wechselwirkung mit Materie gebracht. 1961 hat eine Gruppe um Aihud Pevsner Pionen an Deuteronen (die Kerne des schweren Wasserstoffs Deuterium) gestreut. Signale im Wirkungsquerschnitt wiesen auf ein Teilchen mit einer Masse von 547 MeV hin, das den Namen η („eta") erhielt.

A 9.8 Aihud Pevsner wurde 1925 in Haifa geboren, sein Vater stammte aus Weißrussland, seine Mutter aus Jerusalem. Er war drei Jahre alt, als die Familie nach Amerika auswanderte. Pevsner studierte an der Columbia University, nach einigen Jahren am MIT wurde er 1956 Professor an der Johns Hopkins University. Zu Ehren dieser Universität wurde das neu entdeckte Teilchen „η" (eta) genannt, dem altgriechischen Buchstaben für H – Hopkins.

In weiteren Experimenten in Berkeley und Brookhaven wurde eine Reihe von Vektormesonen (Spin 1) entdeckt: das ω (780 MeV/c^2), das ρ (770 MeV/c^2), das φ (1020 MeV/c^2). Im Jahr 1999, 37 Jahre nach dem ersten Nachweis des φ -Mesons, wurde in Frascati ein Beschleuniger namens DAφNE, eine „φ -Fabrik" gebaut, um φ -Mesonstrahlen in genügender Intensität zu erzeugen und damit Experimente durchzuführen. Der Name steht für „Double Annular φ Factory for Nice Experiments".

Genau wie die Entdeckung dieser und noch weiterer Mesonen erfuhren auch die Baryonen einen enormen Zuwachs: Λ, Σ, Ξ, Ω (Lambda, Sigma,

Xi, Omega). Wie wir in den nächsten Kapiteln sehen werden, gab es für das Ω und andere Teilchen bereits theoretische Hinweise zu ihrer Existenz, und es konnten die Teilchen aufgrund vorhergesagter Eigenschaften gezielt gesucht werden.

Neben den relativ langlebigen Baryon-Grundzuständen mit mittlerer Lebensdauer von 10^{-10} s entdeckte man immer mehr angeregte Zustände mit noch viel kürzerer Lebensdauer. Die Streuung von Pionen an Nukleonen, wie am Zyklotron der Universität Chicago oder dem Synchro-Zyklotron des Carnegie Institute of Technology, zeigte eine Reihe von Resonanzen, so zum Beispiel ein angeregtes Nukleon mit einer Masse von 1535 MeV/c^2 und eine Δ-Resonanz mit 1232 MeV/c^2. Die letztere tritt in vierfacher Ladung auf, als Δ^{++}, Δ^+, Δ^0 und Δ^-. Diese Resonanzen können alle in unterschiedlicher Form zerfallen, als Beispiel sind Umwandlungen der Nukleonresonanz N(1535) angeführt:

$$N\pi \to N(1535) \to N\eta,$$

$$N\pi \to N(1535) \to \Lambda K,$$

$$N\pi \to N(1535) \to \Sigma K,$$

$$N\pi \to N(1535) \to \Delta\pi.$$

Es zeigten sich in der Folge nicht nur Resonanzen des Nukleons bei höheren Energien, sondern auch bei den anderen Teilchen. In einem Überblicks-artikel listet der Autor Matts Roos bereits 1963 20 baryonische und über 50 mesonische Resonanzen auf. Eine Klärung dieser unübersichtlichen Lage, eine Ordnung im Teilchenzoo, wurde erst durch einen völlig neuartigen theoretischen Ansatz möglich.

A 9.9 Obwohl Enrico Fermi durch den Aufbau von Beschleunigern und den gezielten Experimenten zur Entdeckung vieler Teilchen und Resonanzen bei-getragen hatte, meinte er „Wenn ich diese Teilchen alle benennen könnte, wäre ich Botaniker."

A 9.10 In Modellrechnungen gibt es oft Parameter, deren Werte durch Ver-gleich mit den Ergebnissen der Experimente angepasst werden. Freeman Dyson erinnert sich an ein Gespräch mit Enrico Fermi, der kritisierte, dass zu viele Parameter erlaubten, alles zu beschreiben, egal ob richtig oder falsch. Fermi zitierte John von Neumann, der sagte: „Mit vier Parametern kann ich einen Elefanten zeichnen, mit fünf lasse ich seinen Schwanz wackeln!"

Zur Zeitgeschichte: 1960–1969

Cassius Clay gewinnt 1960 die Goldmedaille im Schwergewichtsboxen bei den Olympischen Spielen in Rom. Als Profiboxer nennt er sich dann Muhammad Ali.

Die Stationierung sowjetischer Mittelstreckenraketen, vermutlich bestückt mit atomaren Sprengköpfen, auf Kuba führt im Oktober 1962 zu einer Konfrontation zwischen den Vereinigten Staaten und der Sowjetunion.

John Fitzgerald Kennedy, Präsident der USA, wird im Herbst 1963 ermordet. Sein Bruder Robert bewirbt sich 1968 um die Kandidatur zum Präsidentenamt und fällt im Juni einem Attentat zum Opfer. Der Bürgerrechte-Aktivist Martin Luther King Jr. hält 1963 beim „Marsch auf Washington" seine berühmte Rede „I have a dream". Im April 1968 wird er bei einem Attentat erschossen.

Rudolf Abel, der in den USA für den KGB spionierte, wird im Februar 1962 gegen den US-Piloten Gary Powers ausgetauscht. Dieser erste Agentenaustausch macht die Glienicker Brücke, die Potsdam und West-Berlin verbindet, berühmt. John Le Carré's dritter Roman „Der Spion, der aus der Kälte kam" wird 1963 ein Riesenerfolg. Der Autor gibt seine Anstellung beim britischen MI6 (Military Intelligence, Section 6) auf und wird Vollzeit-Autor.

Mitte der 1960er Jahre werden die Beatles weltberühmt und ihr Erfolg kulminiert 1967 mit dem Album „Sgt. Pepper's Lonely Hearts Club Band".

Am 3. Dezember 1967 führte ein südafrikanisches Transplantationsteam unter der Leitung von Christiaan Barnard die weltweit erste Herztransplantation bei einem Menschen durch.

Ab Sommer 1967 gibt es Farbfernsehen in Deutschland. Die erste Farbfernsehsendung des Österreichischen Rundfunks war das Neujahrskonzert der Wiener Philharmoniker vom 1. Januar 1969.

Im Jahr 1968 schreibt Arthur C. Clarke den Science-Fiction Roman „2001 – Odyssee im Weltraum", in dem die Problematik der künstlichen Intelligenz dargestellt wird. Der Computer HAL9000 übernimmt die Kontrolle. Stanley Kubrick dreht den gleichnamigen Film.

Am 20. Juli 1969 findet die erste bemannte Mondlandung statt. Im August desselben Jahres besuchen 400.000 Menschen das „Woodstock Rock Festival".

In mehreren Ländern Westeuropas kommt es zu Studentenunruhen. Die westdeutsche Studentenbewegung der 1960er Jahre ist eine gesellschaftskritische politische Bewegung, die mit anderen Studentenprotesten in den USA und Westeuropa als 68er-Bewegung bezeichnet wird.

Die „Pille", zu Beginn dieses Jahrzehnts auf den Markt gekommen, erlaubt Familienplanung.

Literatur und Quellennachweis für Anekdoten und Zitate

A 9.1 discover.lanl.gov/news/1029-ghost-particles/

A 9.2 und A 9.3 Frederick_Reines, Nobel lecture 1995 „The Neutrino: From Poltergeist to Particle"

A 9.4 www.washingtonpost.com/local/obituaries/jack-steinberger-nobel-died/2020/12/16/8d3e2f50-3f60-11eb-8bc0-ae155bee4aff_story.html

A 9.5 Nigel- S- Lockyer, Leon Lederman (1922–2018), Nature 563, 185 (2018)

A 9.6 en.wikipedia.org/wiki/Leon_M._Lederman

A 9.7 www.theguardian.com/science/2021/jan/11/jack-steinberger-obituary

A 9.8 hub.jhu.edu/2018/06/21/aihud-pevsner-physicist-dies/

A 9.9 inis.iaea.org/collection/NCLCollectionStore/_Public/24/070/24070747.pdf

A 9.10 Freeman Dyson: Meeting with Fermi. Nature 427, page 297 (2004)

10

Symmetrie und Quantenfelder

Zusammenfassung Die Quantenelektrodynamik ist eine Quantenfeld-
theorie von einem Typ, der von Yang und Mills vorgeschlagen wurde. In
Vorbereitung der nachfolgenden Kapitel besprechen wir lokale sowie globale
Symmetrien, die in Yang-Mills Theorien eingesetzt werden. Im Fall lokaler
Symmetrien, sogenannter Eichsymmetrien, treten notwendigerweise masse-
lose Vektormesonen auf. Was passiert, wenn eine Symmetrie gestört wird?

Dieses Kapitel ist anspruchsvoll, aber wichtig. Es wird das Konzept der Symmetrie in der Teilchenphysik besprochen und die Bedeutung von lokalen
Symmetrien. Die Quantenfeldtheorien des heutigen Standardmodells, so hat
sich herausgestellt, sind sogenannte Yang-Mills Theorien und wir versuchen,
diese möglichst verständlich zu erklären.

10.1 Symmetrien

Im sechsten Kapitel haben wir uns bereits mit Symmetrien und Erhaltungssätzen in der klassischen Physik sowie in der Quantenmechanik und
speziellen Relativitätstheorie befasst. Zur Erweiterung auf Quantenfelder müssen wir uns aber noch etwas genauer mit Gruppeneigenschafen
beschäftigen.

Eine mathematische Gruppe ist eine Menge von „Dingen", die in der
Mathematik „Elemente" genannt werden, sowie eine Vorschrift, die zwei

© Der/die Autor(en), exklusiv lizenziert an Springer-Verlag GmbH, DE, ein Teil von
Springer Nature 2023
C. B. Lang und L. Mathelitsch, *Haben Sie eines gesehen?*,
https://doi.org/10.1007/978-3-662-67972-2_10

Elemente der Gruppe derart verknüpft, dass das Resultat wieder ein Element der Menge ist. Es gibt noch weitere Anforderungen an eine Gruppe, auf die wir hier aber nicht eingehen wollen. Die Menge aller ganzen Zahlen (positive, negative und Null) bildet zum Beispiel eine Gruppe bezüglich der Addition, da die Addition beliebiger ganzer Zahlen wieder eine ganze Zahl ergibt. Ein weiteres Beispiel für eine Gruppe ist die Menge der beiden Zahlen {−1, 1} in Bezug auf die Multiplikation.

Elemente einer Gruppe können auch abstrakte Operationen sein. Betrachten wir ein Beispiel. Die Drehungen eines gleichseitigen Dreiecks um seinen Mittelpunkt um 120°, 240° und 0° bilden die Elemente der Gruppe (Abb. 10.1(a)), die Verknüpfung ist die Hintereinanderausführung. Die Zeile darunter zeigt die Drehungen, das erste Symbol bezeichnet die Nulldrehung. Zur Illustration wurden die Ecken des Dreiecks durchnummeriert. Eine Drehung um 120° und sodann um 240° ergibt eine Drehung um 360° oder 0°, also wieder ein Element der Gruppe. Diese Gruppe hat nur drei Elemente, ist daher endlich und „diskret". Die Reihenfolge der Drehungen ist egal, ob man zuerst um 120° und dann um 240° dreht oder umgekehrt, man endet immer bei der Nulldrehung. Diese Art von Gruppen nennt man nach dem Mathematiker Niels Henrik Abel eine „abelsche Gruppe".

A 10.1 Niels Henrik Abel (1802–1829) war ein norwegischer Mathematiker, der bewies, dass eine Gleichung 5. Grades nicht durch eine Formel gelöst werden kann, die nur Wurzeln enthält. Es reiste nach Frankreich, war aber von der Aufnahme durch französische Mathematiker sehr enttäuscht. Er schrieb: „Die Franzosen sind Fremden gegenüber weit reservierter als die Deutschen… Ich zeigte meine Arbeit Herrn Cauchy, aber er warf kaum einen Blick darauf."

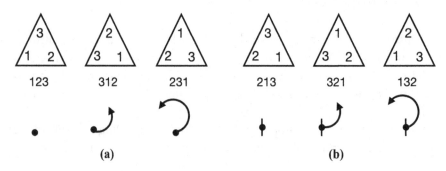

Abb. 10.1 Transformationen eines gleichseitigen Dreiecks

Es gibt aber auch Gruppen, bei denen die Reihenfolge der Gruppen-operationen nicht gleichgültig ist. Ein Beispiel ist die Gruppe der Drehungen und Spiegelungen eines gleichseitigen Dreiecks (Abb. 10.1(a und b)). Sie hat sechs Elemente, drei davon sind die Drehungen um 0°, 120°, und 240°, die anderen drei sind jeweils die Kombination einer Spiegelung mit anschließender Drehung.

Führen wir in dieser erweiterten Gruppe zwei Verknüpfungen in unter-schiedlicher Reihenfolge aus. In Abb. 10.2(a) wird zuerst eine Drehung um 120° ausgeführt und dann eine Spiegelung, in Abb. 10.2(b) kommt zuerst die Spiegelung und dann die Drehung.

Wir landen bei zwei verschiedenen Stellungen, diese beiden Operationen sind offensichtlich nicht vertauschbar. Wenn das Ergebnis einer Ver-knüpfung von der Reihenfolge der Elemente abhängt, nennt man diese Gruppe eine „nicht-abelsche Gruppe". Wir werden beide Arten, die abelschen und die nicht-abelschen Gruppen, zur Beschreibung der fundamentalen Wechselwirkungen benötigen.

Beliebige Drehungen eines Kreises um den Mittelpunkt bilden die Elemente einer kontinuierlichen Gruppe. Das ist dieselbe Gruppe, wie wenn Sie sich um Ihre eigene Achse drehen. In beiden Fällen ist die Reihen-folge der Drehungen egal, es handelt sich um eine abelsche Gruppe. Diese kontinuierliche Drehgruppe hat sogar zwei Namen: U(1) und SO(2). Drehungen in der Ebene können durch 2×2 Drehmatrizen angegeben werden, was zur Bezeichnung SO(2) führt (Spezielle Orthogonale Gruppe). Die Ebenenkoordinaten können auch in komplexer Form angegeben werden (Gauss'sche Ebene). Drehungen werden in dieser Form durch einen komplexen Faktor mit Absolutbetrag 1 beschrieben. Die Gruppe wird als U(1) (U für unitär) bezeichnet.

Symmetrietransformationen können durch mathematische Operationen beschrieben werden. Die Zahl der notwendigen Parameter, um eine bestimmte Symmetrietransformation zu beschreiben, nennt man Freiheits-grade. Drehungen in der Ebene haben nur einen Freiheitsgrad, nämlich

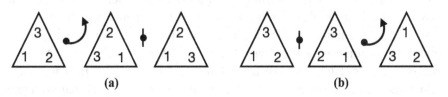

(a)   (b)

Abb. 10.2 (a) Drehung, dann Spiegelung (linke drei Dreiecke); **(b)** Spiegelung, dann Drehung (rechte drei Dreiecke)

den Drehwinkel. Drehungen im Raum können durch drei Drehwinkel (die „Eulerschen Winkel") beschrieben werden, sie haben drei Freiheitsgrade.

Von zentralen Bedeutung werden die speziellen unitären Gruppen SU(3) oder SU(6) sein, welche 8 beziehungsweise 35 Freiheitsgrade haben.

A 10.2 Die Einführung der Gruppentheorie in die Physik fand nicht bei allen Physikerinnen und Physikern Anerkennung, man sprach sogar von „Gruppenpest". Wigner meinte dazu: „Gruppentheorie war unpopulär; die Leute ärgerten sich darüber. Und das ist nicht überraschend. Wenn jemand mit der Idee kommt, dass Sie etwas mehr lernen sollten, und dass Sie etwas mehr Mathematik lernen sollten, wird Ihnen das nicht gefallen. Menschen lernen nicht gerne."

10.2 Globale und lokale Symmetrien

In der Quantenmechanik findet man komplexe Wellenfunktionen als Lösungen der Schrödinger- oder Dirac-Gleichungen. Das Quadrat des Absolutbetrags wird als Wahrscheinlichkeit interpretiert. Wenn man die Wellenfunktion mit einer unimodularen Zahl multipliziert, so ändert sich nichts an der Wahrscheinlichkeit, da der Betrag jeder unimodularen Zahl gleich 1 ist.

Wir haben uns in einem früheren Abschnitt bereits mit Quantenfeldern befasst. In der Feldtheorie wird ein Teilchen durch ein Feld $\varphi(x,y,z,t)$ beschrieben. Wenn man die Wechselwirkungen vernachlässigt, dann beschreiben diese Felder einfach freie Teilchen. Wesentlich interessanter ist die Wechselwirkung von Teilchen. Dafür muss eine Vorschrift gefunden werden, wie das andere Teilchen „andockt", also wie zum Beispiel ein Elektron ein Photon einfängt und damit ein Elektron höherer Energie wird.

10.2.1 Globale abelsche Symmetrie

Die Theorie des freien Teilchens bleibt unter einer globalen U(1) Symmetrie unverändert. Mit „global" meint man, dass an jedem Raum-Zeit Punkt dieselbe Transformation, eine Multiplikation des Feldes mit derselben unimodularen komplexen Zahl, angewendet wird. Wie wir von Emmy Noether wissen, muss es dann eine erhaltene Größe geben. In der QED ist es die elektrische Ladung. Die gesamte Ladung der betrachteten Teilchen vor einer Wechselwirkung muss mit der gesamten Ladung danach übereinstimmen!

10.2.2 Lokale abelsche Symmetrie

Was passiert, wenn man das Feld $\varphi(x,y,z,t)$ an jedem Raum-Zeit-Punkt mit einer unterschiedlichen unimodularen Zahl multipliziert? Diese Zahl hängt damit auch von den vier Koordinaten ab, $u(x,y,z,t)$. Man nennt diesen Vorgang eine Eichtransformation und eine unter dieser Transformation unveränderte Theorie eine Eichtheorie. Wir wollen uns überlegen, wie eine solche Theorie aussehen kann.

In der mathematischen Formulierung kommen Terme mit Ableitungen nach Raum- oder Zeitkoordinaten vor. Nun muss aber nicht einfach $\varphi(x,y,z,t)$ sondern jeweils das Produkt $u(x,y,z,t)\,\varphi(x,y,z,t)$ abgeleitet werden, da auch u sich mit x, y, z und t ändern kann. Damit ändert sich die Theorie, sie ist also nicht mehr invariant! Um dennoch wieder eine Invarianz herzustellen, gibt es glücklicherweise einen Ausweg, der bereits zu Maxwells Zeiten bekannt war.

Um die Problematik zu visualisieren, hilft die Skizze in Abb. 10.3.

Zur Vereinfachung betrachten wir nur einen eindimensionalen Fall. Die Quadrate symbolisieren die Werte eines Teilchenfeldes. Die obere Zeichnung stellt das Feld eines freien Teilchens dar. Wenn das Feld an einem Punkt transformiert wird, so deuten wir das durch eine Drehung des Quadrats an. Die roten Linien symbolisieren die Verbindung benachbarter Punkte aufgrund der Ableitungen. Diese Verbindungen werden durch die Drehung verzerrt. Um die Symmetrie dennoch zu gewährleisten, muss die Verzerrung durch ein richtungsabhängiges Feld (gestrichelte grüne Kurven) korrigiert werden. Dieses Feld „lebt" auf den Verbindungen und hat auf jedem Punkt vier (Raum- und Zeit) Komponenten, es ist daher ein

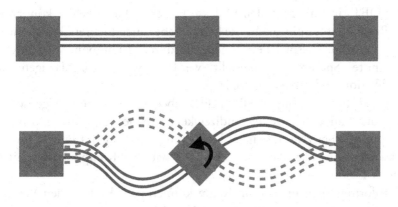

Abb. 10.3 Visualisierung einer Eichtransformation

Vektorfeld. Das neue Feld wird Eichfeld genannt und beschreibt ebenfalls ein Teilchen, nämlich ein masseloses Vektorboson (ein Boson mit Spin 1), das mit dem ursprünglich freien Teilchen wechselwirkt.

Wir haben hier soeben die QED formuliert. Das anfangs freie Teilchen ist das Elektron und das neue Vektorfeld ist das Photon. Es ist masselos und wechselwirkt mit dem Elektron.

Dieser Punkt ist so wichtig, dass wir ihn nochmals in andere Worte fassen. Ausgangspunkt ist die Feldtheorie eines freien Elektrons ohne Wechselwirkung. Dann fordert man Invarianz unter lokalen U(1) Transformationen. Um das zu erreichen, ist man gezwungen, ein masseloses Vektorfeld, das Photon, einzuführen. Das Ergebnis ist die QED, die invariant gegen Eichtransformationen ist!

Dieses Ergebnis ist erstaunlich. Damit die Theorie invariant unter der lokalen Symmetrie bleibt, muss ein masseloses Vektorfeld eingeführt werden! Die Forderung nach U(1) Invarianz erzwingt, dass es so ein Vektorfeld gibt, und legt die Form der Wechselwirkung fest!

Hermann Weyl hat 1929 in einer Arbeit mit Eichtransformationen als Phasenfaktoren der quantenmechanischen Wellenfunktionen erstmalig Eichfeldtheorien eingeführt.

A 10.3 Hermann Weyl sah sich als Mittler zwischen Mathematik und Physik. „Ich kann es nun einmal nicht lassen, in diesem Drama von Mathematik und Physik – die sich im Dunkeln befruchten, aber von Angesicht zu Angesicht so gerne einander verkennen und verleugnen – die Rolle des (wie ich genügsam erfuhr, oft unerwünschten) Boten zu spielen".

10.2.3 Globale nicht-abelsche Symmetrie

In der QFT sind die zentralen Objekte Felder φ. Diese Felder können einfache Bosonen mit Spin 0 sein, sie können aber auch mehrere Komponenten haben, wie zum Beispiel Fermionen, die durch 4-komponentige Vektoren (sogenannte Spinoren) dargestellt werden. Wir vernachlässigen diese Komplikation und verstecken sie in φ.

Darüber hinaus können die Felder aber noch weitere Eigenschaften haben, die man durch weitere Indizes kennzeichnet. Das Nukleon hat Isospin ½ und daher zwei mögliche Einstellungen: ½ für das Proton und $-½$ für das Neutron. Das Pion mit Isospin 1 hat drei Komponenten mit den Werten + 1, 0 und -1.

Transformationen im Isospin-Raum können zum Beispiel den Vertex (p, n, π^+) durch (p, p, π^0) ersetzen wie in Abb. 10.4 gezeigt.

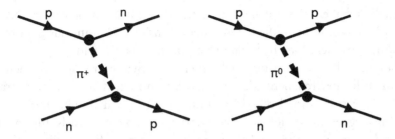

Abb. 10.4 Teilchenreaktion und die im Isospinraum transformierte Reaktion

Wenn die Wechselwirkungen, wie die in Abb. 10.4, beide beobachtet werden (und auch gleiche Kopplungskonstanten aufweisen), dann ist die Theorie symmetrisch unter dieser Transformation. Die Transformationen bilden eine nicht-abelsche Gruppe namens SU(2) und da sie die Felder überall gleich transformieren, handelt es sich um eine globale nicht-abelsche Gruppe.

Die Globalität der Symmetriegruppe erlaubt es, die Komponenten an jedem Raum-Zeit-Punkt gleich zu benennen. Ein Proton ist überall ein Proton, es ändert seine Identität nicht abhängig von seiner Position. Die entsprechende Quantenzahl Isospin ist eine beobachtbare Eigenschaft. Ebenso verhält es sich mit der Strangeness.

Das gilt für lokale Symmetrien nicht, wie wir im nächsten Abschnitt zeigen werden.

10.2.4 Lokale nicht-abelsche Symmetrie

Dieser Fall ist für uns der wichtigste. Die in den nachfolgenden Kapiteln besprochenen Theorien, die das Stardardmodell der Teilchenphysik bilden, sind von diesem Typ. Aus dem bisher Gesagten sollte einsichtig sein, dass eine geforderte Invarianz unter einer nicht-lokalen, nicht-abelschen Symmetriegruppe sich technisch komplizierter gestalten wird. Zur Illustration nehmen wir ein einfaches Beispiel.

In einer kleinen Stadt leben nur farbenblinde Menschen. Sie haben zwar alle einen Farbfernsehapparat, die Filme werden farbig ausgestrahlt, aber die Zuseher sehen sie nur schwarz-weiß. Ein Fernsehtechniker lebt auswärts und kann Farben unterscheiden. Er macht sich einen Spaß daraus, die Farbzuordnung an jedem TV-Apparat in der Stadt zufällig zu ändern. Er macht aus rot-grün-blau manchmal grün-blau-rot oder vielleicht grün-rot-blau oder eine andere Kombination. Die Stadtbewohner merken nichts davon. Wir haben eine lokale Symmetrie, es müssen an jedem Punkt die drei Farben vorkommen, die bei gleicher Intensität in Summe als grau wahrgenommen werden. Der Techniker symbolisiert das Eichfeld.

Wie im Fall der globalen nicht-abelschen Symmetrie haben auch im lokalen Fall die Teilchenfelder zusätzliche Indizes. Die Symmetrietransformationen sind formal dieselben, nun aber an jedem Punkt unterschiedlich. Im Gegensatz zu globalen Symmetrien sind die lokalen Komponenten des Feldes keine erhaltenen Quantenzahlen, sondern folgen einer lokalen, verborgenen Symmetrie.

Genau wie bei lokalen abelschen Symmetrien erfordert auch diese nicht-abelsche Symmetrie die Einführung zusätzlicher Vektorfelder, wieder mit verschwindender Masse. Eine Quantenfeldtheorie mit nicht-abelscher lokaler Symmetrie hat also masselose Vektorbosonen.

Wir fassen zusammen. Globale Symmetrien führen zu Quantenzahlen. Lokale Symmetrien führen zu Eichtheorien mit Vektorbosonen.

10.3 Die Yang-Mills Theorie

Robert Mills war 26, als er am Brookhaven National Laboratory ein Büro mit Chen-Ning (Frank) Yang teilte, der 1953/54 Gast am Theory Department war. Mills stammte aus New Jersey, studierte am Columbia College, einem Undergraduate College der Columbia University, New York, und dann an der Columbia University, wo er 1955 promovierte.

1953 stellten sich viele Forscher der Frage nach einer QFT für Hadronen. Pauli berichtet in einem Brief über den Versuch der Erweiterung der Feldgleichungen der ART auf sechs Dimensionen, war aber mit dem Ergebnis unzufrieden und verwarf diese Idee.

Frank Yang hatte seit 1952 eine permanente Position am Princeton Institute of Advanced Studies und war wie Mills Gastforscher am BNL. Yang war überzeugt davon, dass die richtige QFT für Hadronen eine Eichtheorie sein müsse. Er hatte die Idee, analog zur abelschen Eichtheorie der QED eine Eichtheorie für nicht-abelsche Symmetriegruppen zu formulieren und lud Mills ein, ihn dabei mit Diskussionen und Rechnungen zu unterstützen.

A 10.4 Mills erinnerte sich: „Ich wurde demselben Büro wie Yang zugeteilt. Yang, der schon mehrfach seine Großzügigkeit gegenüber Physikern am Anfang ihrer Karriere demonstriert hat, erzählte mir von seiner Idee, die

Eichinvarianz zu verallgemeinern, und wir diskutierten ausführlich darüber … Ich konnte etwas zu den Diskussionen beitragen, insbesondere in Bezug auf Quantisierungsverfahren und in geringem Maße zur Ausarbeitung des Formalismus; die Schlüsselideen waren jedoch von Yang."

A 10.5 Pauli konnte sehr lästig sein. Er insistierte, dass diese Theorie krank sei, da es kein masseloses Vektorboson gäbe. Er tat dies während eines von Yang gegebenen Seminars in Princeton so nervenaufreibend, dass Yang sich setzte und nicht weiter vortrug. Oppenheimer beruhigte die angespannte Atmosphäre und Yang sprach weiter. Pauli schwieg nun.

Gemeinsam mit Mills konstruierte Yang eine Eichtheorie für Fermionen mit nicht-abelscher Eichgruppe. Wie schon beschrieben, muss man dabei ein masseloses Vektorboson einführen. In der abelschen Eichtheorie koppelte das Vektorboson an die Fermionen, aber nicht an sich selbst. Das ist in nicht-abelschen Eichtheorien anders. Dort gibt es, abhängig von der Eichgruppe, solche Selbstwechselwirkungen.

Wenn man die Fermionen in der Yang-Mills Theorie mit den Nukleonen, Proton und Neutron, identifizierte, wo war dann das masselose Vektorboson? Dieser Makel wurde von Pauli und anderen heftig kritisiert und führte dazu, dass die Theorie einstweilen nur als mathematische Fleißaufgabe betrachtet wurde. Im Jahr 1961 entdeckte man die Vektorbosonen ρ (rho) und ω (omega), die jedoch den Nachteil hatten, dass sie massiv waren und daher nicht in die Theorie passten.

A 10.6 Richard Feynman über Theorien (1964): Es spielt keine Rolle, wie schön deine Theorie ist, es spielt keine Rolle, wie schlau du bist. Wenn sie nicht mit dem Experiment übereinstimmt, ist sie falsch. In dieser einfachen Aussage liegt der Schlüssel zur Wissenschaft.

In den folgenden Jahren allerdings wurden Yang-Mills-Theorien zur Basis des heutigen Standardmodells.

C.N. Yang wurde 1957 gemeinsam mit T.D. Lee der Nobelpreis für Physik verliehen. Er nahm 1966 die „Albert-Einstein-Professur" an der State University of New York in Stony Brook auf Long Island an und leitete das neu gegründete Institut für theoretische Physik, das heute nach ihm benannt ist. Nach seiner Emeritierung zog er nach China zurück und wurde Ehren-Präsident der Tsinghua Universität, an der er seinen Master-Abschluss erworben hatte.

A 10.7 Chen-Ning Yang: „Es gibt nur zwei Arten von Mathematikbüchern: Solche, die man nicht über den ersten Satz hinaus lesen kann, und solche, die man nicht über die erste Seite hinaus lesen kann."

10.4 Spontane Symmetriebrechung

Man kann sich einen Magneten als ein dreidimensionales Gitter von mikroskopisch kleinen Magneten („Spins") vorstellen, die (aufgrund der ferromagnetischen Wechselwirkung) gerne alle parallel zueinander ausgerichtet wären, egal in welche Richtung, es muss nur für alle dieselbe sein. Nun erhitzen wir den Magneten, was gleichbedeutend mit einem heftigen Schütteln und Rütteln des Ganzen ist. Die Spins werden dadurch völlig chaotisch ihre Orientierungsrichtung ändern. Das System bevorzugt während dieses Schüttelzustands keine Richtung, die mittlere Magnetisierung ist null. Dann kühlen wir langsam ab, wir hören auf zu schütteln. Die Spins werden eine ihrer Lieblingskonfigurationen annehmen, also alle in die gleiche Richtung orientiert. Unser Magnet ist nun wirklich magnetisch. Dabei ist die Richtung der Magnetisierung nicht vorhersehbar. Wenn wir das Experiment wiederholen, wird vermutlich eine andere Richtung bevorzugt. Bei einem solchen Experiment mit einem echten Magneten nennt man die Temperatur des Übergangs von der geordneten Phase zur ungeordneten Phase den „Curiepunkt".

Wir haben ein System betrachtet, das keine Richtung bevorzugt, dennoch hat es einen nicht-symmetrischen Grundzustand eingenommen. Dieses Phänomen nennt man eine „Spontane Symmetriebrechung". Das Beispiel demonstriert dieses Phänomen gut: Der Zustand niedrigster Energie – alle Spins parallel in eine Richtung – hat nicht die Symmetrie des Systems, welches keine Richtung bevorzugt.

Yōichirō Nambu (1960) und Jeffrey Goldstone (1961) übertrugen die Idee der Symmetriebrechung auf Quantenfelder. Sie zeigten, dass in der QFT im Falle einer solchen spontanen Brechung einer kontinuierlichen Symmetrie zwangsläufig masselose skalare Bosonen im System auftauchen müssen. Für diese Freiheitsgrade ist die Bezeichnung „Goldstone-Bosonen" gebräuchlich. Bleiben von den N Freiheitsgraden einer Symmetrie K Freiheitsgrade ungebrochen, dann gibt es dementsprechend N-K masselose Goldstone-Bosonen.

Diese Ergebnisse wurden einige Jahre später in der vereinheitlichten Theorie der elektroschwachen Wechselwirkung als auch für die starke Wechselwirkung von zentraler Bedeutung.

Yōichirō Nambu (1921–2015) erhielt 2008 den Nobelpreis für Physik (gemeinsam mit Makoto Kobayashi und Toshihide Maskawa) „für die Entdeckung des Mechanismus der spontanen Symmetriebrechung in der Elementarteilchenphysik".

A 10.8 Yōichirō Nambu: Wenn meine Ansicht richtig ist, kann das Universum eine Art Domänenstruktur haben. In einem Teil des Universums gibt es vielleicht eine bevorzugte Achsenrichtung; in einem anderen Teil kann die Richtung der Achse anders sein.

A 10.9 Nambu arbeitete mehr als ein halbes Jahrhundert am Fermi Institut der University of Chicago. Sein Kollege Michael Turner erinnert sich: „Es dauerte oft Jahre, bis andere seine tiefen und unerwarteten Einsichten verstanden und voll gewürdigt hatten. Wir alle hörten aufmerksam zu, was er zu sagen hatte, verstanden es aber selten vollständig." Ed Witten: „Die Leute verstehen Nambu nicht, weil er so weitblickend ist."

Zur Zeitgeschichte: 1970–1979
Oswalt Kolle publiziert Aufklärungsbücher und produziert zwischen 1968 und 1972 Aufklärungsfilme. Er muss lange mit Zensoren der Freiwilligen Selbstkontrolle der Filmwirtschaft (FSK) verhandeln, damit sein erster Film „Das Wunder der Liebe" für die Kinos in Deutschland freigegeben wird.

Die Rote Armee Fraktion (RAF) wird 1970 gegründet. Sie führt zahlreiche Morde an Führungskräften aus Politik, Wirtschaft und Verwaltung aus.

Der Vietnamkrieg endet 1975 durch die Eroberung der südvietnamesischen Hauptstadt Saigon durch nordvietnamesische Truppen. Die Amerikaner hatten ihre Truppen schon 1973 abgezogen.

1974 wird Günter Guillaume, ein enger Mitarbeiter des Bundeskanzlers Willy Brandt, als DDR-Agent enttarnt. Brandt tritt als Bundeskanzler zurück.

Steve Jobs mietet 1976 eine Garage und gründet mit zwei Partnern die Firma „Apple". Die ersten „Personal Computer" kommen auf den Markt.

Alice Schwarzer und Mitstreiterinnen rufen 1977 die deutschsprachige feministische Zeitschrift „Emma" ins Leben.

George Lucas produziert ab 1977 Filme der „Star Wars" Serie. Francis Ford Coppola rechnet 1979 in „Apocalypse Now" mit dem Vietnamkrieg ab. Es ist ein Jahrzehnt der Filme: Taxi Driver, Clockwork Orange, Der weiße Hai, Chinatown, Unheimliche Begegnung der dritten Art, Amarcord, Der letzte Tango in Paris, und natürlich die James Bond 007 Reihe, um nur einige Blockbuster zu nennen.

Der polnische Kardinal Karol Wojtyła wird 1978 Papst Johannes Paul II.

Ab 1979 läuft im Deutschen Fernsehen die Krimi-Reihe „Tatort". Sendungen wie „Am laufenden Band", „Einer wird gewinnen" oder „Der Goldene Schuss" versammeln die Familien am Samstagabend vor den Farbfernsehgeräten.

Ende der 1970er Jahre entsteht die deutsche Partei „Die Grünen".

Literatur und Quellennachweis für Anekdoten und Zitate

A 10.1 mathshistory.st-andrews.ac.uk/Biographies/Abel/

A 10.2 Interview of Eugene Wigner by Charles Weiner and Jagdish Mehra on 1966 November 30, Niels Bohr Library & Archives, American Institute of Physics, College Park, MD USA, www.aip.org/history-programs/niels-bohr-library/oral-histories/4964

A 10.3 www.math.uni-goettingen.de/historisches/weyl.html

A 10.4 http://en.wikipedia.org/wiki/Yang–Mills_theory

A 10.5 www.worldscientific.com/page/10308-chap01

A 10.6 Richard Feynman, Lecture at Cornell (1964)

A 10.7 www.math.columbia.edu/~woit/wordpress/?p=674

A 10.8 Zitiert aus E.S. Abers, B.W.Lee, Phys.Rep.7C (1973)

A 10.9 Turner, M. Yōichirō Nambu *(1921–2015). Nature* **524**, 416 (2015). https://doi.org/10.1038/524416a

11

Quarks

Zusammenfassung Gell-Mann schlug 1964 vor, die Hadronen als zusammengesetzt aus Objekten mit drittelzahliger Ladung zu betrachten. Diese „Quarks" trugen auch die anderen schon bekannten Quantenzahlen wie Isospin und Strangeness, und es gab drei Typen: Up, Down und Strange. Ein Jahrzehnt lang war umstritten, ob es sich um reale Teilchen oder nur um mathematische Konstrukte handelte. Im November 1974 entdeckte man ein viertes, schweres Quark (Charm) und seither wurden zwei weitere Quarksorten (Bottom und Top) gefunden.

11.1 Ordnung schaffen

Immer mehr neue Teilchen wurden entdeckt, aber langsam erkannte man Gemeinsamkeiten. Im 6. Kapitel wurde bereits eine Einteilung in Teilchengruppen vorgenommen, die sich bezüglich der starken Kraft gleich verhalten. Formal beschrieben wurde dies durch die Quantenzahl Isospin I.

Ein Multiplett zu Isospin I hat $2I+1$ Komponenten, die durch die Angabe von $I_3 = -I, -I+1, \ldots, I$ nummeriert werden. Auch die Baryon-Quantenzahlen B und die Strangeness S haben wir bereits kennengelernt.

Kazuhiko Nishijima und Murray Gell-Mann fanden 1953 einen Zusammenhang zwischen diesen Quantenzahlen:

$$I_3 + (B + S)/2 = Q$$

C. B. Lang und L. Mathelitsch, *Haben Sie eines gesehen?*,
https://doi.org/10.1007/978-3-662-67972-2_11

Anwendung dieser Gell-Mann Nishijima Relation auf die Nukleonen liefert für das Proton $1/2 + (1 + 0)/2 = 1$ und für das Neutron $-1/2 + (1 + 0)/2 = 0$.

A 11.1 Yuval Ne´eman war Ingenieur und Offizier und arbeitete als Attaché der israelischen Botschaft in London. Aus Langeweile besuchte er Vorlesungen des pakistanischen Physiker Abdus Salam am Imperial College.
Salam erhielt 1979 den Nobelpreis für seine Beiträge zur Elektroschwachen Wechselwirkung.

In den nachfolgenden Jahren erweiterte sich der Zoo der bekannten Teilchen und 1961 fanden Murray Gell-Mann und Yuval Ne´eman unabhängig voneinander einen weiteren, unerwarteten Zusammenhang. In einer Ebene, in der die horizontale Koordinate den Wert von I_3 und die vertikale Koordinate den Wert von S angibt, sind die Mesonen und Baryonen an den Ecken und im Mittelpunkt eines Sechsecks positioniert (Abb. 11.1).

Die Ecken sind jeweils einfach besetzt, das Zentrum bei den Baryonen doppelt, bei den Mesonen dreifach. Allerdings gehören bei den Mesonen nur zwei zu den äußeren sechs, eines bleibt für sich allein: ein Singulett. Wir haben also beide Male ein Oktett und Gell-Mann bezeichnete dieses Schema als „Eightfold Way".

A 11.2 Der achtfache Weg („Eightfold Way") ist ein zentrales Element des Buddhismus und soll den Menschen auf acht Wegen (rechte Anschauung, rechte Absicht, rechte Rede, rechte Taten, rechte Lebensführung, rechte Anstrengung, rechte Achtsamkeit und rechte Konzentration) zur Erleuchtung (Nirwana) führen.

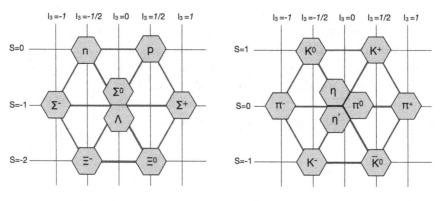

Abb. 11.1 Mesonen und Baryonen in einem S-I_3 Diagramm

Murray Gell-Mann interessierte sich für diese Glaubensrichtung und da die Zahl acht auch in seiner Systematisierung der Teilchen einen zentralen Wert darstellt, nannte er den physikalischen Ansatz scherzhaft „achtfachen Weg".

Ordnete man weitere Teilchen in so ein Schema ein, ergaben sich nicht nur Oktetts, sondern auch Dekupletts mit zehn Plätzen. 1962 gingen Gell-Mann und Susumu Okubo noch einen Schritt weiter: Sie fanden eine Formel, die seitdem auch ihren Namen trägt, mit der man die Massen der Teilchen in einem Multiplett näherungsweise berechnen kann. Sie benötigten dafür drei frei adjustierbare Parameter, was ein früher Hinweis für die spätere Erklärung durch das Quarkmodell war.

Diese Systematisierung feierte im Weiteren einen großen Erfolg: Ein Platz im Baryon-Dekuplett war leer und zur Füllung dieses weißen Flecks wurde 1961 die Existenz eines Baryons Ω („Omega") mit entsprechenden Quantenzahlen vorhergesagt. Tatsächlich wurde 1964 am Brookhaven National Laboratory dieses Teilchen mit der prognostizierten Masse experimentell nachgewiesen.

Der Teilchenzoo wurde immer größer. Man kann es als Erfolg sehen, dass alle neuen Hadronen in die Multipletts eingefügt werden konnten und es keinen Ausreißer gab. Aber warum es gerade diese Multipletts gab, verstand man nicht.

Zwei Physiker waren dem Rätsel aber bereits auf der Spur: George Zweig und Murray Gell-Mann.

Im Geburtsjahr 1929 von Murray Gell-Mann gab es die Quantenmechanik schon. Die Wissenschaftler seiner Generation waren zu jung gewesen, um am Manhattan Projekt mitzuwirken, waren daher nicht mit dem Gefühl der Verantwortung für die Bombenentwicklung belastet. Als 15-Jähriger studierte er in Yale Physik und promovierte mit 22 am Massachusetts Institute of Technology (MIT) bei Victor Weisskopf. Ab 1956 war er Professor am California Institute of Technology (Caltech) in Pasadena, Kalifornien. Gell-Mann war sicher einer der bedeutendsten Physiker des 20. Jahrhunderts.

A 11.3 Gell-Mann erzählt über seine Bewerbung um einen Studienplatz:
Die einzige ermutigende Antwort einer Physikabteilung kam vom MIT. Ich wurde zugelassen und man bot mir die Stelle des Assistenten eines Professors für theoretische Physik namens Victor Weisskopf an, von dem ich noch nie gehört hatte. Als ich mich nach ihm erkundigte, erfuhr ich, dass er ein wunderbarer Mann und ein ausgezeichneter Physiker sei und dass ihn alle bei seinem Spitznamen Viki nannten. Er schrieb mir einen sehr netten Brief, in dem er sagte, er hoffe, ich würde zum MIT kommen und mit ihm arbeiten.

Ich war jedoch immer noch entmutigt, ans MIT gehen zu müssen, das im Vergleich zur Ivy League so schmuddelig erschien. Ich dachte daran, mich umzubringen (im Alter von 18), entschied aber bald, dass ich es immer noch mit dem MIT versuchen und mich später umbringen könnte, wenn es so schlimm wäre, aber dass ich nicht Selbstmord begehen und es dann danach versuchen könnte. Die zwei Operationen, Selbstmord und zum MIT zu gehen, waren nicht vertauschbar, wie wir im Mathe- und Physik-Jargon sagen.

George Zweig war jünger, er wurde 1937 in Moskau geboren, wohin seine Eltern aus Deutschland nach der Machtergreifung Hitlers gezogen waren. 1938 emigrierten sie über Wien in die Vereinigten Staaten. Zweig studierte an der University of Michigan, und ging dann 1959 ans Caltech. Bei seiner Dissertation betreute ihn Feynman in Vertretung von Gell-Mann.

A 11.4 George Zeig war sehr vielfältig interessiert und auf den unterschiedlichsten Gebieten wissenschaftlich tätig. Nach seiner Arbeit an den Quarks forschte er, wie Schall im Gehirn von Katzen gespeichert ist. Später war er auf dem Finanzsektor tätig. In Gesprächen mit ihm kann es sein, dass er sehr schnell von Quarks auf Fresken in einer mittelalterlichen Kapelle in Siena zu sprechen kommt, um dann theologische Fragen zu erörtern.

Zweig und Gell-Mann hatten beide 1963/1964 dieselbe Idee, nämlich dass alle Hadronen durch Kombinationen von drei Bausteinen und deren Anti-Bausteinen zusammengesetzt sind. Zweig nannte sie „Aces".

A 11.5 Zweig dachte, dass es gleichviel dieser neuen Teilchen geben sollte wie Leptonen. Zu dieser Zeit waren vier Leptonen bekannt, und da ein Kartenspiel vier Asse enthält, wählte er diesen Namen.
Später meinte Zweig, dass er den Namen dice (Spielwürfel) hätte geben sollen, weil es dann ja sechs Quarks geworden sind.

George Zweig verbrachte ein Forschungsjahr am CERN und wollte eine entsprechende Arbeit über die „Aces" bei einer amerikanischen Fachzeitschrift zur Publikation einreichen. Der Forschungsdirektor Leon van Hove verbot ihm das, da die Hauspolitik verlangte, dass Publikationen des CERN in europäischen Zeitschriften erscheinen sollten. So verzögerte sich das Erscheinen um einige Monate.
Gell-Mann nannte die Bausteine Quarks.

A 11.6 Motiviert war Murray Gell-Mann durch eine Stelle im Buch „Finnegan's Wake" von James Joyce.

Die Möwen umkreisen Marks Schiff und krächzen:
Three quarks for Muster Mark!
Sure he hasn't got much of a bark
And sure any he has it's all beside the mark.
Angeblich war James Joyce bei einer Reise durch Deutschland die Reklame
„Muster Quark für drei Mark" aufgefallen und in Erinnerung geblieben.
Gefallen hat Gell-Mann auch, dass die Quarks auf Seite 383 des Buches von
Joyce auftauchten, beides wichtige Zahlen in seinem System.

Drei Quarks sollten ein Nukleon aufbauen. Ein Nukleon hat Baryonzahl
1 und daher bekam jedes Quark („the most democratic choice") $B = 1/3$.
Der Wert von Isospin ½ für die Nukleonen ist nur möglich, wenn auch die
Quarks halbzahligen Isospin tragen. Denjenigen Quarks, die ein Nukleon
aufbauen, wurde die Strangeness Null gegeben. Wendet man auf Quarks
die zu Beginn des Kapitels gezeigte Gell-Mann Nishijima Relation an, führt
dies zu elektrischen Ladungen der Quarks mit Dritteln der Elementarladung
(Tab. 11.1). Dies war so außergewöhnlich, dass man diese Gebilde eher als
mathematisches Konstrukt, denn als wirkliche Teilchen sah. Dennoch wurde
auch experimentell intensiv nach Drittelladungen gesucht, aber vergebens.
    Da man auch ein Quark mit Strangeness benötigte, ergab der Vorschlag
drei Quarks mit Namen und Quantenzahlen wie in Tab. 11.1.
    Die jeweiligen Antiquarks haben entgegengesetzte Quantenzahlen. In
Abb. 11.2 sind die Quarks und Antiquarks in der $I_3 - S$ Darstellung gezeigt.

Tab. 11.1 Quantenzahlen der Quarks u, d und s.

	d(own)	u(p)	s(trange)
B (aryonzahl)	1/3	1/3	1/3
I_3 (Isospin)	−1/2	½	0
S (trangeness)	0	0	−1
Q (el.Ladung)	−1/3	2/3	−1/3

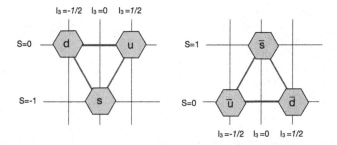

Abb. 11.2 Das Triplett der Quarks und das entsprechende Anti-Triplett

Gell-Mann erkannte, dass die Symmetriegruppe der drei Quarks die sogenannte SU(3) ist, deren einfachste nichttriviale Repräsentanten die Dimension 3 haben. Es gibt zwei davon: das Quark-Triplett und das Antiquark-Triplett.

Die Mesonen denkt man sich aus einem Quark und einem Antiquark bestehend aufgebaut. Grafisch kann man sich die Zusammensetzung der Mesonen derart vorstellen, dass jedem Eckpunkt des Quark-Tripletts das Antiquark-Triplett (bei $S = 0$, $I_3 = 0$) überlagert wird wie in Abb. 11.3. Diesen Zuständen kann man dann reale Teilchen zuordnen, zum Beispiel das K^+ als $u\bar{s}$ Kombination. Bezüglich der Randteilchen ist dies einfach, bei den Teilchen in der Mitte etwas komplizierter.

Die Mesonen haben $B = 0$ und im Oktett findet sich zu jedem Meson sein Antiteilchen, am Zentrum gespiegelt. Das π^- ist das Antiteilchen des π^+ und das K^- das Antiteilchen des K^+. Es gibt zwei ungeladene Kaonen: K^0 und $\overline{K}^0$.

Alle Baryonen lassen sich als von drei Quarks zusammengesetzt interpretieren (Abb. 11.4). Das Proton entspricht der Kombination (uud), das Neutron (udd) und so weiter. Die Quantenzahlen der Bausteine werden addiert.

Das Quarkmodell lieferte eine Systematik für die Hadronen, die es erlaubte, fehlende Einträge zu erkennen und im Experiment zu suchen. So sah man in den Baryon Multipletts neben den Nukleonen auch die aus dem Experiment bekannten Δ, Λ, Σ, Ξ (Delta, Lambda, Sigma, Xi). Das Ω wurde erst nach der Veröffentlichung der Quarkmodell Multipletts im Experiment gefunden.

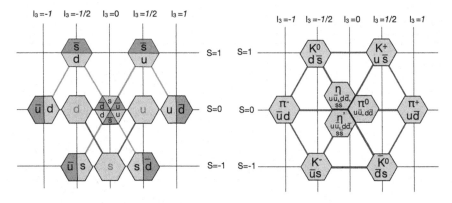

Abb. 11.3 Singulett und Oktett von pseudoskalaren Mesonen, aufgebaut aus Quark- und Antiquark-Tripletts

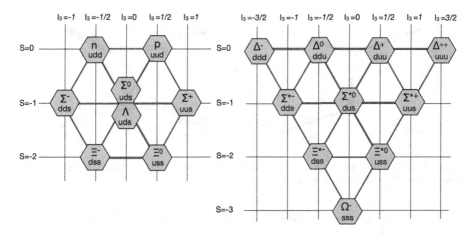

Abb. 11.4 Baryon Spin ½ Oktett und Spin 3/2 Dekuplett

A 11.7 Der Editor der Fachzeitschrift Physics Letters, Jacques Prentki , meinte zur Einreichung des Artikels von Gell-Mann: „Das Papier ist sicher Unsinn. Wenn ich es akzeptiere, und es ist Unsinn, wird jeder Gell-Mann verantwortlich machen. Wenn ich es aber ablehne und es stellt sich doch heraus, dass die Arbeit richtig ist, trifft mich die Schuld." Er nahm die Arbeit an.

A 11.8 Gell-Manns Auto hatte das Wunschkennzeichen QUARKS. Feynman bemalte seinen Dodge Tradesman Maxivan von 1975 mit Feynman-Diagrammen.

Gell-Mann wurde 1969 der Nobelpreis für Physik „für seine Beiträge und Entdeckungen betreffend der Klassifizierung der Elementarteilchen und deren Wechselwirkungen" verliehen.

Man konnte nun auch alle beobachteten hadronischen Reaktionen mithilfe von Quarks ausdrücken und damit verstehen, welche Feynman-Diagramme erlaubt sind. In Abb. 11.5 ist der Streuprozess $p + n \rightarrow n + p$ dargestellt. Man beachte, dass im Austausch ein Quark von oben nach unten, eines von unten nach oben läuft. Dies kann als ein π^+ Meson ($u\bar{d}$) interpretiert werden, das von oben nach unten läuft, oder als π^- Meson ($\bar{u}$ d), welches negative Ladung nach oben trägt.

Die offene Frage bezüglich der Quarks war immer noch: Handelte es sich hier nur um eine Methode, die korrekte Bilanz der Quantenzahlen zu gewährleisten, oder sind die Quarks richtige Teilchen? Zweig war der Meinung, die Aces seien tatsächlich Teilchen, Gell-Mann war anfangs unentschieden. Die Symmetrieeigenschaften verstand man zwar, aber es war völlig unklar, was die Quarks zusammenhält.

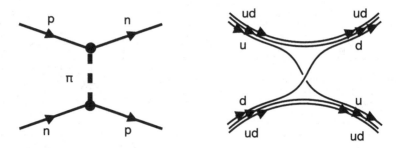

Abb. 11.5 Die Reaktion p + n → n + p im Feynmanbild (links) und der entsprechende Verlauf der Quarklinien (rechts)

Es tat sich aber noch eine Reihe von weiteren grundlegenden Fragen auf: Warum bauen sich Baryonen aus drei und nur aus drei Quarks auf? Warum hat man in den Experimenten noch nie ein Quark beobachtet? Gibt es freie Quarks? Man hatte ein Baryon Δ^{++} gefunden, das aus drei gleichen Quarks (uuu) aufgebaut war. Dies war aber nach dem Paulischen Ausschließungsprinzip verboten, da sich nicht drei Fermionen im gleichen Zustand befinden dürfen.

Verwirrend war auch die Frage nach der Masse der Quarks. Das Proton (uud) und das Neutron (udd) unterschieden sich nur in einem Quark, haben aber fast die gleiche Masse. Daher sollten die Massen der u und d Quarks gleich oder zumindest sehr ähnlich sein. In einfacher Rechnung ergibt sich dann für die u und d Quarks eine Masse von etwa ein Drittel des Protonenmasse, also ~ 300 MeV/c^2. Dies ist aber im Widerspruch zum Baryon Δ^{++}, das aus (uuu) besteht und eine Masse von 1232 MeV/c^2 hat.

Und schließlich: Wie erklärt man die aus dem Experiment bekannte Masse der Pionen von 140 MeV/c^2, wenn deren Bauteile in Summe die Masse 600 MeV/c^2 ergeben?

11.2 Partonen

Jerome Isaac Friedman (1930), Henry W. Kendall (1926–1999) and Richard E. Taylor (1929–2018) führten 1968–69 am SLAC ein Experiment durch, das unerwartete Ergebnisse lieferte. Hochenergetische Elektronen wurden auf Protonen, Deuteronen und schwerere Atomkerne geschossen. Bei niedrigen Energien hatten die Nukleonen keine innere Struktur gezeigt, bei den nun verfügbaren hohen Energien zeigte sich jedoch eine Art von Körnigkeit. Richard Feynman schlug vor, für die Analyse der Streudaten das Nukleon so zu betrachten, als ob es aus mehreren punktförmigen Teilchen bestünde, an denen voneinander unabhängig gestreut wird. Er nannte diese Teilchen Partonen.

A 11.9 Gell-Mann nannte die Partonen Feymans spöttisch „put-ons". Vielleicht war dies eine Replik auf Feynmans Ausdruck „quirks" für Gell-Manns Quarks.

Dieses Modell wurde sofort von James D. Bjorken und Emmanuel A. Paschos für die Analyse von Experimenten eingesetzt und lieferte gute Ergebnisse.

Wie kann man dieses Verhalten verstehen? In einer Näherung der Elektron-Proton Streuung arbeitet man in einem Bezugssystem, in dem die Protonen fast Lichtgeschwindigkeit haben und aufgrund der relativistischen Verzerrung von den Elektronen als von Partonen besiedelte flache Scheiben gesehen werden. So findet die Streuung an den Partonen unabhängig voneinander statt.

Ab einer bestimmten Energie „sieht" das Elektron die drei Partonen, welche die Quantenzahlen des Protons festlegen. Diese Teilchen werden Valenz-Partonen genannt. Bei höheren Energien kann man jedoch noch weitere Streuzentren erkennen: Es handelt sich um die aus dem Vakuum-See fluktuierenden virtuellen Teilchen, die man als See-Partonen bezeichnet. Durch neue Variablen konnte man Lepton-Hadron Streuprozesse mit unterschiedlichen Energien und Impulsüberträgen vereinfacht beschreiben (Bjorken Scaling).

Im Grunde war die Situation ähnlich wie beim Rutherford Experiment, nur betrachtete man nicht ein Atom, sondern ein Baryon. Zu diesem Zeitpunkt war nicht klar, ob es sich bei den Partonen um die theoretisch vorgeschlagenen Quarks handeln könnte.

A 11.10 Murray Gell-Mann war unentschieden, ob Quarks Teilchencharakter haben. In seiner ersten Publikation zum Quarkmodell schreibt er: „Es macht Spaß, zu spekulieren, wie sich Quarks verhalten würden, wenn sie physikalische Teilchen mit endlicher Masse wären (anstelle von rein mathematischen Einheiten, wie sie es im Grenzbereich unendlicher Masse wären)."

A 11.11 Werner Heisenberg war 1973 noch skeptisch: „Selbst wenn Quarks gefunden werden sollten (und ich glaube nicht, dass dies der Fall sein wird), werden sie nicht elementarer sein als andere Teilchen, da ein Quark als aus zwei Quarks und einem Antiquark bestehend angesehen werden könnte, und so weiter."

A 11.12 Murray Gell-Mann war durchaus überzeugt von sich: „Wenn ich weiter als andere gesehen habe, dann deshalb, weil ich von Zwergen umgeben bin." Dies ist eine Anspielung auf die berühmte Aussage von Isaac Newton: „Wenn ich weiter gesehen habe, dann nur, weil ich auf den Schultern von Riesen stehe. "

11.3 Die Novemberrevolution

Wenn ein Elektron und ein Positron sich vernichten, entsteht ein virtuelles Photon, das sofort wieder in ein Elektron-Positron Paar übergehen kann. Genauso könnte das virtuelle Photon aber auch in andere Teilchen und Antiteilchen zerfallen, wenn die Energie genügend groß ist, und die Quantenzahlen insgesamt erhalten sind. Diese Zerfallskanäle können zum Beispiel zwei Pionen oder andere Hadronen sein (Abb. 11.6).

Im Quarkmodell würde das Photon in ein Quark-Antiquark Paar übergehen, das sich entweder wieder zum Photon vernichtet oder aus dem Vakuum weitere Quark-Antiquark Paare holt, um so auslaufende Hadronen zu produzieren. Gewissermaßen umgekehrt kann man auch Hadronen aufeinander schießen und auslaufende Elektron-Positron Paare beobachten.

Man kann also Elektronen mit Positronen kollidieren und abzählen, wie oft Hadronen entstehen im Vergleich zur Erzeugung eines $\mu^+\mu^-$ Paares; man nennt dieses Verhältnis R. Wiederholt man das Experiment für verschiedene Schwerpunktsenergien, so erhält man die Energieabhängigkeit von R, also $R(E)$. Wie in Kap. 8 gezeigt, deuten Resonanzen (hier im Quantenkanal des Photons) auf die Existenz von Teilchen hin. In diesem Fall waren es neutrale Vektormesonen, von denen bis 1974 das ρ, ω, ϕ und ρ' (rho, omega, phi, rho') bekannt waren. Im Quarkmodell werden ρ, ω und ρ' hauptsächlich aus $u\bar{u}$ und $d\bar{d}$ gebildet, und ϕ aus $s\bar{s}$.

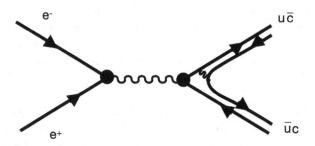

Abb. 11.6 Elektron-Positron   Paar-Vernichtung   und   Meson-Antimeson   Paar-Erzeugung im Quark-Modell

Zwei konkurrierende Gruppen untersuchten diesen Kanal im Jahr 1974. Am SLAC an der Westküste der USA wurde von der Gruppe unter der Leitung von Burton Richter die Elektron-Positron Paarvernichtung wie oben beschrieben vermessen (Abb. 11.6). An der Ostküste am BNL leitete Samuel Ting die Zählung der aus einer Proton-Beryllium Kollision stammenden Elektron-Positron Paare (Abb. 11.7).

Burton Richter, 1931 in Brooklyn, New York geboren, besuchte die Far Rockaway High School, wie auch Richard Feynman und ein weiterer Nobelpreisträger. Richter studierte am MIT in Boston und promovierte 1956 über die Erzeugung von Photonen bei der Pion-Proton Streuung. Ab 1956 war er an der Stanford University und half Wolfgang Panofsky am SLAC bei der Planung eines Elektron-Positron-Speicherrings. 1967 wurde er Professor in Stanford und ab 1970 leitete er den Bau des Speicherrings SPEAR (Stanford Positron–Electron Accelerator Ring), der es erlaubte, Elektronen und Positronen zu kollidieren.

Von 1984 bis 1999 war Richter Direktor von SLAC. In dieser Zeit wurde der Stanford Linear Collider gebaut. Burton Richter starb 2018.

A 11.13 Nach seiner Pensionierung widmete sich Burton Richter vermehrt Themen des Umweltschutzes. 2010 veröffentlichte er Fakten über Klima und Energie in einem Buch „Beyond Smoke and Mirrors: Climate Change and Energy in the 21st Century".

Samuel Chao Chung Ting wurde 1936 in Ann Arbor, Michigan geboren. Seine Eltern waren beide noch in China aufgewachsen. Nach Tings Geburt kehrten sie nach China zurück und nach der Machtübernahme durch die Kommunisten floh die Familie nach Taiwan. 1956 begann er sein Studium an der University of Michigan. Nach seiner Promotion 1963 arbeitete er am CERN, an der Columbia University und am Deutschen Elektronen-Synchrotron (DESY) in Hamburg. Seit 1969 ist er Professor am MIT.

Abb. 11.7 Erzeugung eines Elektron-Positron Paares aus dem Zusammenstoß von Protonen und Beryllium

A 11.14 Samuel Ting hielt seine Ansprache beim Bankett anlässlich der Verleihung des Nobelpreises in Mandarin. Darin betonte er: In Wirklichkeit kann eine naturwissenschaftliche Theorie nicht ohne experimentelle Grundlagen sein; insbesondere die Physik kommt aus der experimentellen Arbeit.

Der Energiebereich zwischen 3 und 3,2 GeV war auch früher schon untersucht worden, allerdings für Energiewerte, die nicht fein genug nebeneinander lagen. Ein extrem schmales Signal wurde übersehen.

Die beiden Gruppen wählten ein feines Raster von Energiewerten und erkannten so, dass es eine unerwartete Resonanz bei 3 100 MeV/c^2 mit einer Halbwertsbreite bei 0,1 MeV gab (Abb. 11.8).

A 11.15 „I have some interesting physics to tell you about!"
Am 10.11.1974, einem Sonntag, hatten Richter und seine Kollegen eine scharfe Spitze in der Anzahl der Teilchen, die mit einer bestimmten Energie aus dem Beschleuniger austreten, identifiziert – das Kennzeichen eines langlebigen, neuen Teilchens.
Am nächsten Tag war Ting zufällig am SLAC und nahm an einem Treffen des Programmberatungsbeirats teil. „Als ich Sam an diesem frühen Morgen traf, sagte er zu mir: ‚Burt, ich muss dir über ein interessantes Ergebnis

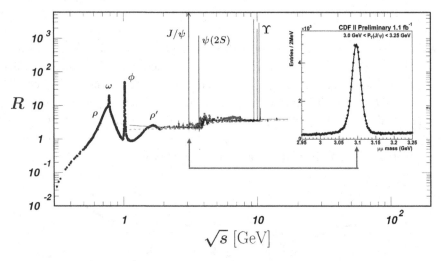

Abb. 11.8 Das Verhältnis *R(E)* als Funktion der Schwerpunktenergie. Es werden Daten verschiedener Experimente der letzten Jahrzehnte zusammengeführt. [Aus R.L. Workman et al. (Particle Data Group), Prog. Theor. Exp. Phys. 2022, 083C01 (2022). Das Insert ist ein Ergebnis der CDF Kollaboration, Fermilab, 2012 und zeigt die J/Psi Produktion als Funktion der Schwerpunktenergie des auslaufenden $\mu^+\mu^-$ Paars mit feinerem Energieraster. Jpsi-fit-mass.gif by CDF Collaboration, gemeinfrei.]

berichten'", erinnerte sich Richter in einem Artikel, der 1976 im Labor-Newsletter veröffentlicht wurde. „Meine Antwort war: ‚Sam, ich muss dir über ein interessantes Ergebnis berichten!'"

Die beiden Gruppen informierten sich gegenseitig und stellten ihre Ergebnisse in einer gemeinsamen Pressekonferenz am 11.11.1974 vor. Sie reichten gleichzeitig am 12. und 13. November 1974 die Berichte ein, die hintereinander in Physical Review Letters veröffentlicht wurden. Bereits 1976 wurden die beiden Wissenschaftler für die Entdeckung dieses Teilchens mit dem Nobelpreis für Physik ausgezeichnet, eine solche zeitliche Nähe zwischen Entdeckung und Nobelpreiszuerkennung ist sehr selten.

A 11.16 Ting erzählt: Am dritten Tag, nachdem ich den Nobelpreis erhalten hatte, erhielt ich ein Telegramm von ihm [Feynman]. Das Telegramm lautete: „Herzlichen Glückwunsch Sam, aber warum geben sie Preise an Leute, die Dinge entdecken, die ich nicht erwartet und nicht verstanden habe? Bitte lass dir den Preis nicht zu Kopf steigen. Ich fordere dich auf, etwas zu entdecken, das ich leicht verstehen kann."

Es war eine Sensation. Die Resonanzspitze ist so schmal und die mittlere Lebensdauer daher so groß, dass man fast von einem stabilen Teilchen sprechen konnte. Ting schlug für das Teilchen den Namen J vor, Richter den Namen ψ (Psi). Man einigte sich auf den Doppelnamen J/ψ oder Psion. Die vergleichbar lange Lebensdauer ließ darauf schließen, dass es sich um den Quark-Antiquark Zustand einer neuen Quarksorte handelte. Man nannte die neue Quantenzahl „Charm", wie die Anhängsel in einem Bettelarmband. Das neue $c\bar{c}$ Vektormeson wird auch Charmonium genannt.

Ab dieser Entdeckung akzeptierte man die Quarks als elementare Bausteine der Hadronen.

11.4 Schwere Quarks

11.4.1 Bottom Quark

Das c-Quark war unerwartet entdeckt worden und nun sah man sich den e^+e^- Kanal genauer an. Nicola Cabibbo hatte eine Matrix aufgestellt, die Übergänge zwischen Quarks beschrieb. Makoto Kobayashi und Toshihide Maskawa hatten 1973 gezeigt, dass die CP-Verletzung auf imaginäre Beiträge, also eine komplexe Phase in der Matrix zurückgeführt werden kann. Diese kann aber nur komplex werden, wenn es mindestens drei Generationen von Quarks gibt. Sie sagten damit voraus, dass es neben (up, down), (charm, strange) auch (bottom, top) Dubletts geben sollte. Statt „top" und „bottom" wurde manchmal auch poetischer „truth" und „beauty" verwendet.

A 11.17 Aufgrund der Namen der Erfinder wurde die Übergangsmatrix CKM-Matrix genannt. Da 2008 nur Kobayashi und Maskawa den Nobelpreis erhielten, nicht jedoch Cabibbo, spricht man heute oftmals nur mehr von einer KM-Matrix.

Am Fermilab in Batavia bei Chicago leitete Leon Lederman ein Experiment, bei dem Hadronen kollidierten und sich unter den Zerfallsprodukten auch $b\bar{b}$ Paare zeigten. Lederman hatte gemeinsam mit Jack Steinberger und Melvin Schwartz 1962 die Existenz von Myon-Neutrinos nachgewiesen. Als die Gruppe 1975 vermeinte, bei 6 GeV/c^2 ein Teilchensignal zu sehen, verkündete sie die Entdeckung eines neuen Vektorbosons und gab ihm den Namen Upsilon (nach dem griechischen Buchstaben Υ). Das war voreilig gewesen, denn bei weiteren Messungen mit mehr Events verschwand das Signal im statistischen Rauschen.

A 11.18 Da sich das von Leon Ledermann entdeckte Teilchen „Upsilon" als Fehlmessung entpuppte, wurde es zu einem „Oops-Leon" degradiert.

Im Jahr darauf, also 1976, sah die Lederman-Gruppe ein stabiles Signal nahe 9,5 GeV/c^2. Dem Vektorboson „Bottonomium" gab man wieder den Namen Upsilon (Υ). Es war ein Quark-Antiquark Meson und man nannte das neue Quark b für Bottom oder Beauty. Bottom setzte sich durch und das neu gefundene Quark trug die Quantenzahl Bottomness $= -1$. Upsilon hat eine Masse von 9,46 GeV/c^2.

11.4.2 Top Quark

Jetzt fehlt noch das letzte, das schwerste Quark mit dem Namen Top. Am CERN, SLAC und DESY waren nur untere Schranken von 77 GeV/c^2 für die mögliche Top-Masse erreicht worden. Das Tevatron am Fermilab war von 1983 bis 2009 der leistungsfähigste Beschleuniger, es erreichte Protonenergien bis zu einem TeV, also mehr als tausendmal die Protonenmasse. Als Proton-Antiproton Collider wurden Schwerpunktsenergien bis zu 2 TeV erzielt.

Am Tevatron gab es Anfang der 1990er Jahre bereits einen Detektor namens CDF (Collision Detector at Fermilab), der in der Lage war, Top-Antitop Erzeugungen zu erkennen. CDF war mit 12 m Länge, Breite und Höhe 5000 t schwer; 600 Physikerinnen und Physiker aus Gruppen der ganzen Welt hatten daran gearbeitet. Um künftige Entdeckungen abzusichern, wurde auch ein davon unabhängiger Detektor „D0" gebaut.

Erste Signale 1992 waren nicht überzeugend, aber 1994 hatte CDF bereits genügend Daten gesammelt, um ein vorläufiges Ergebnis zu veröffentlichen. Nach einer erneuten Analyse der D0 Ergebnisse publizierten beide Gruppen 1995 gemeinsam ihr Ergebnis. Sie hatten mehrere Ereignisse gesehen und das Top-Quark hatte eine Masse nahe bei 176 GeV/c^2.

Damit waren sechs Sorten von Quarks gefunden worden: d, u, s, c, b, t (Tab. 11.2).

Man bezeichnet die sechs Sorten als Flavor (Geschmack). Aus der Gell-Mannschen Flavor SU(3) von 1964 war die Flavor-Symmetriegruppe SU(6)$_F$ geworden, eine globale Symmetrie. Diese Symmetrie gilt für die Quantenzahlen, ist aber durch die unterschiedlichen Quarkmassen verletzt. Dennoch folgen die beobachteten Hadronen dem Multiplett-Schema der Gruppe.

A 11.19 Stephen Wolfram (der später das bekannte Computer-Algebra Programm MATHEMATICA entwickelte) dissertierte bei Gell-Mann und erinnert sich:
Die Interaktion zwischen Murray Gell-Mann und Richard Feynman war eine interessante Sache. Beide kamen aus New York, aber Feynman genoss seinen New Yorker Akzent der „Arbeiterklasse", während Gell-Mann die beste Aussprache von Wörtern aus jeder Sprache wählte.
Beide pflegten überraschend kindische Bemerkungen über den anderen zu machen (Abb. 11.9)

Tab. 11.2 Die sechs Quarks mit ihren additiven Quantenzahlen. Die jeweiligen Antiquarks haben die entgegengesetzten Quantenzahlen.

	d(own)	u(p)	s(trange)	c(harm)	b(ottom)	t(op)
B (aryonzahl)	1/3	1/3	1/3	1/3	1/3	1/3
I_3 (sospin)	−1/2	½	0	0	0	0
S (trangeness)	0	0	−1	0	0	0
C (harm)	0	0	0	1	0	0
B (ottomness)	0	0	0	0	−1	0
T (opness)	0	0	0	0	0	1
Q (el.Ladung)	−1/3	2/3	−1/3	2/3	−1/3	2/3

Abb. 11.9 Gell-Mann (links) und Feynman in einer Karikatur von Barry Blitt. (erschienen im „The Atlantic", Juli 2000). [Mit freundlicher Genehmigung des Künstlers.]

A 11.20 Obwohl Gell-Mann sagte, dass ihm die Zusammenarbeit mit Feynman am meisten Spaß mache, beschwerte er sich 2009 in einem Interview mit dem Magazin „Discover", dass Feynman zu „selbstbezogen" gewesen sei. „Wenn wir also bei der Diskussion zu einem interessanten Schluss kamen, war seine Interpretation: 'Mensch, Junge, ich bin schlau.' Und es war einfach nervig, also gab ich es nach ein paar Jahren einfach auf, mit ihm zu arbeiten."

Literatur und Quellennachweis für Anekdoten und Zitate

A 11.1 www.wissenschaft.de/astronomie-physik/3-quarks-4-asse-und-1-higgs/

A 11.2 www.webofstories.com/play/murray.gell-mann/94

A 11.3 edge.org/conversation/the-making-of-a-physicist

A 11.4 und A 11.5 ep-news.web.cern.ch/content/interview-george-zweig

A 11.6 siehe A 11.1

A 11.7 Fritzsch (2012), S. 72

A 11.8 Gene Sprouse, American Physical Society, www.symmetrymagazine.org/article/november-2008/more-physics-license-plates. www.feynman.com/fun/the-feynman-van/

A 11.9 Remembering Murray Gell-Mann (1929–2019), Inventor of Quarks—Stephen Wolfram Writings.pdf

A 11.10 Phys. Lett. 8 (1964)214

A 11.11 Interview with Werner Heisenberg – F. David Peat http://www.fdavidpeat.com/interviews/heisenberg.htm

A 11.12 Amanda Gefter: Wilson vs Watson: The blessing of great enemies. in New Scientist (10 September 2009)

A 11.13 news.stanford.edu/2018/07/19/nobel-prize-winning-physicist-burton-richter-dies-87/

A 11.14 www.nobelprize.org/prizes/physics/1976/ting/speech/

A 11.15 www.nytimes.com/2018/07/23/obituaries/burton-richter-a-nobel-winner-for-plumbing-matter-dies-at-87.html

A 11.16 www.aip.org/history-programs/niels-bohr-library/oral-histories/44898

A 11.17 de.wikipedia.org/wiki/CKM-Matrix

A 11.18 en.wikipedia.org/wiki/Oops-Leon

A 11.19 siehe A 11.9

A 11.20 www.discovermagazine.com/the-sciences/the-man-who-found-quarks-and-made-sense-of-the-universe, www.webofstories.com/play/murray.gell-mann/84

Fritzsch (2004) Harald Fritzsch, Quarks Urstoff unserer Welt. Piper, München, Zürich.

Fritzsch (2012) Harald Fritzsch, Mikrokosmos. Piper, München, Zürich.

Gell-Mann (1994) Murray Gell-Mann: The Quark and the Jaguar. W.H. Freeman, New York.

12

Die starke Kraft

Zusammenfassung Gell-Mann, Fritzsch und Leutwyler schlugen vor, die Wechselwirkung, welche die Quarks zu Hadronen bindet, durch eine Yang-Mills Theorie mit einer inneren Symmetrie zu beschreiben. Jedes Quark sollte symbolisch eine von drei Farben haben, und Hadronen sind als farbneutrale Kombinationen zu verstehen. Das damit einhergehende masselose Vektorteilchen erhielt den Namen „Gluon" und die Theorie wurde „Quantenchromodynamik" genannt.

12.1 Quantenchromodynamik (QCD)

Wenn man einen Kuchen backen will, braucht man einerseits die Zutaten und andererseits die Information über die Zubereitung. Ähnlich ist es in der Teilchenphysik, wenn man ein Hadron „backen" will. Man hat Quarks als Zutaten, aber wie bringt man sie dazu, im Hadron zusammenzuhalten?

Ein zentrales Problem des Quarkmodells von 1964 war, dass die Baryonen Δ^{++} und Ω^- jeweils aus drei gleichen Quarks (uuu beim Δ^{++} und sss beim Ω^-) bestanden. Beide haben Spin 3/2, was nur durch drei gleichgerichtete ½-Spins der Quarks erreicht werden kann. Einen solchen Zustand darf es aber nach dem Pauli Prinzip nicht geben, da Fermionen sich zumindest in einem Merkmal unterscheiden müssen.

Oskar Wallace Greenberg schlug 1964 vor, dass die Quarks sich weder wie Fermionen noch wie Bosonen verhielten, sondern einer „Parastatistik der Ordnung 3" folgten. Dies kann man als Symmetrie entsprechend einer

© Der/die Autor(en), exklusiv lizenziert an Springer-Verlag GmbH, DE, ein Teil von
Springer Nature 2023
C. B. Lang und L. Mathelitsch, *Haben Sie eines gesehen?*,
https://doi.org/10.1007/978-3-662-67972-2_12

dreiwertigen Ladung interpretieren. Moo-Young Han und Yōichirō Nambu gingen 1965 einen Schritt weiter und betrachteten diese Symmetrie als eine Eichsymmetrie wie in der QED. Diese Arbeiten, zusammengenommen, kann man als Vorreiter der späteren QCD betrachten. Sie versanken im Strom vieler weiterer vorgeschlagener Konzepte.

A 12.1 Greenberg fragte Oppenheimer über seine Meinung zu der Theorie. Oppenheimer antwortete: „Sie ist wunderschön, aber ich glaube kein Wort davon."

A 12.2 Y. Nambu nannte folgende Prinzipien für seine physikalische Forschung:
Keine Angst haben vor unkonventionellem Denken.
Analogien als fruchtbare Quellen erkennen für neue Ideen.

Die Lösung dieses Problems ging von Murray Gell-Mann und Harald Fritzsch aus. Sie führten eine nach außen verborgene Symmetrie ein und schlugen dafür die nichtabelsche SU(3) vor. Sie nannten den neuen Freiheitsgrad „Farbe" (Abb. 12.1). Wohlgemerkt: Diese lokale Farb-SU(3) – auch SU(3)$_C$ genannt (Subscript C für Color) – darf man nicht mit der 1964 eingeführten Flavor-Symmetrie SU(3)$_F$ der drei Quarks u, d und s verwechseln, die eine globale Symmetrie SU(N)$_F$ für N (damals drei) Quarksorten ist.

A 12.3 Das erste Mal wurden die Farben bei einem Vortrag Gell-Manns bei den „Internationalen Universitätswochen für Kernphysik" in Schladming, 1972, erwähnt. Er war damals schon Nobelpreisträger und berühmt, und

Abb. 12.1 Murray Gell-Mann (links) diskutiert mit Hagen Kleinert und Paul Urban (rechts). Im Hintergrund Harald Fritzsch (mit dem Rücken zur Wand.) Das Foto entstand bei den „Internationalen Universitätswochen für Kernphysik" in Schladming, 1972. [IUKT Archiv]

ein Reporter fragte: 'Was hat Ihnen die Tagung gegeben, was nehmen Sie mit nach Hause?' (Er hoffte auf eine sensationelle Schlagzeile.) Gell-Mann, ein begeisterter Vogel-Beobachter, antwortete: „Ich habe einen Fichtenkreuzschnabel gesehen!"

Die Yang-Mills Theorie war in den 1950er Jahren als für die starke Wechselwirkung untauglich beiseite geschoben worden, da masselose Vektorbosonen ein zwingender Bestandteil der Theorie sind. Diese Eigenschaft war aber nun plötzlich willkommen. Gell-Mann und Fritzsch nahmen an, die Farb-$SU(3)_C$ sei eine lokale Symmetrie der Quarks und konstruierten, zusammen mit Heinrich Leutwyler, 1972 und 1973 daraus die entsprechende Yang-Mills Eichtheorie. Die Theorie gibt jedem Quark eine Art zusätzliche, verborgene Quantenzahl „Farbe", die drei Werte (Rot, Grün, Blau) annehmen kann. Das up-Quark kann daher rot, grün oder blau sein (u_r, u_g, u_b), ebenso jedes der anderen Flavors. Die Antiquarks haben die Farben Cyan (Anti-Rot), Magenta (Anti-Grün) und Gelb (Anti-Blau). Die Bezeichnung „Farbe" ist frei erfunden und soll nur dem besseren Verständnis dienen. Die masselosen Vektorbosonen erhielten den Namen Gluonen (Glue ist das englische Wort für Leim).

A 12.4 Fritzsch wollte die Gluonen ursprünglich „Chromonen" nennen. Gell-Mann hat sich durchgesetzt.

Damit waren viele Rätsel des Quarkmodells gelöst. Die (nicht-abelsche) Farbgruppe $SU(3)_C$ sorgt für die richtigen Symmetrie-Eigenschaften, die Gluonen und Quarks sind die Partonen.

Die „innere" Symmetrie für die Hadronen hat zwei Aspekte. Zum einen sind die Farben der Quarks keine festen Eigenschaften, durch die Wechselwirkung mit den Gluonen können Quarks ihre Farben austauschen. Zum anderen müssen die Farben der Quarks und Antiquarks im Hadron so kombiniert werden, dass es insgesamt farbneutral ist.

Farbneutralität kann auf zwei Arten erreicht werden. Entweder kombiniert man drei Quarks so, dass jedes eine andere Farbe hat. Wie bei einem Farbfernsehgerät ergibt die Summe von rot, grün und blau die „Farbe" weiß. Damit ist es verboten, dass zum Beispiel die drei Quarks u, u und d eines Protons alle rot sind. Auch Mischungen wie rot-rot-blau sind entsprechend dieser Theorie verboten und auch nicht beobachtet worden. Die Lösung besteht darin, dass das Proton, wie auch alle anderen Baryonen, farbneutral ist und ein sogenanntes Farbsingulett bildet. Das ist realisiert,

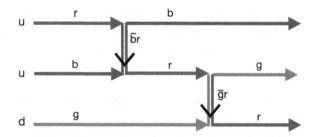

Abb. 12.2 Zusammenhalt des Protons durch farbaustauschende Gluonen

wenn in jedem Baryon alle drei Farben r-g-b gleichzeitig vorhanden sind und das erklärt, warum Baryonen aus drei Quarks bestehen.

Bei Mesonen ist der Fall einfacher. Sie bestehen aus einem Quark und einem Antiquark, die eine Farbe und deren Antifarbe tragen, was sich auch farblich neutralisiert. Die Mesonen sind daher Kombinationen von r$\bar{\text{r}}$, b$\bar{\text{b}}$ oder g$\bar{\text{g}}$.

Die Gluonen sind die Austauschteilchen zwischen den Quarks. Sie vermitteln die Kräfte und übertragen Farbe von einem Quark zu einem anderen. Das Proton in Abb. 12.2 weist zu jedem Zeitpunkt alle drei Farben auf und auch im zeitlichen Durchschnitt sind alle drei Farben gleich vertreten.

Ein Gluon trägt also eine Farbe und eine Antifarbe, bei drei Farben ergibt dies insgesamt neun Kombinationen. Allerdings ist eine Zusammensetzung (r$\bar{\text{r}}$+b$\bar{\text{b}}$+g$\bar{\text{g}}$) ein Singulett, also farbneutral. Diese Kombination überträgt keine Farbe, scheidet als Vermittler aus, weshalb acht Gluon-Zustände bleiben.

Wie immer bei nicht-abelschen Eichtheorien wechselwirken die Vektorbosonen (vgl. Kap. 10), hier die Gluonen, auch miteinander. Die elektromagnetische Wechselwirkung, beschrieben durch eine abelsche Eichtheorie, hat Photonen als Austauschteilchen. Ein Photon hat keine elektrische Ladung, Gluonen hingegen tragen Farbladung. Es können daher sogar Bindungszustände aus Gluonen allein bestehen, sogenannte Glueballs. Ihre Existenz ist durch Experimente nicht eindeutig belegt, da sie mit Mesonen gleicher Quantenzahlen mischen können und damit sehr schwer nachzuweisen sind. Die Selbstwechselwirkung der Gluonen verkompliziert die Situation beträchtlich. Lösungsversuche mittels Reihenentwicklung nach Potenzen der Kopplungskonstante sind zum Scheitern verurteilt.

Diese Quantenfeldtheorie der starken Wechselwirkung erhielt den Namen Quantenchromodynamik (QCD).

Abb. 12.3 Murray Gell-Mann (1929–2019) (Foto 2007). [upload.wikimedia.org/ wikipedia/commons/5/55/MurrayGellMannJl1.jpg by I, Joi licensed under Creative Commons Attribution-Share Alike 3.0 Unported,]

Unklar war zunächst, warum man weder Quarks noch Gluonen als freie Teilchen sehen konnte. Warum aber verhielten sich Partonen im Hadron wie freie Teilchen? Gleichzeitig waren sie anscheinend permanent gebunden, der englische Ausdruck dafür ist „confined". Eine dritte offene Frage war, warum das Pion so leicht war. Die QCD beantwortete alle drei Fragen, wie in den nächsten Abschnitten gezeigt wird.

Harald Fritzsch (1943–2022) hatte eine abenteuerliche Zeit hinter sich, als er Gell-Mann kennenlernte. Geboren in Zwickau in der damaligen DDR, war er zwei Jahre in der „Nationalen Volksarmee" und studierte 1963 bis 1968 Physik in Leipzig. Nach einer waghalsigen Flucht in einem Faltboot mit Außenbordmotor über das Schwarze Meer setzte er sein Studium in München fort und promovierte 1971 bei Heinrich Mitter. Bei einer Tagung in Aspen lernte er 1970 Gell-Mann (Abb. 12.3) kennen und es begann eine fruchtbare Zusammenarbeit. Fritzsch brachte gute Kenntnisse der Yang-Mills Theorie mit und zusammen entwickelten sie das Konzept der „Farbe". Nach der Promotion war er am CERN und am Caltech, ab 1977 nahm er Professuren in Wuppertal und Bern an und ab 1980 war er Ordinarius an der Ludwig-Maximilian-Universität in München bis zu seiner Emeritierung 2008. Seine populärwissenschaftlichen Bücher wurden in viele Sprachen übersetzt.

Heinrich Leutwyler, geboren in Bern 1938, studierte an der Universität Bern Physik, Mathematik und Astronomie und wechselte nach dem Diplom 1960 nach Princeton, wo er bei John Klauder (Bell Labs) promovierte. Zurück in Bern habilitierte er sich 1965 und wurde 1969 Ordentlicher Professor. 1973 war er als Gastforscher am Caltech und mit Gell-Mann und Fritzsch an der Entwicklung der QCD beteiligt. Zurück in Bern befasste er sich mit Untersuchungen zur QCD im Grenzfall verschwindender Pionmassen.

A 12.5 Stephen Wolfram über seinen Doktorvater Gell-Mann: Er war eine seltsame Mischung aus liebenswürdig und gesellig, streng und kämpferisch.

A 12.6 In seinen letzten Lebensjahren beschäftigte sich Gell-Mann (Abb. 12.3) mit neuen Interpretationen der Quantenmechanik; er hielt wenig von der Kopenhagener Deutung:

„Niels Bohr hat eine ganze Generation von Physikern einer Gehirnwäsche unterzogen, damit sie glauben, dass das Problem vor fünfzig Jahren gelöst wurde."

12.2 Asymptotische Freiheit

Ein Rätsel war, dass sich Quarks wie freie Teilchen verhalten, wenn sie im Hadron mit Projektilen bei hohen Impulsen getroffen werden. Obwohl die QCD mittels Störungsreihe nicht gelöst werden kann, gibt es doch die Möglichkeit, ihr Verhalten unter Veränderung der Skala zu studieren.

Was passiert bei Skalenänderungen mit den Gesetzen der Teilchenphysik? Wir haben das schon in Kap. 7 im Zusammenhang mit der QED besprochen. Die Erkenntnis aus der QED war, dass die Theorie sich nicht ändert, wohl aber die Kopplungskonstante. Eine Theorie mit dieser Eigenschaft heißt renormierbar. Es war ein Triumph, dass Gerard 't Hooft und Martinus Veltman zeigen konnten, dass die elektroschwache Theorie (Kap. 13) renormierbar ist. Viele Jahre war man der Meinung, eine „gesunde" Quantenfeldtheorie müsse renormierbar sein.

Wenn man von der abstrakten Forderung der Renormierbarkeit abgeht, dann kann man auch „effektive" Theorien betrachten. Diese können sich über einen bestimmten Skalenbereich nahezu wie renormierbare Theorien verhalten. Außerhalb des Bereiches benötigen sie aber zunehmend mehr Korrekturterne oder eine andere effektive Theorie.

Renormierbare Theorien haben also die Eigenschaft, eine Veränderung der Skala durch eine Veränderung der Kopplungskonstante ausgleichen zu können. Bei der Diskussion der Renormierungseigenschaften ist erstaunlicherweise die Störungsreihe trotz ihrer Divergenz von Nutzen. Murray Gell-Mann und Francis Low hatten schon 1954 gezeigt, dass die niedrigen Ordnungen der Reihe die Berechnung der sogenannten Beta-Funktion erlauben. Mit dieser Funktion kann man im Fall kleiner Abstände und kleiner Kopplungskonstante die Skalenabhängigkeit der Kopplungskonstante und anderer Parameter der Theorie berechnen. Kenneth Wilson bewies Ende der 1960er Jahre, dass das Verhalten der Kopplungsstärke bei asymptotisch großen Energien (asymptotisch kleinen Abständen) durch die Beta-Funktion beschrieben wird.

Für die QED lässt sich so zeigen, dass die Feinstrukturkonstante bei kleinen Abständen zunimmt. Die Beta-Funktion ist positiv. Der Wert der Feinstrukturkonstante von ungefähr 1/137 ist im sogenannten Coulomb Limes, also bei großen Abständen und kleinen Impulsüberträgen, gemessen. Bei subatomaren Abständen entsprechend einer Energie von 90 GeV ist der Wert bereits auf 1/127 angewachsen. Man erklärt das durch die Vakuumpolarisation: Rund um ein geladenes Teilchen entstehen aus dem Vakuum laufend Teilchen-Antiteilchen Paare, die sich aufgrund ihrer entgegengesetzten Ladungen in Richtung des Teilchens ausrichten. Dadurch wird die Ladung des Teilchens nach außen abgeschirmt.

David Gross und sein Dissertant Frank Wilczek in Princeton und Sidney Colemans Dissertant Hugh David Politzer in Harvard hatten Anfang der 1970er Jahre unabhängig voneinander die Beta-Funktionen verschiedener Quantenfeldtheorien berechnet, um Theorien zu finden, deren Kopplung für wachsende Energie abnimmt, die also bei großen Energien fast frei sind. Im Frühjahr 1973 publizierten sie ihre Ergebnisse, dass die Eichtheorie für die nicht-abelsche Symmetriegruppe $SU(3)_C$ eine Beta-Funktion hatte, welche die gesuchte Eigenschaft hat, die Theorie daher „asymptotisch frei" war. Sidney Coleman hatte die Bezeichnung „Asymptotic Freedom" vorgeschlagen.

A 12.7 Nobelpreisträger Sheldon Glashow beschrieb Sidney Coleman: „Er ist ein Riese in einem eigenartigen Sinne, weil er der allgemeinen Bevölkerung nicht bekannt ist. [...] Aber innerhalb der Gemeinschaft der theoretischen Physiker ist er eine Art großer Gott. Er ist der Physiker des Physikers."

Die QCD-Kopplungskonstante α_{QCD} hat bei Energien im Bereich der Z-Masse (91 GeV/c^2) einen Wert nahe 0,118 und wird bei großen Energien oder kleinen Abständen immer kleiner. Bei 500 GeV ist α_{QCD} bereits 0,095. Auch hier geht die Erklärung über die Vakuumpolarisation, sie ist allerdings etwas komplexer: Im Vakuum entstehen und verschwinden laufend Quark-Antiquark-Paare. Auch diese orientieren sich gemäß ihrer Farbladung in Richtung der ursprünglichen Farbladung und schirmen diese, genau wie bei der elektrischen Ladung, ab. Zusätzlich werden aber auch Gluonen erzeugt. Diese Gluonenwolke wirkt in umgekehrter Richtung und ihr Effekt ist stärker als die Abschirmung durch die virtuellen Quarks. In Summe wird die effektive Kopplungskonstante damit bei kleinen Abständen immer geringer, die Teilchen bewegen sich annähernd unabhängig voneinander, sie sind „asymptotisch frei". Gross, Wilczek und Politzer erhielten 2004 den Nobelpreis für Physik.

A 12.8 Wilczeks Frau Betsy erzählt: Frank heiratete mich am 3. Juli 1973 und flog am 4. Juli nach Erice, wo er als „Sekretär" für Sidneys [Coleman] Vorlesungen diente. Frank gewann in diesem Sommer den Preis als „bester Student", also wurden sein Flug und alle Gebühren bezahlt. Als ich das erfuhr, sagte ich: „Wenn wir gewusst hätten, dass das passieren würde, hätten wir es uns leisten können, gemeinsam nach Erice zu fliegen." Frank sagte: „Betsy, wenn du dabei gewesen wärst, hätte ich diesen Preis nie gewonnen."

Beide Nobelpreisarbeiten entstanden 1973 im Rahmen von Dissertationen! David Jonathan Gross, geboren 1941 in Washington, D.C., beendete 1962 sein Undergraduate Studium an der Hebrew University of Jerusalem, Israel. Sein Doktoratsbetreuer an der University of California, Berkeley, war Geoffrey Chew, einer der bedeutendsten Vertreter der S-Matrix Theorie. Nach der Promotion 1966 war Gross drei Jahre in Harvard und ab 1969 Professor an der Princeton University. Der erste Student, dessen Doktorarbeit er betreute, war Frank Wilczek.

A 12.9 David Gross: Ich rate den Studenten, über die großen Probleme nachzudenken. Ich meine, arbeite an allem, woran du arbeiten kannst, wo du Fortschritte machen kannst. Aber denke immer an die großen Probleme.

Frank Anthony Wilczek wurde 1951 in Mineola, New York, in eine Handwerkerfamilie polnisch-italienischer Abstammung geboren. Er war ein herausragender Schüler und begann schon mit 13 sein Studium an der Martin Van Buren High School. 1970 schloss er sein Undergraduate Studium an der University of Chicago ab. Er entschied sich dafür, in Princeton Mathematik zu studieren (Master 1972). Wilczek wechselte dann zu Physik und wurde bei seiner Dissertation von David Gross betreut. Er promovierte 1974 in Princeton und lehrte dort bis 1981. Nach Jahren an den University of California in Santa Barbara, in Princeton und am MIT forscht und lehrt er an der Arizona State University in Tempe. Er hat zu Themen wie Axionen, Anyonen und Time Crystals beigetragen und ist umtriebiger Autor zahlreicher Artikel und Bücher für Nicht-Fachleute.

A 12.10 Als Frank Wilczek in den 1960er Jahren als Teenager in New York war, ging er manchmal mit seiner Mutter einkaufen. Im Laden bemerkte er eine Waschmittelmarke namens „Axion". Unzählige Menschen hatten das Produkt wahrscheinlich gesehen und benutzt, aber der frühreife Wilczek war mit ziemlicher Sicherheit der erste, der dachte, dass es ein guter Namen für ein Elementarteilchen wäre. Wilczek ergriff 1978 die Chance, als er erkannte, dass eine mögliche Lösung für ein ungelöstes Problem in der Physik die Existenz eines nie zuvor gesehenen Teilchens implizierte. Sein Namensvorschlag: das „Axion", weil es das Problem „bereinigt" hat.

A 12.11 Frank Wilczek: Wer keine Fehler macht, arbeitet nicht an wirklich schwierigen Problemen. Und das ist ein Fehler.

Auch Hugh David Politzer, geboren 1949 in New York City, schrieb seine Nobelpreisarbeit als Dissertant. Seine Eltern, beide Akademiker, waren nach dem Krieg aus der Tschechoslowakei eingewandert. Er besuchte die Bronx High School of Science bis 1966, absolviert das Undergraduate Studium an der University of Michigan und begann 1969 sein Doktoratsstudium an der Harvard University (Promotion 1974). Sein Betreuer war Sidney Coleman.

A 12.12 Fritzsch kommentierte die Vergabe des Nobelpreises an Gross, Wilczek und Politzer: „Ich kenne die drei Nobelpreisträger sehr gut und meine, dass die Ehrung angemessen ist. Doch ich war schon etwas enttäuscht, weil Murray Gell-Mann und ich gemeinsam die Basis zur Theorie der Quantenchromodynamik gelegt haben. Viele Experten sind der Meinung, dass eher dies ausgezeichnet werden sollte." Das Problem, so Fritzsch weiter, sei indes, dass Gell-Mann bereits 1969 einen Nobelpreis erhalten habe und Doppelehrungen durch das Komitee vermieden würden.

12.3 Haben sie eines gesehen?

Die Titelfrage dieses Buchs spiegelt eine fehlende experimentelle Bestätigung einer Theorie wider. Machs provozierende Bemerkung (Abschn. 1.2) betraf die Atome, aber genauso könnte man sie um 1970 bezüglich Quarks und Gluonen gestellt haben.

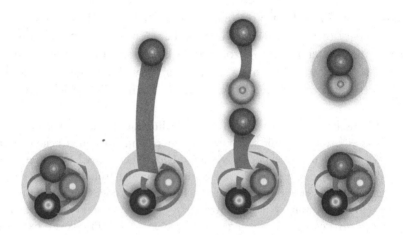

Abb. 12.4 Wenn der String genügend Energie hat (zum Beispiel durch Kollision mit anderen Teilchen), um ein Quark-Antiquark Paar zu erzeugen, bricht er. Das Quark des Paares wandert zum Hadron. Das Antiquark verbindet sich mit dem ehemals zum Hadron gehörenden Quark zu einem Meson. Aus dem Hadron wurden ein Hadron und ein Meson

A 12.13 Ernst Mach (1883): „Die Atomtheorie hat in der Physik eine ähnliche Funktion, wie gewisse mathematische Hülfsvorstellungen, sie ist ein mathematisches Modell zur Darstellung von Thatsachen."

Man hatte mit den Quarks und Gluonen theoretische Gebilde, mit denen viele bis dahin offene Fragen beantwortet werden konnten. Als reale Teilchen hatte man sie nicht nachweisen können. Es sah so aus, als ob sie in den bekannten Teilchen wie in einem Sack eingeschlossen seien. Diese Annahme wurde Bag-Modell oder Confinement genannt.

Wenn man durch einen Stoß mit hoher Energie versucht, ein Quark herauszuschlagen, so bildet sich eine Art Gummiband, ein „String" von Energie (Abb. 12.4). Je weiter man das Quark herauszieht, desto mehr Energie muss man hineinstecken. Wie bei zwei geladenen Platten eines Kondensators die Kraft zwischen den Platten unabhängig von deren Abstand ist, ist sie auch hier abstandsunabhängig; die investierte Energie ist jedoch proportional dem Abstand, in unserem Fall der Stringlänge. Ist die Energie genügend hoch, wird ein Quark-Antiquark-Paar erzeugt, das sich mit den ursprünglichen Quarks zu neuen Teilchen formiert.

Die QCD ist die Theorie der starken Wechselwirkung, sie erklärt, warum die Quarks in Hadronen gebunden sind. Gleichzeitig beschreibt sie aber auch die starke Kraft zwischen den Hadronen, die ursprünglich starke Wechselwirkung genannt wurde.

Abb. 12.5 Prinzip-Skizze für ein „3-Jet Event"; am Vertex koppeln die Quarks an ein Gluon. Die dicken durchgezogenen Linien mit Pfeilen stellen ein Quark beziehungsweise Antiquark dar, die aus dem Vertex kommen, alle anderen Linien bezeichnen aus dem Vakuum entstandene Quark-Antiquark Paare. Wenn statt des Gluons ein Photon den Vertex verließe, dann gäbe es nur die beiden Quarkjets

12.4 Jets

Weder Quarks noch Gluonen werden als freie Teilchen beobachtet. Was passiert aber, wenn in einer Kollision hochenergetische Quarks und Gluonen in unterschiedliche Richtungen fliegen wollen? Wenn die zur Verfügung stehende Energie sehr hoch ist, so kann sich nicht nur ein weiteres Teilchen bilden (Abb. 12.4), sondern, wie in Abb. 12.5 gezeigt, können sich viele Quark-Antiquark Paare zu einem „Jet" von Hadronen formen.

Die Positron-Elektron-Tandem-Ring-Anlage (PETRA) am Deutschen Elektronen-Synchrotron (DESY) war 1978 einsatzbereit. Mit 2 300 m Umfang war PETRA damals der größte Speicherring. Elektronen und Positronen konnten auf eine Energie von 19 GeV beschleunigt werden.

Wenn man in einem e^+e^- Kollisionsexperiment zwei Jets beobachtet, stammen sie von einem Quark-Antiquark Paar. Es war ein Aufsehen erregendes Resultat der Arbeitsgruppe TASSO am Speicherring in Hamburg, als sie 1979 in ihrem Experiment drei Jets beobachtete (Abb. 12.6). Zwei Jets kommen von dem Quark und Antiquark, der dritte musste ein Gluon als Ursprung haben. Gluonen haben jeweils einen Farb- und einen Antifarb-Index. Sie tragen gleichsam von jedem der Quarks eine Farbe davon, die durch aus dem Vakuum erzeugte Quarkpaare gesättigt werden muss.

Dieses Resultat wurde allgemein als Beweis für die Existenz von Gluonen anerkannt.

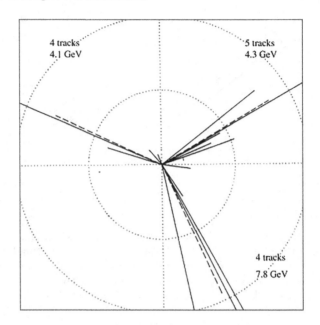

Abb. 12.6 Das erste 3-Jet-Event, beobachtet im TASSO Experiment am PETRA Speicherring (DESY). [From: R. Brandelik et al. (**TASSO** collaboration) (1979). „Evidence for Planar Events in e⁺e⁻ Annihilation at High Energies". **Physics Letters B**. 86 (2): 243–249. See also B. H. Wiik, First Results From Petra, in Bergen 1979, Proceedings, Neutrino'79, Vol.1, p. 113]

12.5 Quarkmassen

Wie stellte man sich ein Nukleon vor? Die Quantenzahlen werden durch die Quantenzahlen der drei Quarks festgelegt, die man Valenzquarks („valence quarks") nannte. Daneben gibt es im Nukleon Gluonen und einen Vakuumsee von virtuellen Quarks und Antiquarks, den sogenannten Seequarks („sea quarks").

Wie groß ist aber die Masse der Quarks? Dies ist keine leicht zu beantwortende Frage. Laut SRT ist die Masse eines freien Teilchens eine Bewegungsinvariante und kann aus der Energie und dem Impuls berechnet werden (siehe Kap. 3). Quarks sind aber permanent gebunden, es gibt sie nicht als freie Teilchen. Die Masse eines hadronischen Bindungszustands besteht im Prinzip aus der Masse der gebundenen Quarks und der Bindungsenergie, manifestiert in den Gluonen.

Eine zentrale Größe, die das Verhalten eines physikalischen Systems charakterisiert, ist die Lagrangefunktion. In der klassischen Mechanik ist sie eine Kombination von potenzieller und kinetischer Energie und man kann daraus die Bewegungsgleichungen ableiten. In der QFT besteht die Lagrangefunktion aus analogen Termen mit Feldern, in denen auch alle Wechselwirkungsterme und die Massen der beteiligten Teilchen als Parameter enthalten sind. Diese Funktion enthält formal alle Information zur Berechnung von Streuprozessen und weiteren Eigenschaften der Elementarteilchen.

Aus der QCD Lagrangefunktion relevante Größen zu berechnen, stellte sich jedoch als sehr schwierig heraus. Eine Möglichkeit besteht in Feynmans Entwicklung in eine unendliche Reihe in Potenzen der Kopplungskonstanten. Diese Methode nennt man Störungstheorie (englisch: Perturbation Theory) und Berechnungen, die darauf beruhen, bezeichnet man als perturbativ. Wie wir im 7. Kapitel gesehen haben, funktioniert das in der QED ganz hervorragend, im Falle der QCD versagt die Methode, wenn man zum Beispiel Hadronmassen berechnen will. Die heute erfolgreichste Methode, um aus der QCD- Lagrangefunktion „ab initio" Vorhersagen für experimentelle Befunde zu berechnen, ist die sogenannte Gittereichtheorie, die wir weiter unten genauer besprechen werden.

Die Quarkmassen der Lagrangefunktion sind also nicht direkt messbar, sondern sind Parameter, die so eingestellt werden müssen, dass das Ergebnis der theoretischen Rechnung mit dem Experiment übereinstimmt. In den Vergleich der Theorie mit dem Experiment geht somit die Rechenmethode der Theorie ein.

Die im Particle Data Book[1] angegebenen Quarkmassen sind diese Parameter der Lagrangefunktion, und man nennt sie Massen der „nackten" Quarks oder auch „Current-Quark Massen". Die Massen für u und d liegen bei einigen MeV/c^2 (siehe Kap. 15.)

Daneben gibt es verschiedene phänomenologisch motivierte Ansätze, die nicht von der QCD-Lagrangefunktion ausgehen. Ein Beispiel dafür sind Potenzialmodelle. Potenziale zwischen zwei Quarks sind in der QFT nicht sauber definiert, da die Beziehung zwischen den beiden Quarks durch die Entstehung von Quark-Antiquark-Paaren aus dem Vakuum aufgebrochen wird. Die Quarks in diesen Potenzialmodellen werden „Konstituenten-Quarks" genannt. Man stellt sie sich als „dressed", bekleidete Quarks vor, die von einer kompakten Wolke aus Gluonen und Quark-Antiquarkpaaren umgeben sind. Die leichten Quarks u und d haben Konstituenten-Quark-Massen von 300 MeV/c^2 und darüber. Aus diesem Grund können Potenzialmodelle die Massen der leichten Pionen und Kaonen nicht zufriedenstellend erklären.

---

[1] R.L. Workman et al. (Particle Data Group), Prog. Theor. Exp. Phys. 2022, 083C01 (2022).

Bei den schweren Quarks, wie beim c-, b- und t-Quark, ist der Anteil der „nackten" Quarkmasse im Hadron sehr viel höher als der Anteil der Bindungsenergie. Charmonium $c\bar{c}$ hat eine Masse von 3,1 GeV/c^2, die Current-Quark Masse des c-Quarks liegt bei 1,27 GeV/c^2. Bottomonium $b\bar{b}$ hat eine Masse von 9,46 GeV/c^2, die Current-Quark Masse des b-Quarks ist 4,18 GeV/c^2.

Die Gluonen selbst sind masselos. Die Massen der sechs Quarks sind fundamentale Naturkonstanten, wie auch die Massen der sechs Leptonen. Warum die Massen genau diese Werte haben, ist noch eines der größten Rätsel der Teilchenphysik.

12.6 Gebrochene chirale Symmetrie

Nukleonen und Pionen bestehen fast ausschließlich nur aus u- und d-Quarks. Da diese Current-Quark-Massen im Vergleich zu den Hadronmassen sehr klein sind, kann man sich fragen, wie die Welt beschaffen wäre, wenn sie nur aus u und d bestünde und diese Quarkmassen null wären. Die Lagrangefunktion hätte dann keinen Massenterm. Zusätzlich zur Farb-Eichgruppe SU(3)$_C$ gäbe es noch eine globale Symmetrie SU(2), bei der u und d vertauscht werden können.

Masselose Fermionen haben nur zwei Spin-Richtungen: in Bewegungsrichtung („rechtshändig") oder entgegen der Bewegungsrichtung („linkshändig"). Die globale Symmetrie gilt für linkshändige Quarks ebenso wie für rechtshändige. Sie erhielt die Bezeichnung „Chirale Symmetrie", nach dem alt-griechischen Wort χειρ für „Hand".

Wenn die Quarks eine nichtverschwindende Masse hätten, so wären Übergänge zwischen linkshändigen und rechtshändigen Fermionen erlaubt und die chirale Symmetrie zerstört. In den nicht-perturbativen Rechnungen zur QCD hat man festgestellt, dass die gluonische Wechselwirkung einen solchen Massenterm in der Lagrangefunktion dynamisch erzeugt. Damit ist die chirale Symmetrie „spontan gebrochen". Wir haben schon (Abschn. 10.4) das Nambu-Goldstone-Theorem besprochen, nachdem eine spontane Brechung einer globalen, kontinuierlichen Symmetrie das Auftreten eines masselosen Bosons bewirkt. Im Falle der masselosen QCD, wie gerade besprochen, würde das Goldstone Boson ein dreikomponentiges Boson mit negativer Parität sein: diese Quantenzahlen entsprechen genau dem Pion mit seinen drei Ladungszuständen. Das Pion hat daher eine Sonderstellung. Es ist das Goldstone-Boson der gebrochenen chiralen Symmetrie.

Soweit der theoretische Idealfall, den Heinrich Leutwyler als das Paradies der Theoretiker bezeichnet. Die tatsächlichen Massen von u und d sind allerdings auch ohne die Symmetriebrechung nicht genau null, aber sie sind sehr klein. Daher ist die Masse des Pions auch nicht null, sondern 140 MeV/c^2, also im Vergleich zu den anderen Hadronen sehr klein. Damit ist das Rätsel des leichten Pions geklärt.

12.7 Gittereichtheorie

Berechnungen einer Quantenfeldtheorie in der Pfadintegralformulierung benötigen Summen über alle Feldkonfigurationen. Für das 4-dimensionale Kontinuum (Raum und Zeit) ist keine analytische Methode bekannt, diese Summe exakt zu berechnen.

Kenneth Wilson schlug 1974 vor, das Kontinuum durch ein 4-dimensionales Raum-Zeit-Gitter zu ersetzen. Das Feld ist dann durch eine Menge von Werten an den Gitterpunkten gegeben. Wenn das Gitter in jede Richtung N Punkte hat, sind das N^4 Feldwerte, das Ganze daher ein N^4-dimensionales Integral. Dieses kann in der Theorie numerisch berechnet werden, in der Praxis nur mit enormem Aufwand. Wenn man das Gitter immer feiner macht, kann man im Grenzfall die Ergebnisse im Kontinuum näherungsweise bekommen.

Kenneth Geddes „Ken" Wilson wurde 1936 in Waltham, Massachusetts, geboren; seine Mutter war Physikerin, sein Vater Chemiker an der Harvard University. Ken besuchte das Harvard College und studierte am Caltech, betreut von Murray Gell-Mann. Nach seinem Abschluss war er in Harvard und am CERN und ab 1963 an der Cornell University in Ithaca, an der auch Bethe lehrte.

A 12.14 Ken Wilson bezeichnete seine Dissertation als „Mischmasch von merkwürdigen Berechnungen". Als er sie 1960 abgab, war Gell-Mann in Paris, also musste Feynman seine Dissertation lesen. Wilson hielt daher einen Seminarvortrag mit Feynman als Teilnehmer. Mittendrin hebt ein anderes Fakultätsmitglied die Hand und sagt: „Ich finde Ihre Diskussion interessant, aber was nützt sie?", worauf Wilson keine Antwort hatte. Feynman meldet sich zu Wort und sagt: „Einem geschenkten Gaul sieht man nicht ins Maul. "

Im Jahr 1965 sollte Wilson fest angestellt werden, hatte aber wenig veröffentlicht. Dank Bethes Unterstützung gelang es dennoch: 1970 wurde Wilson zum Professor ernannt.

A 12.15 Wilson erhielt 1965 eine feste Anstellung auf der Grundlage der ersten (fehlerhaften – laut Wilson – und daher unveröffentlichten) Arbeit über die Operator-Produkt-Entwicklung und einer Arbeit (eingereicht im Juni 1965) über Renormierung. Beide stellten sich als bahnbrechende Methoden zum Studium von Phasenübergängen heraus. In den 1980er Jahren machte in Cornell die Geschichte die Runde, dass Gell-Mann seinerzeit einen Brief schrieb, der Kens Brillanz bezeugte, aber davor warnte, dass eine permanente Anstellung verfrüht sei. Die zweite Hälfte der Geschichte ist, dass Hans Bethe seinen Kollegen sagte, sie sollten nur den ersten Absatz des Briefes lesen.

Wasser begegnet uns im Alltag als Eis, Flüssigkeit und Dampf, also in drei Phasen. Das Wassermolekül H_2O ist aber immer dasselbe. Warum es zu solchen Phasenübergängen, sogenannten kritischen Punkten, kommt, damit beschäftigt sich die Physik der Kritischen Phänomene. An Phasenübergängen verhalten sich Messgrößen wie die Magnetisierung von Eisen oder die Dichte von Wasser ungewöhnlich. Sie verschwinden mit einer Potenz des Kontrollparameters, deren Werte oft nicht ganzzahlig oder einfache Bruchzahlen sind. Wilson erkannte, dass in der Nähe von bestimmten Phasenübergängen dieses Skalenverhalten durch Renormierungstransformationen beschrieben werden kann, ebenso wie bei der QFT. Damit konnte man kritische Phänomene mit Methoden der QFT untersuchen. Wilson erhielt für diese Beiträge 1982 den Nobelpreis für Physik.

A 12.16 Es gibt ein Foto von einer improvisierten Pressekonferenz an der Cornell University anlässlich der Verleihung des Nobelpreises an Wilson. Neben Wilson sitzt Bethe und strahlt über das ganze Gesicht. Seine Unterstützung, Wilson 1965 zu berufen, hatte sich als goldrichtig erwiesen.

Aber zurück zur Gitterformulierung der Quantenfeldtheorie und zu den N^4-fachen Integralen. Um uns die Gewaltigkeit der Aufgabe vorzustellen, betrachten wir ein Feld, das an jedem Gitterpunkt nur zwei Werte annehmen kann. (Das ist das 4-dimensionale Isingmodell des Ferro-Magnetismus.) Für ein relativ kleines Gitter mit $N = 16$, zum Beispiel, wird die Integration eine Summe über 2^{65536} mögliche Feldkonfigurationen. Das ist eine Dezimalzahl mit mehr als 19 700 Stellen!

Hochdimensionale Integrale berechnet man mit „Monte Carlo"-Methoden. Dabei wird die Summe über alle Feldkonfigurationen durch eine große, zufällig gewählte Menge von Konfigurationen genähert. Ein klassisches Beispiel zur Demonstration der Monte Carlo Methode ist die Bestimmung der Kreiszahl Pi. Wir zeichnen einen Kreis mit Radius 1, der genau in ein Quadrat der Seitenlänge 2 passt. Nun schießen wir – ohne zu zielen – auf das Quadrat. Es können gerne etliche Schüsse daneben gehen. Die Zahl der Treffer im Kreis verhält sich zur Zahl der Treffer im Quadrat wie das Verhältnis der Kreisfläche zur Quadratfläche, das ist Pi/4. Diese Näherung verbessert sich, wenn die Zahl der Versuche höher wird.

Wilson fand 1974 eine Formulierung der QCD auf einem Raum-Zeit-Gitter. Dabei sitzen die Quarks auf den Gitterpunkten und die Gluonen auf den Verbindungen. Es dauerte noch sechs Jahre, bevor die Computer leistungsfähig genug waren, um derartige Berechnungen in Angriff zu nehmen. Bei den ersten Monte Carlo Rechnungen betrachtete man nur den gluonischen Teil der QCD, also nur die bosonischen Eichfelder, daher „reine Eichtheorie" genannt. Aufgrund der Selbstwechselwirkung der Gluonen ist diese Theorie dennoch nicht trivial. Mike Creutz betrachtete zunächst 1980 relativ kleine 4-dimensionale Gitter und fand Hinweise, die für die reine Eichtheorie die erwartete Skalierungsfunktion bestätigten. Er untersuchte die kleinere Eichgruppe SU(2) auf Gittern der Größe 10^4 und die $SU(3)_C$ auf 6^4 Gittern, das waren im Vergleich zu heute lächerlich kleine Gitter. Es war der eigentliche Beginn eines eigenen Forschungszweiges „Gittereichtheorie" („Lattice Gauge Theory").

Auch am CERN begannen 1980 Theoretiker solche Rechnungen. Innerhalb weniger Wochen schöpften sie zum Ärger ihrer Kollegen das Computer-Jahreskontingent der Theorie Abteilung aus. Seither gehören theoretische Physikerinnen und Physiker international zu den Hauptnutzern von Supercomputern.

Während man Bosonen auf Gittern gut „simulieren" kann, sind Fermionen um Größenordnungen aufwendiger. Die gebräuchliche Methode ist die Umformulierung der Fermionen in bosonische „Pseudofermionen", die dann allerdings eine viel kompliziertere Struktur haben.

A 12.17 Mike Creutz: „Im Hinterkopf frage ich mich immer, warum es so viel schwieriger ist, Fermionen in eine Computersimulation einzubauen als Bosonen. Bosonen sind trivial. Was macht das so viel schwerer? Ich weiß es nicht."

In den über 40 Jahren, die seit der Arbeit von Creutz vergangen sind, hat man viel Energie in die Optimierung der Algorithmen investiert. Kompetitive Rechnungen auf Gittergrößen 64^4 wurden und werden auf den jeweils verfügbaren weltgrößten Computern durchgeführt.

Heute ist die Gittereichtheorie der einzige nichtperturbative Weg, Hadroneigenschaften ab initio zu berechnen. Die Monte Carlo Methode ist die Standardmethode für QCD und ihre Ergebnisse werden zum Vergleich mit den Experimenten herangezogen.

Nur wenige Forschungsgruppen können mit physikalisch leichten Quarks rechnen. Allerdings gibt es viele Rechnungen zu Pionmassen um $250\,\text{MeV}/c^2$, sodass die Ergebnisse erst zum physikalischen Punkt (der einer Pionmasse von $140\,\text{MeV}/c^2$ entspricht) extrapoliert werden müssen. Zur Festlegung der Gitterkonstante und der N_F Current-Quark Massen benötigt man $(1 + N_F)$ physikalische Messwerte. Diese sind in den Tabellen der Particle Data Group (PDG) angegeben. Im sogenannten Kontinuumlimes führt man diese Rechnungen auf Gittern mit immer kleineren Abständen zwischen den Gitterpunkten durch und extrapoliert zum Abstand null, dem Kontinuum.

Die bisherigen Berechnungen ergaben:

- Confinement wurde gezeigt.
- Spontane Brechung der chiralen Symmetrie wurde demonstriert. Das Pion ist ein Goldstone Boson.
- Zu den meisten hadronischen Fragestellungen gab und gibt es Ergebnisse, die innerhalb der statistischen und systematischen Fehler mit dem Experiment übereinstimmen. Berechnet wurden Hadronmassen, Anregungen, Zerfallsbreiten, Strukturfunktionen und weitere Größen.

Zum Abschluss muss allerdings darauf hingewiesen werden, dass es keinen mathematisch strengen Beweis gibt, dass die QFT mit wechselwirkenden Feldern im Kontinuum „existiert", also widerspruchsfrei konstruiert werden kann. Die Gitterformulierung ist eine regularisierte Feldtheorie und ihr Kontinuumlimes könnte eine mathematisch korrekte Konstruktion einer wechselwirkenden Quantenfeldtheorie sein. Leider konnte dies bisher ebenfalls nicht mathematisch streng bewiesen werden. Wir sind also in der Situation, dass wir Hadroneigenschaften richtig berechnen können, obwohl die Gültigkeit der Methode noch nicht streng bewiesen wurde. Seit Kurt Gödel[2] wissen wir aber, dass es wahre Aussagen gibt, deren Wahrheit nicht beweisbar ist.

---

[2] Kurt Gödel, österreichischer und später US-amerikanischer Mathematiker, Philosoph und einer der bedeutendsten Logiker des 20. Jahrhunderts.

12.8 Andere Methoden

12.8.1 Instantonen

Ein Versuch, die QFT näherungsweise zu lösen, ist eine Reihenentwicklung in Potenzen von $\hbar$. Ausgehend vom klassischen Vakuum sind die ersten Quantenkorrekturen durch Lösungen der klassischen Feldgleichungen gegeben. Ein Beispiel für solche Lösungen sind die sogenannten Instantonen. Eine Vorstellung ist, dass das Vakuum ein Gas von Instantonen ist, welches die Quarks zu Hadronen zusammendrückt.

12.8.2 Effektive Theorien und Modelle

Es gab und gibt Zugänge, einen Teil der unendlichen Menge der Beiträge der Störungsentwicklung zu summieren, wobei umstritten war, ob und wie das Ergebnis die Wirklichkeit annähert. Systeme von Integro-Differenzialgleichungen kombinierten Ergebnisse von Streuexperimenten mit den Anforderungen der S-Matrix Theorie. Phänomenologische Potenzialmodelle wurden mit Aspekten der QFT kombiniert. Alle Zugänge dieser Art hatten das prinzipielle Problem, dass es keine systematische und kontrollierbare Vorschrift gab, unter welchen Umständen das Ergebnis des Modells tatsächlich die QFT löste.

12.8.3 Dyson-Schwinger Gleichungen

Freeman Dyson leitete Beziehungen zwischen Streumatrix-Elementen unterschiedlicher Ordnung der Störungsreihe her. Julian Schwinger verallgemeinerte dies zu Systemen von Integralgleichungen, welche die Greenschen Funktionen, die die Bewegung der virtuellen Teilchen beschreiben, nichtperturbativ verknüpften. Es ergibt sich eine unendliche Hierarchie von Integralgleichungen, deren Lösung äquivalent der Störungsreihe ist. Handhabbar wird das System erst durch Einschränkungen. Rekursiv angewendet können so unendliche Teilreihen der Störungsreihe summiert werden. Es gibt keine strenge Kontrolle über den vernachlässigten Anteil.

Zur Zeitgeschichte: 1980–1989

John Lennon kommt 1980 bei einem Attentat vor dem Dakota Gebäude in New York ums Leben.

Der Schauspieler Ronald Reagan wird zum US-Präsidenten gewählt und tritt 1981 dieses Amt an. Josip Broz Tito (Jugoslawien) stirbt und das Land fällt in eine schwere wirtschaftliche Krise. Im Mai 1981 wird Papst Johannes Paul II bei einem Attentat schwer verletzt, überlebt aber.

Ab 1981 werden von IBM „Personal Computer" verkauft. Der Commodore C64 ist ab 1982 erhältlich. Er ist ein 8-Bit Computer integriert in eine Tastatur, die mit einem üblichen TV-Bildschirm kombiniert werden kann. Zwischen 12 und 17 Mio. Einheiten werden verkauft. Laut Guinness World Records ist er das meistverkaufte Computermodell. Eine grafische Benutzeroberfläche und eine „Maus" als Eingabegerät beim Apple MacIntosh erleichtern den Zugang für Benutzer. Das Internet öffnet sich langsam der Allgemeinheit. E-Mail und Übertragung von Daten werden möglich. Das Informationszeitalter beginnt.

Dank der Spielkonsolen und Nintendos Game-Boy werden Jugendliche früh mit der neuen Informations- und Kommunikationstechnologie konfrontiert. Es ist die erste Generation des Informationszeitalters.

Arnold Schwarzenegger ist der „Terminator" im gleichnamigen Film von James Cameron. In dem Kultfilm wird ein Android aus der Zukunft gesandt, um durch Änderung der Gegenwart die Zukunft zu beeinflussen.

Viele begeistern sich für einen neuen Frisurstil: Vorne kurz, hinten lang (Vokuhila).

Michail Gorbatschow wird 1985 Generalsekretär der KPdSU. Die Politik der Sowjetunion wandelt sich. Perestroika (Umbau) und Glasnost (Offenheit) werden angestrebt. Erste Elemente der Marktwirtschaft werden eingeführt. Der Osten Deutschlands scheitert wirtschaftlich. Ungarn öffnet ab Mai 1989 den Eisernen Vorhang, worauf tausende DDR-Bürger in den Westen flüchten. Am 9. Oktober 1989 fällt die Berliner Mauer.

In Amerika wird die erste Folge der „Simpsons" ausgestrahlt.

Monatelange Studentenproteste in China werden im Mai 1989 durch das Massaker auf dem Platz des himmlischen Friedens gewaltsam beendet.

Literatur und Quellennachweis für Anekdoten und Zitate

A 12.1 O. W. Greenberg, Physics Today 68, 1, 33 (2015); doi: https://doi.org/10.1063/PT.3.2655

A 12.2 G. Jona-Lasinio. *Progress of Theoretical and Experimental Physics*, Volume 2016, Issue 7, July 2016, 07B102, https://doi.org/10.1093/ptep/ptw028

A 12.3 IUTP1972, eigene Aufzeichnung

A 12.4 Fritzsch (2012), S. 82

A 12.5 aus: Remembering Murray Gell-Mann (1929–2019), Inventor of Quarks—Stephen Wolfram Writings.pdf

A 12.6 *The Nature of the Physical Universe, the 1976 Nobel Conference,* (1979, p. 29) www.webofstories.com/play/murray.gell-mann/163

A 12.7 en.wikipedia.org/wiki/Sidney_Coleman; Bryan Marquard, The Boston Globe, Jan. 29, 2008

A 12.8 betsydevine.com/blog/category/nobel/, geladen am 5.4.2023

A 12.9 www.brainyquote.com/authors/david-gross-quotes

A 12.10 https://www.templetonprize.org/the-universe-according-to-frank-wilczek/

A 12.11 www.goodreads.com/author/quotes/460100.Frank_Wilczek

A 12.12 www.deutschlandfunk.de/mit-minus-zum-durchbruch-100.html

A 12.13 Mach (1883)

A 12.14 www.nobelprize.org/uploads/2018/06/wilson-lecture-2.pdf; authors.library.caltech.edu/5456/1/hrst.mit.edu/hrs/renormalization/Wilson/index.htm

A 12.15 A.S. Kronfeld: Kenneth Geddes Wilson, arxiv.org/pdf/1312.6861.pdf

A 12.16 twitter.com/curiouswavefn/status/1431837753386225664

A 12.17 www.aip.org/history-programs/niels-bohr-library/oral-histories/46986

Fritzsch (2012) Harald Fritzsch, Mikrokosmos. Piper, München, Zürich.Mach (1883) Ernst Mach: Die Mechanik in ihrer Entwicklung, F.A. Brockhaus, Leipzig.

13

Die elektroschwache Kraft

Zusammenfassung Glashow, Salam und Weinberg haben eine Yang-Mills Theorie mit schweren Vektorbosonen formuliert. Dazu war eine spezielle Form der Symmetriebrechung durch ein skalares Teilchenfeld notwendig. Die Theorie beschreibt die elektromagnetische und die schwache Kraft der Leptonen und der Quarks als eine einheitliche elektroschwache Wechselwirkung. Diese „Quantenflavordynamik" sagt die Existenz schwerer Vektorbosonen und eines weiteren neuen Teilchens voraus.

13.1 Ströme

Wir erinnern uns: Schwache Wechselwirkung nannte man die für den Betazerfall verantwortliche Kraft, die die Umwandlung von Hadronen in Hadronen und Leptonen bewirkte (Abb. 13.1a). In der ursprünglichen Fermi-Form der schwachen Wechselwirkung kommen Neutron, Proton, Elektron und Neutrino an einem Punkt zusammen (Vierpunkt-Kopplung). Die Nichterhaltung der Parität zeigte, dass nur linkshändige Neutrinos koppeln (Abschn. 6.3).

Es lag nahe, den hadronischen und den leptonischen Teil zu trennen. Im Fermi-Term wären das der hadronische Strom aus Neutron und Antiproton, der leptonische Term aus Elektron und Antineutrino (Abb. 13.1b). Um zu betonen, dass es sich um einen Stromvertex handelt, haben wir ihn quadratisch dargestellt.

© Der/die Autor(en), exklusiv lizenziert an Springer-Verlag GmbH, DE, ein Teil von
Springer Nature 2023
C. B. Lang und L. Mathelitsch, *Haben Sie eines gesehen?*,
https://doi.org/10.1007/978-3-662-67972-2_13

Abb. 13.1   Links: (a) β-Zerfall des Neutrons, rechts; **(b)** Trennung in hadronischen und leptonischen Strom

Murray Gell-Mann erkannte 1964, dass die hadronischen Ströme einer SU(3) Symmetrie folgen und nannte sie eine Strom-Algebra. Die Ströme ersetzten die damals unbekannte innere Dynamik der Hadronen. Der Fermi-Term wurde als Produkt eines leptonischen Stroms und eines hadronischen Stroms geschrieben. Der leptonische Strom bestand aus den Paaren ($e^-\bar{\nu}_e$) und ($\mu^-\bar{\nu}_\mu$).

Sobald man das Quarkmodell zur Verfügung hatte, vereinfachte sich die Argumentation. Die hadronischen Ströme sind zum Beispiel ($d\bar{u}$) Kombinationen, die den Pion-Zerfall beschreiben; diese nannte man Strangeness erhaltend, da sie die Strangeness des Hadrons nicht änderten. Aber es gibt auch Strangeness ändernde Teile, wie ($u\bar{s}$), die den Kaon-Zerfall erklären (Kap. 7). Die Ströme kann man noch weiter unterteilen in geladene (Abb. 13.2a) und in neutrale (Abb. 13.2b).

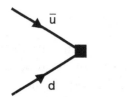

Abb. 13.2   Obere Reihe: (a) Beispiele für geladene Ströme (links: hadronisch, Mitte und rechts leptonisch). **Untere Reihe: (b)** Beispiele für neutrale Ströme (links: hadronisch, Mitte und rechts leptonisch)

Abb. 13.2   (Fortsetzung)

13.2 Das Zwischenboson

Ein Ziel und ein Wunschtraum in der Physik bestehen in der Vereinfachung und Zusammenführung von Theorien. James Clerk Maxwell gelang ein solcher Schritt: Er vereinigte die elektrische und magnetische Kraft in einer Theorie des Elektromagnetismus. Einstein wollte so etwas für Elektromagnetismus und Gravitation erreichen, scheiterte aber.

A 13.1 James Clerk Maxwell: „Ich habe auch ein Papier am Laufen, mit einer elektromagnetischen Theorie des Lichts, die ich, bis ich vom Gegenteil überzeugt bin, für eine sehr große Sache halte."

Seit den 1930er Jahren wurde die starke Kraft durch den Austausch von Mesonen erklärt. Es lag daher nahe, auch die schwache Kraft durch Zwischenbosonen zu beschreiben. Wenn diese sehr schwer wären, dann wäre einerseits ihre virtuelle Erzeugung stark unterdrückt und andererseits der Wechselwirkungsbereich sehr klein und daher ähnlich einer 4-Punkt Kopplung (Abb. 13.3).

Der hadronische und auch der leptonische Strom würden jeweils an ein Zwischenboson koppeln und man hätte nur mehr 3-Punkt Kopplungsterme. Die neutralen Ströme hatten die gleiche Form wie in der QED. Angeregt durch seinen Dissertationsbetreuer Julian Schwinger versuchte Sheldon Glashow 1961 eine einheitliche Theorie der elektromagnetischen und schwachen Wechselwirkung zu formulieren. Sie müsste wie die QED eine Eichtheorie sein, aber zusätzlich zum masselosen Photon noch ein weiteres, massives, neutrales Vektorboson Z^0 enthalten. Diese Teilchen sollten dann auch an leptonische neutrale Ströme wie zum Beispiel $(\nu_e, \bar{\nu}_e)$ koppeln.

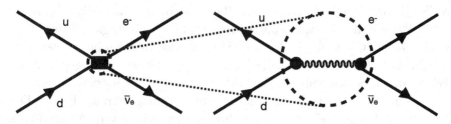

Abb. 13.3 Die 4-Punkt Kopplung wird durch ein Zwischenboson ersetzt, hier am Beispiel des Betazerfalls

Die Eichgruppe müsste die U(1) der QED umfassen, aber auch Dubletts wie zum Beispiel die Leptonen (ν_e e^-). Die nicht-abelsche Symmetriegruppe $SU(2) \times U(1)$ erfüllte diese Forderungen. Die Zwischenbosonen wären die Eichbosonen dieser Theorie. So hingeschrieben war die Theorie jedoch nicht renormierbar, also (nach der damals herrschenden Meinung) „krank". Eine Formulierung als renormierbare Yang-Mills Theorie wurde verworfen, da ja dann die Zwischenbosonen masselos sein müssten.

A 13.2 Glashow erzählt: Als ich in Cornell war, musste ich einige Experimente im Labor durchführen, bei denen es um sehr empfindliche kleine Glasröhrchen ging, auf die ich versehentlich Ziegelsteine fallen ließ, und bald wurde ich gebeten, schnell eine Abschlussprüfung zu machen und nicht mehr im Labor zu erscheinen. Nein, ich bin nicht gut in experimentellen Dingen.

13.3 Gebrochene Eichsymmetrie?

Bald danach (1964) verfolgten Abdus Salam und John Clive Ward diese Idee. Sie versuchten, die Eichsymmetrie „händisch" zu brechen, und erhielten neben dem Photon auch drei schwere Eichbosonen. Noch konnte man mit dieser Theorie nicht zufrieden sein.

A 13.3 Abdus Salam pflegte das Konzept des Symmetriebruchs in Analogie zu einer Dinnerparty zu erklären. Die Gäste sitzen um einen runden Tisch und zwischen jedem Paar steht ein Salatteller. Die Tischdekoration ist symmetrisch, bis jemand einen Salatteller entweder von seiner rechten oder von seiner linken Seite nimmt, wonach die Salattellersymmetrie gebrochen ist und die anderen Gäste nicht mehr zwischen linkem oder rechtem Teller wählen können.

Man kann beweisen, dass lokale Symmetrien (Eichsymmetrien) nicht gebrochen werden können. Wie kann man den Eichbosonen einer Yang-Mills Theorie dennoch Masse verleihen? Mehrere Theoretiker befassten sich 1964 mit dieser Frage. Robert Brout und François Englert, Peter Higgs sowie Gerald Guralnik, C. Richard Hagen, and Tom Kibble fanden eine Möglichkeit. Sie postulierten die Existenz eines 4-komponentigen skalaren Feldes, durch dessen Selbstwechselwirkung es zu einer spontanen Brechung der Symmetrie kommt, ähnlich wie es beim Ferromagneten der Fall ist. Das Feld hat im Vakuum einen nichtverschwindenden Mittelwert. Aufgrund des Nambu-Goldstone Mechanismus (Abschn. 10.4) hat man dann drei masselose Bosonen, und ein massives Boson bleibt übrig.

Ein masseloses Vektorboson, wie zum Beispiel das Photon, hat nur zwei Freiheitsgrade (Polarisationsrichtungen). Ein massives Vektorboson hat drei Freiheitsgrade. Die Königsidee war, die skalare Theorie mit der Yang-Mills Theorie zusammenzuführen. Die drei masselosen Bosonen aus der skalaren Theorie werden mit drei der vier masselosen Vektorbosonen aus der Yang-Mills-Theorie zu drei massiven Vektorbosonen kombiniert. Übrig bleibt das masselose Photon und ein massives skalares Boson, das sogenannte Higgs-Teilchen.

Dieser Effekt erhielt den Namen Higgs-Mechanismus. Englert und Higgs wurden 2013 der Nobelpreis für Physik verliehen. Brout war zwei Jahre davor verstorben.

A 13.4 Die Arbeit, für die Higgs letztendlich den Nobelpreis bekam, wurde 1964 bei „Physics Letters" eingereicht und abgelehnt. Higgs sandte daraufhin eine leicht veränderte Version zu „Physical Review Letters", wo sie angenommen und publiziert wurde.

A 13.5 Higgs ist Atheist und war über die häufig verwendete Bezeichnung „God Particle" für das Higgs-Boson verärgert. Diese Bezeichnung wird Leon Lederman zugeschrieben, dem Autor des Buches „The God Particle: If the Universe Is the Answer, What Is the Question?".

Robert Brout (1928–2011) promovierte 1953 an der Columbia University und war dann an der Cornell University. 1959 kam François Englert für zwei Jahre nach Ithaca zur Cornell University und die beiden wurden gute Freunde. Zurück in Belgien überzeugte Englert ihn, ebenfalls nach Belgien zu kommen. Brout folgte und forschte bis an sein Lebensende an der Université Libre de Bruxelles.

François (Baron) Englert wurde 1932 in Belgien in eine jüdische Familie geboren. Während der deutschen Besetzung konnte er seine Abstammung geheim halten und verbrachte die Jahre bis Kriegsende in verschiedenen Kinder- und Waisenheimen. Er studierte Physik an der Freien Universität Brüssel und promovierte 1959. Er verbrachte zwei Jahre an der Cornell University, zuerst als Forschungsassistent von Robert Brout, dann als Assistenzprofessor. 1961 erhielt er eine Professur in Brüssel, wo er 1998 emeritierte.

A 13.6 François Englert: Die meisten meiner ursprünglichen Forschungen resultierten nicht aus deduktivem Denken. Sie entstanden, als ich auf einer Matratze lag und meine Gedanken frei schweifen ließ.

Peter Ware Higgs wurde 1929 in Newcastle upon Tyne, England geboren. Er studierte Physik am King's College London und schloss 1952 als Master ab. In seiner Doktorarbeit befasste er sich mit Molekularphysik und er promovierte 1954. Im Anschluss daran war er zwei Jahre an der Universität Edinburgh, lehrte dann in London, bis er 1960 als Lecturer, später als Reader, nach Edinburgh zurückkehrte. 1980 wurde ein eigener Lehrstuhl für ihn geschaffen, von dem er 1996 emeritierte. 2012 richtete die Universität Edinburgh das Higgs Centre for Theoretical Physics ein, in dem Forscherinnen und Forscher aus aller Welt zusammenkommen. Higgs erhielt zwischen 1997 und 2016 insgesamt 16 Ehrendoktorate verliehen.

Die Ergebnisse von Higgs, Englert und Brout blieben weitgehend unbeachtet. Erst drei Jahre später (1967) gelang es Steven Weinberg und auch Abdus Salam, all diese Ideen zusammenzuführen. Ausgehend von der Eichgruppe $SU(2) \times U(1)$ ordneten sie die damals bekannten Leptonen rechtshändigen Singuletts und linkshändigen Dubletts zu.

Die Yang-Mills Theorie zu dieser Symmetriegruppe hatte vier masselose Vektorbosonen. Salam und Weinberg führten ein vierkomponentiges Higgsfeld ein und nutzten den Higgs-Mechanismus um drei der Vektorbosonen Masse zu verleihen. Das ergab ein Paar geladener schwerer Vektorbosonen W^+ und W^-, ein neutrales schweres Vektorboson Z und das masselose Photon. Der übrig gebliebene massive Skalar bekam den Namen Higgs-Boson „H". Damit war die Vereinheitlichung von elektromagnetischer und schwacher Kraft in Form einer Yang-Mills QFT gelungen (GSW-Theorie). Glashow, Salam und Weinberg wurde dafür 1979 der Nobelpreis verliehen.

A 13.7 Peter Ware Higgs ist der Einzige, nach dem ein Elementarteilchen benannt ist. (Bose und Fermi sind Namensgeber für Gruppen von Teilchen.) Im Jahr 2002 erschien seine Publikation „My Life as a Boson. The Story of the 'Higgs'" im International Journal of Modern Physics A, Vol.17 (2002) 86.

A 13.8 Nach seiner berühmten Arbeit im Jahr 1964 publizierte Higgs nur mehr zehn wissenschaftliche Arbeiten, das ist unüblich wenig für einen aktiven Wissenschaftler. Er selbst sagte: „Heute würde ich keinen akademischen Job bekommen. So einfach ist das".

Sheldon Lee Glashow wurde 1932 als Kind russischer Einwanderer in New York City geboren. Er besuchte die Bronx High School of Science, im gleichen Jahrgang wie Steven Weinberg. Nach seinem Abschluss 1950 absolvierte er die Graduate School an der Cornell University in Ithaca.

Ab 1954 studierte er an der Harvard University und promovierte 1959, betreut von Julian Schwinger. Nach Aufenthalten als Fellow in Kopenhagen (NORDITA), am CERN und Caltech wurde er Assistenzprofessor an der Stanford University und in Berkeley von 1962 bis 1966. Danach war er an der Harvard University bis zu seiner Emeritierung im Jahr 2000.

A 13.9 Glashow, damals schon Nobelpreisträger, hielt am MIT einen Seminarvortrag und stellte ein ungewöhnliches Modell für eine Vereinheit-lichung der starken und elektroschwachen Wechselwirkung vor. Ein Teil-nehmer bemerkte kritisch: „Professor Glashow, ist diese Theorie nicht extrem unwahrscheinlich"? Daraufhin Glashow: „Das mag sein. Aber wenn es stimmt, bekomme ich die Medaille, und Sie nicht!"

A 13.10 Gell-Mann über Glashow: Er steht bei einer Konferenz auf und sagt: „Nun, das ist eine wirklich hässliche Idee, und ich bin sicher, dass alles falsch ist. Aber was soll's, ich bin auf dem Programm, also hier ist sie."

Mohammad Abdus Salam (1926–1996) war der erste islamische Nobel-preisträger. Geboren in Punjab, Pakistan (damals Teil von Britisch-Indien), studierte er gegen den Willen seines Vaters und seiner Lehrer Mathematik in Bombay und Lahore. Er erwarb das Master-Diplom 1946. Dank eines Stipendiums konnte er in Cambridge weiter studieren und 1951 am Cavendish Laboratory at Cambridge mit einer Arbeit zur Renormierung einer Meson-Theorie promovieren. Er kehrte nach Lahore als Professor für Mathematik zurück und versuchte vergeblich, Quantenmechanik im Lehr-betrieb zu stärken. 1953 kam es zu einer Reihe von gewalttätigen Unruhen gegen die Ahmadiyya-Bewegung, der Salam streng gläubig angehörte. Erst durch das Einschreiten der Armee und Verhängung des Kriegsrechts wurden sie niedergeschlagen. Nach diesen Unruhen in Lahore kehrte er nach Cambridge zurück und wurde am St. Johns College Professor für Mathematik und 1957 Lehrstuhlinhaber am Imperial College in London. Gemeinsam mit Paul Matthews gründete er ein Department für Theoretische Physik, das Weltruhm erlangte.

Sein Leben lang förderte Salam junge Wissenschaftler aus Pakistan und anderen Ländern der Dritten Welt. Er überzeugte die IAEA (International Atomic Energy Agency) davon, in Triest ein internationales Forschungs-zentrum für Theoretische Physik (ICTP) zu errichten. Es wurde 1964 eröffnet und viele Jahre von ihm geleitet.

In Pakistan war Salam in vielen Funktionen Berater der Regierung, insbesondere bei der Nutzung der Atomenergie. Anfang der 1970er Jahre unterstützte er zuerst das Atombomben-Projekt, distanzierte sich dann aber davon, nachdem die Ahmadiyya-Gemeinschaft von der Regierung als nicht-islamisch klassifiziert wurde.

A 13.11 Abdus Salam:
Ich fürchte, es gibt in der Welt eine große Verwirrung zwischen Atomkraft und Atomwaffen.
Ich persönlich würde es gerne sehen, dass das Atomzeitalter in Bezug auf die Energieversorgung kommt, weil es für Entwicklungsländer keine langfristige Zukunft ohne Atomkraft gibt.

A 13.12 Auf Salams Grabstein in der pakistanischen Stadt Rabwah wurde er als erster muslimischer Nobelpreisträger beschrieben, bis die Behörden das Wort „Muslim" strichen.

Steven Weinberg (1933–2021) wurde wie Glashow in New York geboren und besuchte ebenfalls die Bronx High School of Science bis 1950. Wie sein Schulkollege Glashow studierte auch er an der Cornell University in Ithaca. Sein Doktorat erwarb er 1957 in Princeton, betreut von Sam Treiman. In den darauffolgenden Jahren war er an der Columbia University, an der University of California, Berkeley, am MIT und an der Harvard University tätig. Im Jahr 1969 wurde er Professor am MIT und 1973 Nachfolger von Julian Schwinger an der Harvard University. Ab 1982 war er Professor für Physik und Astronomie an der University of Texas at Austin.

A 13.13 Als seiner Frau 1980 ein Job an der University of Texas at Austin bei einer der zehn angesehensten juridischen Fakultäten der USA angeboten wurde, entschied sich Weinberg, auch dorthin zu gehen. Als weltbekannter Physiker gelang es ihm, einen bemerkenswerten Vertrag auszuhandeln. Ein Punkt brachte den Universitätspräsidenten den Tränen nahe: Zu Weinbergs Lebzeiten dürfte kein anderes Fakultätsmitglied jemals mehr als 95 % von Weinbergs Gehalt verdienen.

Weinberg befasste sich mit QFT und Astrophysik und trug in beiden Gebieten Entscheidendes bei. Obwohl er sich zuerst auf Renormierbarkeit konzentrierte, widmete er später mehr Zeit nicht-renormierbaren und effektiven Feldtheorien. Der Winkel für die Mischung von Photon und Z-Boson in der GSW-Theorie ist nach ihm benannt. Seine Lehrbücher über Kosmologie und Quantenfeldtheorie wurden Klassiker und sein Buch „Die ersten drei Minuten" ein Bestseller.

A 13.14 Paul Frampton erinnerte sich: Für ein Mittagessen im Fakultäts-club saßen ein Dutzend Teilchentheoretiker an Weinbergs Tisch, meist viel zu schlampig gekleidet. An einem Tisch in der Nähe saß das Kuratorium der UT-Austin, alle elegant gekleidet und wohlhabend aussehend. Während einer Gesprächspause schaute Weinberg zum anderen Tisch hinüber und sagte: „Ich wünschte manchmal, ich hätte mich entschieden, eher reich als berühmt zu werden". Wir vermuteten, dass Weinberg das nicht wirklich für eine Milli-sekunde geglaubt hat.

A 13.15 Zitate von Steven Weinberg:
Je begreiflicher uns das Universum wird, desto sinnloser erscheint es uns.
Ich denke, dass ein enormer Schaden von der Religion angerichtet wird – nicht nur im Namen der Religion, sondern tatsächlich durch die Religion.
Dass Elementarteilchenphysik in unseren Augen fundamentaler als andere Zweige der Physik erscheint, liegt daran, dass sie tatsächlich fundamentaler ist.

Zunächst, um 1970, waren noch nicht alle vom Erfolg der GSW-Theorie überzeugt. War diese Theorie renormierbar? Martinus Veltman aus Utrecht hatte sich einige Zeit mit der Renormierbarkeit von Yang-Mills Theorien befasst und gab seinem Studenten Gerard 't Hooft dieses Thema für seine Dissertation. Im Jahre 1971 konnte 't Hooft in zwei Publikationen beweisen, dass die neue Theorie der elektroschwachen Wechselwirkung renormierbar war. Auf dem Weg dorthin fanden 't Hooft und Veltman eine neue Methode: die dimensionale Regularisierung. Im Jahr 1999 wurde den beiden der Nobelpreis für Physik verliehen.

Martinus (Marty) Justinus Godefriedus Veltman (1931–2021) wurde in den Niederlanden geboren. Sein Vater und drei seiner fünf Geschwister waren Lehrer. Ab 1948 studierte er Mathematik und Physik an der Uni-versität Utrecht. Unterbrochen durch zwei Jahre Militärdienst und andere Aktivitäten begann er erst 1959 sein Doktoratsstudium unter der Betreuung von Leon van Hove, das er 1963 abschloss. Drei Jahre danach wurde er Professor an der Universität Utrecht. Mitte der 1960er Jahre entwickelte er „Schoonship", das vermutlich erste Programm für algebraische Rechnungen auf Computern. Dieses Programm war wichtig für die Beweisführung der Renormierbarkeit der Yang-Mills Theorie. Von 1981 bis 1996 arbeitete Veltman an der University of Michigan at Ann Arbor, dann kehrte er in seine Heimat zurück.

A 13.16 Martinus Veltman war in seiner Jugend sehr an Radioelektronik interessiert. Er schreibt: „Meine Kenntnisse in Elektronik hatte ich von einem Installateur, für den ich in den Ferien arbeitete. Ich reparierte alle Radios in der Umgebung. Mein einziges Messinstrument war mein rechter Zeigefinger. Wenn ich eine empfindliche Verbindung berührte, brummte das Radio. Wenn eine Verbindung die richtige Hochspannung (ca. 200 V) hatte, bekam ich einen Schock. Geschäftlich war ich ungeeignet, weil ich für meine Hilfe nichts verlangte."

A 13.17 Als Gerard 't Hooft in der Volksschule gefragt wurde, was er werden wolle, antwortete er: „Ein Mann, der alles weiß."

Gerard 't Hooft wurde 1946 in eine Familie von Naturforschern geboren und wuchs in Den Haag auf. Sein Großonkel war der Nobelpreisträger (1953) Frits Zernike. Ab 1964 studierte 't Hooft in Utrecht, wo sein Onkel Professor für Theoretische Physik war. Er interessierte sich für Elementarteilchenphysik, was sein Onkel ablehnte, und so wurde er ab 1968 von Martinus Veltman betreut. Er begann 1969 an der Arbeit für seine Dissertation über die Renormierbarkeit von Yang-Mills Theorien. Eine erste Publikation 1971 blieb wenig beachtet, aber Veltman war begeistert und nach intensiver gemeinsamer Arbeit erschien 't Hoofts zweite Publikation, die Aufsehen erregte. 1972 schloss er sein Doktoratsstudium ab. Er blieb zwei Jahre am CERN und ist seit 1974 Professor in Utrecht. Neben seinem Interesse für Elementarteilchenphysik befasste er sich mit Quantengravitation, schwarzen Löchern und Grundlagen der Quantenmechanik.

13.4 Quarks

Auch die Quarks werden als linkshändige Dubletts und rechtshändige Singuletts angeordnet und gleich wie die Leptonen an die Eichfelder gekoppelt. Da die Quarks nicht masselos sind, gibt es ein rechtshändiges Singulett zu jedem Quark. Wie bei den Leptonen gibt es neue mögliche Vertices (Abb. 13.4).

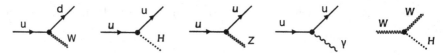

Abb. 13.4 Beispiele für einige Wechselwirkungsterme der elektroschwachen Theorie

Abb. 13.5 Oben: Sheldon Glashow (1932), Abdus Salam (1926–1996), Steven Weinberg (1933–2021). Mitte:, Peter Higgs (1929), François Englert (1932). Unten: Gerard `t Hooft (1946), Martinus Veltman (1931–2021). [Glashow: Mit freundlicher Genehmigung von Prof. Glashow Salam: commons.wikimedia.org/wiki/File:Abdus_ Salam_1987_(cropped).jpg. By Molendijk, Bart/Anefo licensed under CC BY-SA 3.0 Netherlands. Weinberg: commons.wikimedia.org/w/index.php?curid = 11.861.018 by Larry D. Moore licensed under CC BY 4.0 International. Higgs: commons.wikimedia. org/wiki/File:Nobel_Prize_24_2013.jpg. by Bengt Nyman licensed under the CC BY 2.0 Generic. Englert: commons.wikimedia.org/wiki/File:DIMG_7472_(11.253.451.693).jpg. b Bengt Nyman licensed under the CC BY 2.0 Generic. 't Hooft: commons.wikimedia. org/wiki/File:Gerard_%27t_Hooft.jpg. By Wammes Waggel licensed under the CC BY-SA 3.0 Unported. Veltman: commons.wikimedia.org/wiki/File:Martinus_Veltman. jpg public domain.]

Im GSW-Modell sind das Photon und das Z elektrisch neutral, wohingegen die W$^+$ und W$^-$ geladen sind und auch die Strangeness ändern. Wie kann dann das neutrale K^0 Meson dennoch in μ^+ μ^- zerfallen? Sheldon Glashow, John Iliopoulos and Luciano Maiani zeigten 1970, wie ein die Strangeness ändernder neutraler Strom entstehen kann (GIM-Mechanismus). Dieser Übergang erforderte zusätzlich zu den drei damals bekannten Quarks u, d und s noch ein viertes Quark, das einige Jahre später tatsächlich gefundene Charm Quark. James Bjorken hatte zwar schon 1964 ein viertes Quark vorhergesagt, aber der GIM-Mechanismus war der erste belastbare Hinweis.

Schon Anfang der 1960er Jahre war bekannt, dass die Strangeness-neutralen Vektorströme der schwachen Wechselwirkung nicht nur an die Strangeness-neutralen Vektorströme der Hadronen koppeln, sondern zu einem kleinen Anteil auch an die Strangeness-ändernden Vektorströme der Hadronen. Nicola Cabibbo hatte 1963 vorgeschlagen, dies durch eine Mischung der beiden Ströme zu beschreiben. Ausgedrückt durch Quarks handelt es sich um eine kleine (u $\bar{s}$) Beimischung zum (u$\bar{d}$) Strom. Kobayashi und Maskawa erweiterten 1973 diesen Ansatz auf sechs Quarkflavors. Die entsprechende Transformationsmatrix ist die CKM-Matrix, benannt nach Cabibbo, Kobayashi und Maskawa.

Die Elemente der CKM-Matrix parametrisieren zum Beispiel die CP-Verletzung im K-Zerfall und allgemein leptonische und semileptonische Zerfälle der schweren Quarks.

Nicola Cabibbo (1935–2010) wurde in Rom geboren. Er studierte an der Universität Rom „La Sapienza" und promovierte 1958 betreut von Bruno Touschek. Anfang der 1960er Jahre beschäftigte er sich am CERN mit der schwachen Wechselwirkung, insbesondere dem Zerfall von Mesonen mit Strangeness und publizierte 1963 eine Lösung, die zehn Jahre später zur CKM Matrix führte. Von 1983–1992 war er Präsident des italienischen INFN (Istituto Nazionale di Fisica Nucleare).

Makoto Kobayashi wurde 1944 in Nagoya, Japan, geboren. Kobayashi studierte an der Universität Nagoya und promovierte 1972. Anschließend war er Forschungsassistent an der Universität von Kyoto. Dort fand er gemeinsam mit seinem Kollegen Toshihide Maskawa eine Erklärung für die CP Verletzung. Ihre Theorie erforderte die Existenz einer dritten Generation von Quarks.

A 13.18 Ein Cousin von Makoto Kobayashi war der 51. Premierminister in Japan, Toshiki Kaifu. Kaifu erinnerte sich viele Jahre später: „Er war ein ruhiger und liebenswürdiger Junge, der immer einige schwierige Bücher in meinem Zimmer las. Ich denke, das war der Beginn seiner plötzlichen Verwandlung in ein Genie."

Toshihide Maskawa (1940–2021) stammte ebenfalls aus Nagoya. Er studierte an der Universität und schloss 1967 sein Doktoratsstudium ab. Seiner Zusammenarbeit mit Kobayashi entsprang 1973 eine der meistzitierten Publikationen der Elementarteilchenphysik. Von 1997–2003 war Maskawa Direktor des Yukawa Institute for Theoretical Physics in Kyoto. Seine Nobelpreisrede hielt er auf Japanisch.

Der Nobelpreis für Physik 2008 ging zur Hälfte an Yōichirō Nambu „für die Entdeckung des Mechanismus der spontan gebrochenen Symmetrie in der subatomaren Physik", die andere Hälfte gemeinsam an Makoto Kobayashi und Toshihide Maskawa „für die Entdeckung des Ursprungs der gebrochenen Symmetrie, die die Existenz von mindestens drei Familien von Quarks in der Natur vorhersagt". Warum das Komitee den Beitrag von Cabibbo nicht gewürdigt hatte, haben viele Physikerinnen und Physiker nicht verstanden.

Das Glashow-Salam-Weinberg Modell sagte die Existenz neutraler leptonischer Ströme voraus. 1970 war am CERN eine große Blasenkammer fertiggestellt worden, die für Messungen von Neutrinos und Antineutrinos gedacht war. Das Monster war ein fast fünf Meter langer Zylinder mit 2 m Durchmesser, gefüllt mit 12 Kubikmetern flüssigem Propan und Freon, und umgeben von starken Magneten. Das gesamte Gerät wog 1 000 t und bekam den Namen Gargamelle, nach einer Erzählung von Francois Rabelais aus dem 16. Jh., in der die Riesin Gargamelle vorkommt. Die gleichnamige Kollaboration konnte 1973 die Existenz neutraler schwacher Ströme bestätigen. Für diese Entdeckung erhielten Dieter Haidt und Antonino Pullia 2011 den Premio Enrico Fermi. Das war der erste belastbare Hinweis auf die Richtigkeit der Glashow-Salam-Weinberg Theorie.

13.5 Higgs-Mechanismus und Massen

In Abschn. 13.3. haben wir dargestellt, dass durch die spontane Symmetriebrechung drei Komponenten des Higgsfelds zusammen mit drei ursprünglich masselosen Eichbosonen die massiven Vektorbosonen $W^{\pm}$ und Z bilden. Der nichtverschwindende Erwartungswert des Higgsfeldes ist aber auch für die Massen der Leptonen verantwortlich.

In der vereinheitlichten Theorie der elektroschwachen Wechselwirkung koppeln die Quarks und die Leptonen so an das Higgs-Feld, dass sie, obwohl formal als masselose Felder eingeführt, durch diese Kopplung Masse erhalten. Man hat das oft mit einer großen Party verglichen. Die Gäste stehen im Raum verteilt und unterhalten sich. Ein Besucher kommt und durchquert unbeachtet und ungehindert den Raum. Nach ihm kommt die Premierministerin, die aber nur langsam weiterkommt, da sich sofort Gäste um sie scharen. Die Gäste sind das Higgsfeld, die Premierministerin, die durch das Interesse der Gäste „Masse" gewinnt, symbolisiert ein Quark oder Lepton.

Die Größe der Massen hängt von den Kopplungskonstanten ab. Warum sie so sind, wie sie sind, ist ungeklärt.

13.6 Quantenflavordynamik (QFD)

Wir haben sechs Sorten von Quarks (u, d, s, c, t, b) und entsprechend viele Leptonen (e, ν_e, μ, ν_μ, τ, ν_τ) kennengelernt. Diese sechs werden als „Flavors" (Geschmacksrichtungen) bezeichnet. Jedes Quark hat einen Flavorwert und drei mögliche Farben, die Leptonen haben nur den Flavorwert. Die vereinheitlichte Theorie umfasst die elektroschwache Wechselwirkung zwischen Quarks und Quarks, Leptonen und Leptonen sowie Quarks und Leptonen. Man nennt die Theorie daher auch Quantenflavordynamik (Abb. 13.5).

Zur Zeitgeschichte: 1990–1999
Um die internationale Kommunikation zwischen Experimentiergruppen zu erleichtern, entwickelt Tim Berners-Lee am CERN 1991 den Kommunikationsstandard WWW (World Wide Web). Die Google Company wird 1998 gegründet und entwickelt die populärste Suchmaschine.

1991 stirbt Freddie Mercury von der Band Queen an AIDS.

„I Will Always Love You" (1992) wird der erfolgreichste Song von Whitney Houston. Sie und Kevin Costner spielen die Hauptrollen im Film „Bodyguard". Der Film „Philadelphia" thematisiert die Krankheit AIDS und die Reaktion des Umfelds auf Kranke.

Im Vertrag von Maastricht (1992) gründen zwölf Mitgliedstaaten der Europäischen Wirtschaftsgemeinschaft die Europäische Union (EU). Geplant ist eine europäische Staatsbürgerschaft, gemeinsame Währung, gemeinsame Außen- und Sicherheitspolitik. Der Euro wird als europäische Währung eingeführt: am 1. Januar 1999 als Buchgeld und am 1. Januar 2002 als Bargeld.

Ab etwa 1997/1998 wird es populär, per SMS zu kommunizieren.

Jugoslawien zerfällt, die Teilrepubliken Slowenien, Kroatien, Mazedonien und Bosnien-Herzegowina erklären ihre Unabhängigkeit. Mehrere Kriege brechen aus, die bis 1995 andauern.

Michael Schumacher wird 1994 erster deutscher Formel 1 Weltmeister.

Österreich, Schweden und Finnland treten 1995 der EU bei.

Der Schachcomputer „Deep Blue" bezwingt 1996 mit Juri Kasparow zum ersten Mal einen Schachweltmeister.

Der Komet Hale Bopp ist 1997 mehrere Monate mit freiem Auge zu sehen.

In Partnerschaft mit den USA, Russland, Japan und Kanada beteiligt sich Europa am größten internationalen Projekt aller Zeiten – der International Space Station (ISS). Die Raumstation ist 420 t schwer und hat über 916 Kubikmeter Druckraum. Das erste Modul wird 1998 gestartet.

Boris Jelzin tritt 1999 als Präsident Russlands zurück. Wladimir Putin wird sein Nachfolger.

Literatur und Quellennachweis für Anekdoten und Zitate

A 13.1 Letter to C. H. Cay, (Jan 5,1865) wie zitiert in American Journal of Physics, 44(8), page 470, 1976–08 0

A 13.2 www.aip.org/history-programs/niels-bohr-library/oral-histories/5905

A 13.3 www.nytimes.com/1996/11/23/world/abdus-salam-is-dead-at-70-physicist-shared-nobel-prize.html

A 13.4 en.wikipedia.org/wiki/Peter_Higgs

A 13.5 www.theguardian.com/science/2008/jun/30/higgs.boson.cern
James Randerson: Father of the God particle. The Guardian, Mon 30 Jun 2008

A 13.6 Christian du Brulle, 10 Dec 2013, ec.europa.eu/research-and-innovation/en/horizon-magazine/how-become-nobel-prize-winner

A 13.7 Literatur-Recherche

A 13.8 www.theguardian.com/science/2013/dec/06/peter-higgs-boson-academic-system

A 13.9 Vortrag am MIT (1997)

A 13.10. Robert P. Crease and Charles C. Manx: How the Universe Works. The Atlantic monthly August 1984

A 13.11 www.azquotes.com/author/29573-Abdus_Salam

A 13.12 www.bbc.com/culture/article/20191014-abdus-salam-the-muslim-science-genius-forgotten-by-history

A 13.13 und A 13.14 erwähnt in: Memories of Steven Weinberg (1933–2021) Paul H. Frampton. Symmetry 2022, 14, 488. doi.org/https://doi.org/10.3390/sym14030488

A 13.15 Weinberg (1977), S. 149.
Jonathan Miller: The Atheism Tapes – Interview mit Weinberg. BBC, 22. April 2012, www.youtube.com/watch?v=3IZeQ3-ykc0, abgerufen 31.12.2022
Steven Weinberg (1993), S. 43.

A 13.16 www.nobelprize.org/prizes/physics/1999/veltman/biographical/

A 13.17 en.wikipedia.org/wiki/Gerard_%27t_Hooft
A 13.18 en.wikipedia.org/wiki/Makoto_Kobayashi_(physicist)
Taubes (1986) Gary Taubes, Nobel Dreams. Random House, New York.
Weinberg (1977) Steven Weinberg: The first three minutes, Basic Books.
Weinberg (1993) Steven Weinberg: Dreams of a final theory. Vintage.

14

Suche nach den fehlenden Teilchen

Zusammenfassung Die beiden Theorien der starken und der elektro-schwachen Kraft haben die Existenz einiger Elementarteilchen vorhergesagt. Wir besprechen deren Entdeckung durch zum Teil höchst anspruchs-volle Experimente mit an die 2 000 Mitarbeiterinnen und Mitarbeitern. Das prominenteste Teilchen, das Higgs-Boson, hat den größten Aufwand erfordert. Die Neutrinos zeigen sich als wandlungsfähig.

Mitte der 1970er Jahre waren sowohl die QCD als auch die QFD formuliert. Man hatte auch eine gute Vorstellung von der Systematik der beteiligten elementaren Teilchen, aber etliche waren noch nicht im Experi-ment bestätigt. Der Stand 1975 war folgender:

Quarks: u, d, s, c waren gefunden, weitere zwei Flavors wurden vermutet.

Gluonen: Keine direkte Evidenz. (Wie in Kap. 12.4 besprochen, wurden 1979 3-Jet Events gefunden, die als Beweis für die Existenz von Gluonen gewertet werden.)

Leptonen: Elektron, Myon und die Neutrinos ν_e und ν_μ waren experimentell nachgewiesen. Es gab starke Hinweise, dass es noch ein Leptonenpaar τ und ν_τ gibt.

Vektorbosonen: Das Photon ist bekannt, $W^\pm$ und Z wurden vermutet, aber noch nicht gefunden.

Higgs-Teilchen: Sollte es laut QFD geben, eine experimentelle Bestätigung fehlte.

© Der/die Autor(en), exklusiv lizenziert an Springer-Verlag GmbH, DE, ein Teil von Springer Nature 2023
C. B. Lang und L. Mathelitsch, *Haben Sie eines gesehen?*,
https://doi.org/10.1007/978-3-662-67972-2_14

In den nachfolgenden Jahren gelang es, das Schema durch gewaltige, manchmal sogar geniale experimentelle Leistungen zu komplettieren.

14.1 Tau Lepton

Das Tau Lepton, auch Tauon genannt, ist das dritte der geladenen Leptonen, es ist mit $1\,777$ MeV/c^2 auch das schwerste. Seine Entdeckung war in gewissem Sinne überraschender als die des Charm-Quarks, da es der erste Hinweis auf die Existenz einer dritten Fermionen-Familie war. Die Massen von Elektron, Myon und Tauon verhalten sich annähernd wie $1{:}200{:}3\,500$ und man hat keine Erklärung für diese Werte.

Die häufigsten Zerfallskanäle des Tauons sind.

$$\tau^- \to e^- + \bar{\nu}_e + \nu_\tau,$$

$$\tau^- \to \mu^- + \bar{\nu}_\mu + \nu_\tau,$$

$$\tau^- \to \pi^- + \pi^0 + \nu_\tau.$$

Das Teilchen wurde 1975 von Martin Perl und Mitarbeitern bei Elektron-Positron Kollisionen am SPEAR Speicherring des SLAC entdeckt, Perl erhielt 1995 dafür den Nobelpreis für Physik.

Martin Lewis Perl (1927–2014) stammt aus New York, studierte Technische Chemie am Brooklyn Polytechnic Institute und arbeitete nach dem Diplom (1948) bei General Electric. Diese Arbeit weckte sein Interesse für Physik, er begann ein Studium an der Columbia University und promovierte 1955, betreut von I.I. Rabi.

In den daran anschließenden acht Jahren an der Universität Michigan befasste er sich mit der starken Wechselwirkung und Funkenkammern. Er war einer der beiden Betreuer des Doktoranden Samuel Ting, der 19 Jahre vor ihm den Nobelpreis für Physik bekommen würde. Nach Michigan ging er 1963 an das Stanford Linear Accelerator Center nahe San Francisco. Er experimentierte mit hochenergetischen geladenen Leptonen und ging der Frage nach, ob es vielleicht eine dritte Generation von Leptonen geben könnte.

A 14.1 Martin Perls Philosophie wurde von seinem Sohn Jed so zusammengefasst: „Er hat immer dafür plädiert, dass man sich ansehen sollte, was die Menge tut, und dann in eine andere Richtung gehen sollte."

14.2 Neutrinos

Die Physikerinnen und Physiker waren sich sehr sicher, dass es zum Tauon auch ein entsprechendes Neutrino v_τ geben muss. Deshalb war die Suche an mehreren Institutionen gleichzeitig im Gange.

Experimentiergruppen versuchen, ihren Experimenten Namen mit markanten Abkürzungen zu geben. Ein Team am Fermilab in Chicago nannte seine Suche nach Tauon-Neutrinos DONUT, als Abkürzung für „Direct Observation of the Nu Tauon". 1997 wurden die Daten genommen, im Jahr 2000 wurde nach einer intensiven und letztlich erfolgreichen Analyse die Identifikation von 4 Tauon-Neutrino Events publiziert. Der Abschlussbericht 2008 nannte 9 Events von insgesamt 578 gemessenen Wechselwirkungen von Neutrinos.

A 14.2 Im Jahr 2011 gab es eine große Aufregung bezüglich Neutrinos. Im OPERA Experiment („Oscillation Project with Emulsion-tRacking Apparatus") wurden am CERN erzeugte Neutrinos in einem 730 km entfernten Forschungslabor im Gran Sasso Gebirge gemessen. Man fand Hinweise, dass sich Myon-Neutrinos mit Überlichtgeschwindigkeit bewegten. Andere Experimente konnten das nicht bestätigen. Im Folgejahr entdeckte man die Ursache der Fehlmessung, es war ein fehlerhaftes Glasfaserkabel.

Viele Jahre war man überzeugt, dass Neutrinos ebenso masselos wie Photonen seien. Bei Photonen gibt es dafür einige theoretische Begründungen: Die elektromagnetische Wechselwirkung hat eine unendliche Reichweite. Damit kann das Austauschteilchen der Kraft, das Photon, nur masselos sein. Weiters sind Photonen die Eichbosonen der QED. Bei Neutrinos könnte man die Beobachtung anführen, dass nur linkshändige Neutrinos gemessen wurden. Wenn sie Masse hätten, dann erlaubte die Relativitätstheorie, aus linkshändigen Neutrinos rechtshändige zu machen. Ein weiterer Effekt einer Masse wären Umwandlungen der Neutrinos einer Leptonenzahl in solche anderer Leptonenzahl, sogenannte Neutrino-Oszillationen.

Der Energiefluss unserer Sonne ermöglicht das Leben auf der Erde. Im Inneren der Sonne finden andauernd Kernfusionen statt, deren erzeugte Energie uns mit Licht und Wärme versorgt. Dabei entstehen auch Unmengen von Neutrinos, 90 % davon in der sogenannten Proton-Proton-Kette (siehe auch Kap. 5) im Prozess.

$$p + p \rightarrow \ldots \rightarrow d + e^+ + v_e.$$

Die Neutrinos wechselwirken jedoch so schwach mit der Materie, dass wir sie nicht bemerken. Es bedurfte aufwendiger Experimente, um die Zahl der von der Sonne kommenden Neutrinos zu bestimmen. Als es schließlich gelang, war die gemessene Anzahl jedoch deutlich geringer als von der Theorie vorhergesagt.

War unsere Vorstellung vom Fusionsprozess in der Sonne falsch? Hatte der Sonnenkern aufgehört zu „brennen" und wir hatten es noch nicht bemerkt? Nach dem Standardmodell der Sonne findet die Fusion im Sonnenkern statt, dessen Radius nur ein Viertel des Sonnenradius ausmacht. Der Energietransport nach außen findet im Inneren durch Strahlung statt. Hochenergetische Photonen aus dem Kern werden sofort wieder absorbiert, dann wieder emittiert und so weiter. Sie brauchen 10 000–170 000 Jahre bis sie die Sonnenoberfläche erreichen. Im Bereich außerhalb von 70 % des Sonnenradius wird die Wärme durch Verwirbelung nach außen transportiert. Neutrinos sind aufgrund ihrer schwachen Wechselwirkung schneller, sie benötigen nur 2–3 s, um aus der Sonne zu gelangen. Könnte die Erklärung für die fehlenden Neutrinos sein, dass die Kernaktivität schon zurückgegangen war? Die Antwort war überraschend!

Clyde Cowan und Frederick Reines hatten den hohen Neutrinofluss eines Reaktors zur Identifikation von Neutrinos genutzt (Abschn. 9.1.1). John N. Bahcall und Raymond Davis Jr. führten in den späten 1960er Jahren ein Experiment zur Messung der Sonnenneutrinos aus. Um Einflüsse der anderen kosmischen Strahlung gering zu halten, fand das Experiment in 1 500 m Tiefe in der Goldmine von Homestake, Dakota, statt. In einem Tank mit einem Volumen von 380 Kubikmetern wurde Perchloräthylen (ein gebräuchliches Lösungs- und Reinigungsmittel, daher kostenschonend) gefüllt. Wenn ein Neutrino auf ein Neutron im Chlor-Atom stößt, so kann sich dieses (siehe Kap. 9) in ein Proton und ein Elektron verwandeln: $n + \nu_e \to p + e^-$.

Aus dem Chlor-Atom (17 Protonen, 20 Neutronen im Kern) wird beim Einfang eines Elektron-Neutrinos ein radioaktives Argon-Atom (18 Protonen, 19 Neutronen). Dieses hat eine Halbwertszeit von fünf Wochen, es reichte also aus, alle 2–3 Wochen die Argon-Atome zu extrahieren. Dazu wurde Helium durch den Tank geblasen, wobei sich die Argon-Atome an das Helium anlagerten und so herausgewaschen wurden. Jedes Mal sammelten sich ein paar Dutzend radioaktive Argon-Atome in einem kleinen Behälter, in dem sie durch ihren Zerfall identifiziert werden konnten.

Bahcall hatte anhand seines Sonnenmodells die erwartete Anzahl der Reaktionen berechnet. Davis war der Experimentator und fand nur ein

Drittel der theoretischen Anzahl. Sorgfältige Kontrollen fanden keinen Fehler im Experiment. Die gemessene Zahl blieb ein Drittel der erwarteten. Theorie und Experiment wurden jahrelang überprüft. Das Experiment wurde fortgeführt und die Zahl der beobachteten Neutrinos lag um 1980 bei 39 %.

A 14.3 Während seiner High School Zeit interessierte sich John Bahcall am meisten für Tennis, er wurde sogar Meister seines Heimatstaates Lousiana. Um intensiv trainieren zu können, wurde ihm der Unterricht in den Naturwissenschaften erlassen. Ein Tennis-Stipendium ermöglichte ihm einen Studienplatz an der University of California in Berkeley, wo er Philosophie studierte. Für den Abschluss des Studiums war auch eine Prüfung in Physik notwendig und der Physikkurs zu Ende seines Studiums war der erste Kontakt von Bahcall mit diesem Fach. Laut Bahcalls Worten verliebte er sich sofort in die Physik, was sein Leben veränderte.

Raymond Davis Jr. (1914–2006) wurde in Washington, D.C., geboren. Er graduierte in Chemie an der University of Maryland, anschließend studierte er physikalische Chemie an der Yale Universität, wo er 1942 promovierte. Die Kriegsjahre bis 1946 verbrachte er bei der US Army und arbeitete an der Auswertung von Tests mit chemischen Waffen. Im Jahr 1948 wechselte er ans BNL. Im Jahr 2002 bekam er gemeinsam mit Masatoshi Koshiba and Riccardo Giacconi den Nobelpreis für Physik verliehen. Da war er 88, vier Jahre später starb er an Alzheimer.

A 14.4 Nach seiner Anstellung am Brookhaven National Laboratory ging Raymond Davis zum Vorsitzenden des Chemieinstituts, Richard Dodson, und fragte ihn, woran er arbeiten sollte. Zu seiner Überraschung meinte dieser, Davis solle in die Bibliothek gehen, einige Publikationen lesen und dann ein Thema für ein Projekt auswählen, das ihn am meisten interessiert. Ein Übersichtsartikel über Neutrinos war der richtige Anstoß.

Unter den theoretischen Erklärungsversuchen für die fehlenden Neutrinos war auch eine Idee von Bruno Pontecorvo, der vermutete, die Neutrinosorte könnte sich auf dem Weg von der Sonne zur Erde ändern. Davis hatte in seinem Experiment ja nur Elektron-Neutrinos gemessen.

Bruno Pontecorvo (1913–1993) war einer von Fermis „Ragazzi di Via Panisperma". Er studierte ab 1931 an der Universität Rom „La Sapienza" und nahm auch an Fermis Neutronen-Experiment teil. Fermi beschrieb ihn als einen der hellsten Köpfe, mit denen er im Laufe seines Wissenschaftsleben in Kontakt gekommen war.

A 14.5 Fermi nannte Pontecorvo immer „großen Champion" (grande campione). Pontecorvo führte dies damals auf seine Leistungen in Tennis zurück und nicht auf die in Physik.

1934 ging Pontecorvo nach Paris, um bei Irene und Frederic Joliot-Curie zu studieren. Aus einer wohlhabenden Familie stammend wurde er überzeugter Kommunist. Seine Familie verließ aufgrund der neuen Rassengesetze 1938 Italien und auch er floh 1940 beim Einmarsch der deutschen Armee aus Paris in die USA. In Oklahoma entwickelte er eine Methode, mithilfe von Neutronen-Absorption zwischen verschiedenen Mineralien zu unterscheiden. 1943 trat er dem British Tube Alloys Team am Montreal Laboratory in Kanada bei, das später Teil des Manhattan-Projekts wurde. Er beschäftigte sich mit Reaktorphysik und kosmischer Strahlung. Ab 1948 arbeitete er für das „Atomic Energy Research Establishment" zuerst in Kanada, ab 1949 in Harwell, Großbritannien.

Der „Kalte Krieg" zwischen USA und deren Verbündeten war voll im Gange. Klaus Fuchs, ein Kollege Pontecorvos in Harwell, der Geheimnisse aus dem Manhattan-Projekt der Sowjetunion verraten hatte, wurde 1950 festgenommen und zu einer langjährigen Gefängnisstrafe verurteilt.

A 14.6 Als 1950 Klaus Fuchs als russischer Spion enttarnt wurde, kam auch Rudolf Peierls in Verdacht. Die Zeitschrift „The Spectator" nannte sogar seinen Agenten-Codenamen „Perls". Obwohl Peierls mit Fuchs befreundet war und auch eine russische Ehefrau hatte, waren die Anschuldigungen völlig unbegründet.

Obwohl es keine Hinweise auf Spionagetätigkeit Pontecorvos gab, wurde er als Sicherheitsrisiko betrachtet und es wurde ihm empfohlen, eine Professur in Liverpool anzunehmen. Im September 1950 verbrachte er mit seiner Frau und drei Söhnen einen Urlaub in Rom, brach ihn ab, flog mit Familie nach Stockholm und weiter nach Finnland. Von dort brachten ihn sowjetische Agenten in die Sowjetunion, wo er in Ehren empfangen wurde. Ob er als Spion tätig war, wurde nie zweifelsfrei geklärt. Bis 1978 durfte er die Sowjetunion nicht verlassen. Danach besuchte er häufig Italien.

A 14.7 Bruno Pontecorvo lebte für die zweite Hälfte seines Lebens in Russland. Als er 1993 starb wurde auf Pontecorvos Wunsch die Hälfte seiner Asche in Dubna, wo er zuletzt wohnte, die andere im protestantischen Friedhof (cimitero acattolico) in Rom beigesetzt.

Pontecorvo steuerte viele Ideen zur Neutrinophysik bei. In einer Arbeit 1959 diskutierte er 21 Reaktionen mit Neutrino-Beteiligung. Er vertrat schon früh die Meinung, dass es unterschiedliche Neutrino-Typen gäbe und verwies auf Reaktionen, die zwischen Elektron- und Myon-Neutrinos unterscheiden könnten. Bereits 1957 mutmaßte er, dass es zu Neutrino-Oszillationen kommen könnte, wenn diese Masse hätten.

Andere Experimente folgten: Masatoshi Koshiba, Masayuki Nakahata und Atsuto Suzuki planten das Kamiokande Experiment, mit dem man einen möglichen Zerfall des Protons nachweisen könnte. In einem Bergwerk der Kamioka Mining and Smelting Co (Hide, Japan) hatte man Anfang der 1980er Jahre einen 3 000 Kubikmeter großen Tank mit Wasser gefüllt und mit 1 000 Lichtverstärkern (Photomultipliern) umgeben. Der Detektor „Kamiokande" wurde 1983 in Betrieb genommen und fand keinen Hinweis auf Protonzerfall. Auf Vorschlag Koshibas wurde der Detektor verbessert, um Neutrinos zu messen und Kamiokande II begann 1987 mit Messungen. Man fand 50 % der erwarteten Anzahl von Neutrinos. Während der Messperiode fand die Supernova SN1987A statt und man beobachtete um 11 Neutrino-Events mehr als im sonstigen Durchschnitt.

A 14.8 Die Abkürzung NDE für das Kamiokande Experiment ist seit über vierzig Jahren dieselbe. Nur wofür NDE stand, änderte sich: von „Nucleon Decay Experiment" auf „Neutrino Detection Experiment".

Der Nobelpreis für Physik 2002 wurde zur Hälfte an Raymond Davis Jr. und an Masatoshi Koshiba „für bahnbrechende Arbeiten in der Astrophysik, insbesondere für den Nachweis kosmischer Neutrinos" vergeben, die andere Hälfte ging an Riccardo Giacconi „für bahnbrechende Arbeiten in der Astrophysik, die zur Entdeckung von kosmischen Röntgenquellen geführt haben".

Ein weiteres Experiment SAGE (Soviet-American Gallium Experiment) lief ab 1989 bis 2011 durchgehend, später mit Unterbrechungen weiter. Die Experimentierhalle war in 2 100 m Tiefe im Nordkaukasus. Es wurden 56–60 % der erwarteten Neutrinos gemessen. Ähnliche Ergebnisse lieferte GALLEX im Gran Sasso Tunnel in Italien (1991–1997).

In den 1990er Jahren begann man zu vermuten, dass Neutrino-Oszillationen für das solare Neutrino-Problem und das atmosphärische Neutrino-Defizit verantwortlich sein könnten. Der Detektor Super-Kamiokande wurde entwickelt, um die Oszillationshypothese zu testen. Der Detektor ist ein zylindrischer Hohlraum mit 50 000 t gereinigtem

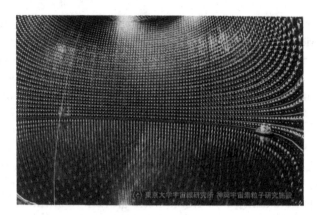

Abb. 14.1 Super-Kamiokande Neutrino Detektor. Die Personen im Boot führen Wartungsarbeiten aus. [Mit freundlicher Genehmigung von: Kamioka Observatory, ICRR(Institute for Cosmic Ray Research), The University of Tokyo.]

Wasser, umgeben von 13 000 Lichtverstärkern (Abb. 14.1). Er ist von einem äußeren Detektor umhüllt, der Störungen durch kosmische Myonen identifizieren kann. Das Super-Kamiokande Team unter der Leitung von Takaaki Kajita begann 1996 mit der Datenerfassung und publizierte 1998 erste Ergebnisse für Neutrino-Oszillationen, konnte aber nicht klar zwischen atmosphärischen und solaren Neutrinos unterscheiden.

Wie identifiziert man mit Lichtverstärkern Neutrino-Reaktionen? Bei der Streuung der hochenergetischen Neutrinos an den Elektronen oder Nukleonen entstehen schnelle Elektronen oder Myonen. Wenn sich Teilchen in einem Medium schneller als das Licht fortbewegen, strahlen sie ein bläuliches Licht ab, die „Cerenkov-Strahlung". Dieses Licht kann verstärkt und gemessen werden. Die Form der so entstehenden Lichtkegel erlaubt es, zwischen den Elektronen und Myonen zu unterscheiden.

14.3 Neutrino-Oszillationen

Die Hypothese, dass die Neutrinos auf ihrem Weg von der Sonne zur Erde ihre Identität wechselten, erforderte zur Überprüfung die Möglichkeit, gleichzeitig mit den Elektron-Neutrinos auch die anderen Sorten zu messen. Schon 1984 schlug Herb Chen von der University of Irvine, Kalifornien, eine geeignete Methode vor. Ein Detektor mit schwerem Wasser, das ist Wasser mit dem Wasserstoff-Isotop Deuterium, könnte sowohl Elektron-Neutrinos als auch alle weiteren Neutrinos messen. Nur Elektron-Neutrinos können ein Neutron in ein Proton umwandeln, unter Aussendung eines Elektrons. Alle drei Neutrinoarten können jedoch das Deuteron in Proton und Neutron aufspalten (Disintegration).

Das Sudbury Neutrino Observatory (SNO) wurde 2 100 m unter der Erdoberfläche in der Vale's Creighton Mine in Sudbury, Ontario, Kanada eingerichtet, Leiter des Experiments war Arthur McDonald. Ein Tank mit 10 000 t Schwerwasser war umgeben von 9 600 Lichtverstärkern. Die Messungen begannen 1999 und die ersten Ergebnisse wurden 2001 veröffentlicht. Sie bewiesen, dass die von der Sonne kommenden Neutrinos tatsächlich zwischen ihren Sorten oszillieren.

A 14.9 Die Kosten des SNO-Experiments belief sich auf 73 000 kanadische Dollar. Der Wert des verwendeten schweren Wassers war um mehr als das Vierfache höher, er betrug etwa 300 000 CD. Das Wasser wurde nicht angekauft, sondern um einen Dollar von der Canadian Crown Corporation geliehen.

Takaaki Kajita und Arthur McDonald teilten sich den Nobelpreis 2015 „für die Entdeckung der Neutrino-Oszillation, die zeigt, dass Neutrinos Masse besitzen".

Freie fliegende Neutrinos mit gegebener Masse sind sogenannte Massen-Eigenzustände, die im Flug einen komplexen, oszillierenden Vorfaktor haben. Die Frequenz der Oszillation hängt von der Energie (und daher Masse) des Massen-Neutrinos ab.

Neutrinos tragen andererseits, wenn sie schwach wechselwirken, einen wohldefinierten Flavorwert, sie sind also Elektron-, Myon- oder Tauon-Neutrinos, wenn sie an Elektronen, Myonen oder Tauonen koppeln.

Nun sind Flavor-Neutrinos aber nicht gleich den Masse-Neutrinos, sondern eine quantenmechanische Überlagerung dieser. Umgekehrt sind Masse-Neutrinos eine Überlagerung von Flavor-Neutrinos.

Ein Flavor-Neutrino verlässt den Wechselwirkungspunkt als eine quantenmechanische Überlagerung von Massen-Neutrinos. Im Flug oszilliert der komplexe Faktor für jedes der drei Massen-Neutrinos abhängig von seiner Energie. Wenn man eine Messung durchführt, so hängt die Flavor-Wahrscheinlichkeit von der aktuellen Überlagerung ab. Oszillationen treten bei Neutrinos mit unterschiedlichen Massen auf, es könnten daher ein oder zwei Neutrinos masselos sein.

Die Möglichkeit solcher Oszillationen wurde von Pontecorvo bereits 1957 erwähnt, die mathematische Formulierung stammt von Ziro Maki, Masami Nakagawa, and Shoichi Sakata (1962) und Pontecorvo (1967).

Gribov und Pontecorvo veröffentlichten 1968 die grundlegende Arbeit „Neutrino Astronomy and Lepton Charge".

Wenn die Neutrinos eine Masse ungleich null haben, dann tritt ein ähnlicher Mischungseffekt auf wie bei den (s, b, t) Quarks, wofür man die CKM-Matrix einführte (Abschn. 13.4). Die Neutrinos sind in der schwachen Wechselwirkung nicht identisch den freien Neutrinos, sondern sie sind durch eine Transformation, die PMNS-Matrix (benannt nach Pontecorvo, Maki, Nakagawa, Sakata), mit ihnen verknüpft. Man hat damit in der schwachen Wechselwirkung folgende Mischzustände:

$$\left(s', b', t'\right) = V_{CKM}(s, b, t),$$

$$(\nu_{e'}, \nu_{\mu'}, \nu_{\tau'}) = U_{PMNS}(\nu_e, \nu_\mu, \nu_\tau).$$

Wie bei der CKM-Matrix der Quarks müssen die Elemente der PMNS-Matrix experimentell bestimmt werden. Aus den Oszillationseigenschaften kann man die Differenz der Massenquadrate der Neutrinos bestimmen und daraus mit weiteren Annahmen die Neutrinomassen (Kap. 15).

Damit war das Rätsel der „fehlenden" Sonnen-Neutrinos geklärt. Wie oft bei der Lösung eines Problems tauchten dafür neue Fragen auf. Woher stammen die PMNS-Werte, woher die Neutrinomassen? Diese Parameter gehören zu den rund zwei Dutzend Parametern des Standardmodells der Elementarteilchenphysik, die wir messen, aber nicht begründen können.

A 14.10 Carlo Rubbia (1997): „Neutrinos gelten als masselos. Die Masse des Photons muss null sein, sonst würde die Elektrodynamik zum Teufel gehen. Aber die Masse des Neutrinos ist aus Unwissenheit null, nicht wegen der Theorie."

14.4 W$^\pm$, Z

Das Super-Protonen-Synchrotron (SPS) am CERN war ab 1976 in Einsatz. In dem kreisförmigen Tunnel von 7 km Umfang konnten Protonen bis auf 400 GeV beschleunigt werden. Zahlreiche Experimentiergruppen arbeiteten an dieser Riesenmaschine. Trotz der hohen Protonenenergie erwartete man nicht, in der Kollision mit dem ruhenden Protonentarget die gesuchten Z oder W zu finden. Eine direkte Erzeugung eines W-Bosons könnte durch den Prozess $d + \bar{u} \to W^-$ oder $u + \bar{d} \to W^+$ und des Z-Bosons durch $u + \bar{u} \to Z$ oder $d + \bar{d} \to Z$ erfolgen. Dafür müsste das jeweilige Antiquark virtuell aus dem Vakuumsee des Protons erzeugt werden. Nach dem Partonenbild tragen die Quarks etwa 50 % des Impulses, das einzelne Quark also nur ein Sechstel. Das würde nicht ausreichen.

Die Entdeckung der Vektorbosonen $W^\pm$ und Z ist untrennbar mit dem italienischen Experimentalphysiker Carlo Rubbia verbunden. Rubbia wurde 1934 in Gorizia nahe der italienisch-slowenischen Grenze geboren. Nach dem Willen seines Vaters sollte er Elektrotechnik studieren. Mit etwas Glück erhielt er einen Studienplatz für Physik an der Universität Pisa. Nach seinem Doktoratsabschluss arbeitete er knapp zwei Jahre als Forschungsassistent an der Columbia Universität in New York. 1960 kehrte er nach Italien zurück und begann am CERN an Experimenten zur schwachen Wechselwirkung teilzunehmen.

1971 wurde der ISR (Intersecting Storage Ring) fertiggestellt und Rubbia sammelte Erfahrung mit diesem neuen Beschleunigersystem. In zwei getrennten Speicherringen wurden vom schon vorhandenen Protonensynchrotron hintereinander in zwei verschiedene Richtungen Protonen eingeschossen. An acht Stellen kreuzten sich die Strahlrohre und an fünf davon hatten die Experimentiergruppen ihre Geräte aufgebaut.

Als das SPS in Betrieb ging, hatten David Cline, Peter McIntyre und Carlo Rubbia eine brillante Idee, nämlich den Beschleuniger in einen Protonen- und Antiprotonen-Collider zu verwandeln. Durch geschickte Anordnung der Magneten konnte man Bündel von Protonen und Antiprotonen im selben Strahlrohr in entgegengesetzte Richtungen beschleunigen und zur Kollision bringen.

Pierre Darriulat und andere hatten schon viel Zeit in die Planung von Experimenten am künftigen LEP investiert und waren verärgert, dass die LEP Konstruktion hinausgeschoben wurde zugunsten des Umbaus des gerade „geborenen" Babys SPS in einen Proton-Antiproton Collider. Zumal nicht sicher war, ob dieser Plan funktionierte. Aber Rubbia überzeugte das CERN-Management.

Um eine möglichst hohe Ereignisrate zu erzielen, mussten die Antiprotonen zuerst „gesammelt" werden. Zu diesem Zweck baute man einen Antiproton Akkumulator, der dank einer von Simon van der Meer entwickelten Technik die Antiprotonen genügend lange speichern konnte, bis die Bündel ausreichende Größe erreicht hatten und in das SPS eingeschossen werden konnten. Das Verfahren hieß „Stochastic Cooling" und bestand darin, an einer Stelle des kreisförmigen Speicherrohrs zu messen, ob ein Teilchen von der perfekten Bahn abwich, und an einer anderen Stelle einen elektromagnetischen Korrekturimpuls zu geben, sozusagen einen Fußtritt, sobald das „ungehörige" Antiproton dort vorbeikam. Diese Technik war maßgeblich für den späteren Erfolg der Experimente.

Simon van der Meer (1925–2011) stammte aus Den Haag (Niederlande). Er studierte Technische Physik in Delft (Abschluss 1952) und war einige Jahre bei Philips in Eindhoven beschäftigt. Ab 1956 arbeitete er bis zu seiner Pensionierung 1990 am CERN. Er entwarf spezielle Magnete für das Protonensynchrotron und baute kleine Speicherringe für Myon Experimente. Seine Arbeit am Intersecting Storage Ring und am Antiproton Akkumulator wurde durch den Nobelpreis 1984 gewürdigt.

A 14.11 Obwohl Nobelpreisträger, verzichtete van der Meer nach seiner Pensionierung auf die üblichen Vortragsreisen, sondern widmete sich lieber seinem Garten. Laut Aussagen von Kollegen wurde noch nie eine Person durch Erfolg so wenig verändert wie Simon van der Meer.

In zwei Projekten sollte unabhängig voneinander versucht werden, die gesuchten Teilchen experimentell festzustellen. Beide waren Teams mit Forscherinnen und Forschern aus mehreren Forschungsstätten weltweit. Benannt wurde sie nach dem Aufstellungsort: Underground Area 1 (UA1) und Underground Area 2 (UA2). Die Underground Areas waren Kathedralen-große Hallen, 50 bis 100 m unter der Erde. Sprecher für UA1 war Carlo Rubbia, 12 Teams mit 135 Personen waren beteiligt. UA2 war halb so groß, der Sprecher war Pierre Darriulat.

Pierre Darriulat (1938) stammt aus Paris und promovierte dort 1965. Danach arbeitete er am CERN, unter anderem in Carlo Rubbias Gruppe, und wurde Experte für Proton-Proton Streuung am Intersecting Storage Ring. Von 1989–1994 war er Forschungsdirektor am CERN, wo er bis zur Pensionierung blieb.

A 14.12 Nach seiner Pensionierung gründete Pierre Darriulat im Jahr 2000 ein Forschungsinstitut für Astrophysik in Vietnam, in dem er immer noch aktiv ist. Als Name wurde VATLY gewählt: Dies ist erstens das vietnamesische Wort für „Physik", zweitens ist es eine Abkürzung für „Vietnam Auger Training LaboratorY".

Der Aufwand war enorm. Man kann sich den UA1 Detektor wie eine riesige Zwiebel vorstellen, deren Schichten verschiedene Messgeräte waren. Im Zentrum lag ein zylindrischer Driftkammerdetektor mit 6 m Länge und 2,3 m Durchmesser. Dieser Zentraldetektor war von einem 800 t schweren Elektromagneten umgeben. Darüber waren Kalorimeter, welche die von den durchlaufenden Teilchen abgegebene Energie maßen, und Myon-Detektoren. Das alles zusammen war so groß wie ein Quader der Seitenlänge von 8 m.

Es war ein Wettrennen. Beide Gruppen arbeiteten mit demselben Collider und hielten ihre Ergebnisse voneinander geheim. Selbst gute Freunde aus verschiedenen Gruppen mussten ein Schweigegebot beachten.

A 14.13 Pierre Darriulat erinnert sich: Der Wettbewerb zwischen UA1 und UA2 war echt und lebhaft, aber relativ unbedeutend; es war eher eine Art Spiel, und wir hatten viel Spaß dabei. Es gab keinen Zweifel, dass Carlo der König des Proton-Antiproton-Königreichs war und von uns allen als solcher anerkannt wurde. Zweifellos hätte er die Schuld auf sich nehmen müssen, wenn das Proton-Antiproton-Projekt gescheitert wäre, aber als sich herausstellte, dass es ein Erfolg war, verdiente er den Ruhm gerechtfertigt.

Der Hauptunterschied zwischen den beiden Teams war das Detektordesign; UA1 war ein Mehrzweckdetektor, während UA2 für die Detektion von Elektronen aus W- und Z-Zerfällen optimiert war. Die ersten Proton-Antiproton Kollisionen fanden 1981 statt. Nach einer Unterbrechung gingen die Messungen im Sommer 1982 weiter. Im Januar 1983 konnte UA1 berichten, W-Bosonen gefunden zu haben. Bald danach wurde auch das Z-Boson gesehen und die Ergebnisse auch von UA2 bestätigt. Das UA1 Experiment hat 1 000 000 000 Proton-Antiproton Kollisionen im SPS nach W and Z Teilchen durchsucht! Carlo Rubbia und Simon van der Meer erhielten 1984 den Nobelpreis für Physik verliehen (Abb. 14.2).

Abb. 14.2 **(a)** Bruno Pontecorvo (1913–1993), John Bahcall (1934–2005), Raymond Davis, Jr. (1914–2006). **(b)** Carlo Rubbia (1934-), Simon van der Meer (1925–2011). [Pontecorvo: en.wikipedia.org/wiki/Bruno_Pontecorvo#/media/File:Bruno_Pontecorvo_1955.jpg licensed gemeinfrei. Bahcall: nl.wikipedia.org/wiki/John_Bahcall#/media/Bestand:John_Bahcall.jpg by Dan Bahcall licensed under CC BY-SA 3.0. Davis: en.wikipedia.org/wiki/Raymond_Davis_Jr.#/media/File:Raymond_Davis,_Jr_2001.jpg licensed gemeionfrei. Rubbia: commons.wikimedia.org/wiki/File:Carlo_Rubbia_2012.jpg by Markus Pössel licensed under CC BY-SA 3.0 Unported. Van der Meer: snl.no/Simon_van_der_Meer by unknown licensed under CC BY-SA 4.0y]

Abb. 14.2   (Fortsetzung)

A 14.14 Samuel Ting: In der Physik gibt es keine Nummer zwei. Wer wird sich daran erinnern, was UA2 getan hat? Niemand wird sich an UA2 erinnern.

Von 1970 bis 1989 lehrte Rubbia jedes Jahr ein Semester an der Harvard University, danach war er bis 1993 Generaldirektor am CERN. Er betrieb unter anderem die Einrichtung eines Labors im Gran Sasso und war wissenschaftlicher Berater vieler nationaler und internationaler Forschungsfonds.

A 14.15 Carlo Rubbia und Pierre Darriulat hatten beide das Ziel, einen Nachweis für die Existenz der schweren Bosonen W und Z zu erbringen und so die Vorhersagen des vereinheitlichten Modells der elektroschwachen Wechselwirkung zu bestätigen. Sie waren Konkurrenten.
Leon Lederman erzählte die folgende Anekdote:
Carlo Rubbia und Pierre Darriulat wandern am Jura, einem Bergmassiv nahe bei Genf.
Darriulat fragt Rubbia:
„Carlo, was würdest du tun, wenn uns ein Bär begegnet?"
„Ich würde davonlaufen."
„Carlo, du kannst doch nicht schneller als ein Bär laufen!"
„Es reicht, wenn ich schneller laufe als du!"
A 14.16 Geschichten über Rubbia gibt es zuhauf. Lederman erinnert sich beispielsweise an ein Schild am Strand in der Nähe einer Konferenz auf Long Island mit der Aufschrift „Schwimmen verboten. Carlo braucht den Ozean".

A 14.17 Die Meinungen über Rubbia sind zwiespältig: Alle sind sich einig, dass er ein Genie und Wegbereiter ist, aber nur wenige sind sich uneinig, dass er stur und arrogant sein kann. Rubbia selbst gibt zu, dass er „mehr Feinde als alle anderen" hat. „Brillant, kompromisslos, schwierig zu handhaben, leidenschaftlich und draufgängerisch", sagt Nicola Cabibbo.

Nach der Identifizierung der W- und Z-Bosonen liefen die Experimente weiter und erhöhten die Genauigkeit der Messungen. Besonders wichtig war die Zerfallsbreite des Z-Bosons, aus der man die Zahl der masselosen oder leichten Neutrinosorten bestimmen kann. Das Ergebnis zeigt mit großer Sicherheit, dass es genau drei unterschiedliche Neutrinos gibt. Damit wird die Zahl der Familien mit drei festgelegt und die Anzahl der Quarks mit sechs.

14.5 Higgs

Für das Higgs Teilchen hatte man keine Hinweise, welche Masse es haben könnte und somit auch, bei welcher Energie man es suchen sollte. Die theoretischen Rechnungen zeigten, dass eine Higgsmasse von mehr als etwa $500\,\mathrm{GeV}/c^2$ zu Widersprüchen in der Theorie führen würde. Andere Überlegungen ergaben, dass die Masse größer als $80\,\mathrm{GeV}/c^2$ sein müsse, da sonst das Vakuum instabil wäre. Die Suche nach dem ominösen Teilchen, so es dieses gab, war eine Jagd. Dazu passte der Titel eines 1990 erschienenen Buches von John F. Gunion, Howard E. Haber, Gordon Kane und Sally Dawson: „The Higgs Hunter's Guide", in dem alle Reaktionen diskutiert wurden, die zur Entdeckung des Higgs-Teilchens geeignet wären.

A 14.18 Leon Lederman gab seinem Buch über die Suche nach dem Higgs-Teilchen den Titel „The God Particle" (Das Gottesteilchen) und erklärte diese Bezeichnung mit zwei Gründen: Erstens würde uns der Verlag nicht erlauben, es das gottverdammte Teilchen („The Goddamn Particle") zu nennen, obwohl das angesichts seiner bösartigen Natur und der Kosten, die es verursacht, ein angemessenerer Titel wäre. Und zweitens gibt es eine Art Verbindung zu einem anderen Buch, einem viel älteren...[...], die Genesis.

Auch wenn der in den 1980er Jahren am CERN gebaute unterirdische Ringtunnel von 27 km Umfang primär für den Large Elektron-Positron

Collider LEP geplant war, überlegte man bereits während des Baus, den Tunnel später für einen „Large Hadron Collider" (LHC) zu nutzen. Für den LHC mussten 1 232 supraleitende Magneten samt Infrastruktur wie Versorgungsleitungen für flüssigen Stickstoff und Helium installiert werden. 2010 begann der Betrieb und es wurden bislang nicht erreichte Energien erzielt. Bei der Kollision von Protonen wurden in den Kollisionspunkten Energien bis zu 13 TeV erreicht.

Der Collider ist nicht exakt kreisförmig, sondern ähnelt einem Achteck. An vier Kreuzungspunkten der beiden Strahlrohre wurden Kavernen für vier Experimente geschaffen. ALICE (A Large Ion Collider Experiment) studierte Materie hoher Dichte und LHCb (Large Hadron Collider beauty) war auf Hadronen-Zerfälle spezialisiert. ATLAS (A Toroidal LHC Apparatus) und CMS (Compact Muon Solenoid) suchten nach dem Higgs-Boson, und es waren jeweils über 200 wissenschaftliche Institute und bis zu 3 500 Personen beteiligt!

Eine der größten technischen Herausforderungen war die Erfassung, der Transport und die Analyse der Datenmengen von bis zu 30 Petabyte pro Jahr. Wie im 8. Kapitel gezeigt, wird bei allen Experimenten bereits beim Auslesen der Daten aus den Messgeräten „getriggert", das heißt, es findet eine Filterung auf möglicherweise interessante Kollisionen statt. Dennoch entspricht der Datenfluss beim CMS-Detektor einer Datenmenge vergleichbar mit der einer 70-Megapixel-Kamera, die 40 Mio. Bilder pro Sekunde schießt.

Nach Jahrzehnten der Suche war es 2012 endlich so weit. ATLAS und CMS fanden Evidenz für ein skalares Boson mit einer Masse von 125 GeV/c^2. Das Higgs entsteht in der Proton-Proton Kollision, wobei zwei Gluonen das H^0 mittels einem Top-Quark Loop erzeugen. Die deutlichsten Signale kamen von den Zerfällen $H^0 \rightarrow \gamma\gamma$ und $H^0 \rightarrow ZZ \rightarrow 4$ Leptonen (Abb. 14.3).

Im November 2011 kamen die Gruppenleiter überein, weitere Ergebnisse abzuwarten, um die Vertrauenswürdigkeit zu steigern. Die beiden Gruppen

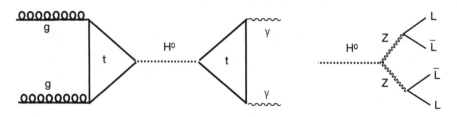

Abb. 14.3 Dominante Zerfallskanäle des Higgs-Bosons.

hielten ihre Messresultate voreinander geheim, aber Gerüchte kolportierten mögliche Higgsmassen. Am 4. Juli 2012 gingen die Gruppen an die Öffentlichkeit. Sie reichten ihre Publikationen ein und am CERN fand eine öffentliche Veranstaltung mit Präsentation der Ergebnisse statt, zu der Peter Higgs und François Englert geladen waren. Für ihre theoretische Vorhersage erhielten die beiden 2013 den Nobelpreis für Physik verliehen.

A 14.19 Higgs: ...bis heute besitzt er weder einen Fernsehapparat noch ein Handy und er erwarb seinen ersten Computer erst zu seinem 80. Geburtstag. Am Tag der Bekanntgabe des Nobelpreisträgers war er nicht zu Hause, um den Anruf entgegenzunehmen, und als ihn ein ehemaliger Nachbar auf der Straße anhielt, um zu gratulieren, war seine erste Antwort ein verwirrtes: „Welchen Preis?"

A 14.20 Englert: Damit sind wir bei der Frage der Pädagogik und des „Wissenschaftler-Machens". Ich denke, wir sollten induktives Denken fördern (wo Fakten verwendet werden, um starke Beweise für oft experimentelle Ideen zu liefern), anstatt unseren Studenten und jungen Forschern deduktives Denken (das sich auf die logische Schlussfolgerung der verfügbaren Informationen konzentriert) beizubringen.

Zur Zeitgeschichte: 2000–2009

2000 ist das Internationale Jahr der Physik.

Im Januar 2001 wird die Online-Enzyklopädie Wikipedia gegründet.

Am 11. 09. 2001 (Amerikanisch: 9/11 2001) lenken Terroristen zwei gekaperte Verkehrsflugzeuge in die Doppeltürme des World Trade Centers in New York. Die Türme fallen in sich zusammen. Ein weiteres Flugzeug fliegt in das Pentagon, ein viertes stürzt auf ein Feld. Insgesamt finden 2 997 Menschen den Tod. Als Verantwortliche wird die Terrorgruppe Al-Qaida unter ihrem Anführer Osama Bin Laden ausgemacht. Er wird 2011 in Abbottabad, Pakistan, entdeckt und von einer amerikanischen Taskforce getötet.

Spät, aber doch, wird die Schweiz 2002 Mitglied bei den Vereinten Nationen.

„Die steirische Eiche" Arnold Schwarzenegger ist von 2003 bis 2011 Gouverneur Kaliforniens.

Von 2001 bis 2003 kommt die Trilogie „Der Herr der Ringe" in die Kinos. Peter Jackson dreht die Filme in Neuseeland nach der Vorlage des Buches von J.R.R. Tolkien. Die Trilogie gewinnt 17 Oscars.

Menschen betrachten den Umgang mit PC, Internet und Handy als selbstverständlich. Schriftliche Korrespondenz (Snail Mail) wird zunehmend durch E-Mail ersetzt. In Filmen werden Computer Animationen immer perfekter.

Im Jahr 2004 löst ein Erdbeben der Stärke von 9,1–9,3 auf der Richter-Skala einen Tsunami aus. Mehrere Länder am Indischen Ozean sind betroffen und 230 000 Menschen kommen ums Leben.

Der Inder Vijaypat Singhania erreicht 2005 mit einem Heißluftballon die Rekordhöhe von 21 291 m.

Ende des Jahres 2007 kommt es zu einer globalen Bankenkrise, ausgelöst durch eine spekulative Immobilienblase in den USA und Europa. Ausgangspunkt war der Zusammenbruch der amerikanischen Großbank Lehman Brothers.

Als erster Afroamerikaner wird Barack Obama im November 2008 zum Präsidenten der USA gewählt.

Digitalkameras verdrängen Analogkameras. USB-Sticks werden die wichtigsten mobilen Massenspeicher.

Literatur und Quellennachweis für Anekdoten und Zitate

A 14.1 www.theguardian.com/science/2014/oct/23/martin-perl

A 14.2 en.wikipedia.org/wiki/Faster-than-light_neutrino_anomaly

A 14.3 ui.adsabs.harvard.edu/abs/2007BAAS...39.1053S/abstract

A 14.4 www.nobelprize.org/prizes/physics/2002/davis/biographical/

A 14.5 particle.univie.ac.at/fileadmin/user_upload/i_particle_physics/material/sem_part/2013_WS/Bilenky_talk.pdf

A 14.6 mathshistory.st-andrews.ac.uk/Biographies/Peierls/

A 14.7 de.wikibrief.org/wiki/Bruno_Pontecorvo

A 14.8 www.nobelprize.org/uploads/2018/06/koshiba-lecture.pdf

A 14.9 www.sciencewatch.com/jan-feb2004/sw_jan-feb2004_page3.htm

A 14.10 physicsworld.com/a/what-carlo-did-next/

A 14.11 cerncourier.com/a/simon-van-der-meer-a-quiet-giant-of-engineering-and-physics/

A 14.12 www.symmetrymagazine.org/sites/default/files/legacy/pdfs/200605/essay.pdf

A 14.13 Pierre Darriulat, The W and Z particles: a personal recollection. CERN Courier 44/3 (2004) S.13

A 14.14 Taubes (1986)

A 14.15 Eigene Erinnerung

A 14.16 and A 14.17 physicsworld.com/a/what-carlo-did-next/

A 14.18 Lederman (1993)

A 14.19 www.theguardian.com/science/2013/dec/06/peter-higgs-interview-underlying-incompetence

A 14.20 ec.europa.eu/research-and-innovation/en/horizon-magazine/how-become-nobel-prize-winner (10 Dezember 2013)

Lederman (1993) Leon Lederman and Dick Teresi: The God Particle. Houghton Mifflin Company, Boston.

Taubes (1986) Gary Taubes, Nobel Dreams. Random House, New York.

15

Das Standardmodell

Zusammenfassung Wir fassen die Quantenchromodynamik und die Quantenflavordynamik als Standardmodell der Elementarteichenphysik zusammen. Die Fermionen (Quarks und Leptonen) nennt man Materieteilchen, die Vektorbosonen (Gluonen, Photon, W, Z) sind die Kraftteilchen. Das Higgs-Teilchen spielt eine besondere Rolle.

Seit der Antike interessieren sich nicht nur Philosophen und Naturforscher dafür, „was die Welt im Inneren zusammenhält". Aber erst 1897 begann mit der Entdeckung des Elektrons eine neue Ära, eine zielgerichtete Forschung und eine Jagd nach neuen „elementaren Teilchen". Manche der Teilchen kamen unerwartet, einige wurden theoretisch vorhergesagt. Abb. 15.1 zeigt die bis heute entdeckte Elementarteilchenwelt.

Dabei haben wir gelernt, dass Kräfte durch Teilchen vermittelt werden und dass „elementar" ein wandelbarer Begriff ist. Auf diesem Weg hat sich, wie in den vorherigen Kapiteln beschrieben, ein „Standardmodell" der Teilchenphysik entwickelt, das wir hier kompakt zusammenfassen wollen. Als Standard bezeichnet man eine vereinheitlichte, weithin anerkannte Art und Weise, etwas zu beschreiben, herzustellen oder durchzuführen. Die Gravitation ist kein Bestandteil des Standardmodells. Sie spielt bei den hier betrachteten Abständen und Energiebereichen keine Rolle.

Die nach heutigem Verständnis elementaren Teilchen kann man einteilen in Materieteilchen und Kraftteilchen und den Sonderfall Higgs. Die Materieteilchen sind Fermionen und die Kraftteilchen sind Vektorbosonen.

© Der/die Autor(en), exklusiv lizenziert an Springer-Verlag GmbH, DE, ein Teil von Springer Nature 2023
C. B. Lang und L. Mathelitsch, *Haben Sie eines gesehen?*,
https://doi.org/10.1007/978-3-662-67972-2_15

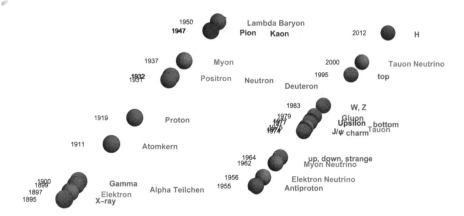

Abb. 15.1 „Elementarteilchen"-Entdeckungen seit 1895 (Baryonen grau, Vektorbosonen magenta, Leptonen grün, Quarks rot, Higgs braun.)

Die elektroschwache Wechselwirkung wird durch die Quantenflavordynamik (QFD), eine Eichtheorie mit der Symmetriegruppe $SU(2) \times U(1)$, beschrieben. Die Leptonen und Quarks verhalten sich unter dieser Symmetrie wie rechtshändige Singuletts u_R, d_R, c_R, s_R, t_R, b_R, e_R, μ_R, τ_R und linkshändige Dubletts $(u, d)_L$, $(c, s)_L$, $(t, b)_L$, $(\nu_e e)_L$, $(\nu_\mu \mu)_L$, $(\nu_\tau \tau)_L$. Die Wechselwirkung findet über die Vektorbosonen W^+, W^-, Z, γ und das Higgsteilchen H statt.

Die starke Wechselwirkung wird ebenso durch eine Eichtheorie (Quantenchromodynamik: QCD) beschrieben, aber mit der Eichgruppe $SU(3)_C$. Die Quarks wechselwirken mittels Gluonen.

Alle Fermionen, auch die Quarks, wechselwirken elektroschwach. Leptonen und Quarks kommen in sechs Flavors vor, die wiederum in drei Generationen eingeteilt werden können (Abb. 15.2). Die Flavorgruppe der Quarks ist die $SU(6)_F$

Jedes Quark gibt es in drei Farben. Die Hadronen sind „weiße" Kombinationen von Quarks und Antiquarks, das sind Farb-Singuletts durch gleichzeitiges Auftreten aller drei Farben bei Baryonen oder mittels Farbe und Antifarbe bei Mesonen. Die Quarks wechselwirken durch masselose Gluonen, die selbst Farbladungen tragen und damit auch miteinander wechselwirken. In den Experimenten wurden nie freie Quarks oder Gluonen beobachtet, sie scheinen also permanent gebunden zu sein. Diese starke Wechselwirkung bindet die Quarks zu Hadronen, und ein Teil davon ist für die starke Kraft zwischen den Hadronen verantwortlich.

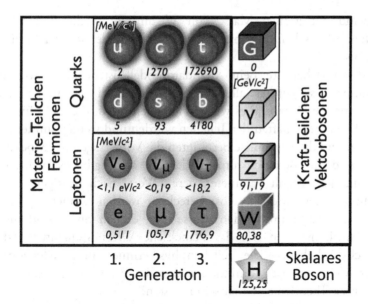

Abb. 15.2 Die elementaren Teilchen des Standardmodells und ihre Massen (2022). Die Masseneinheiten sind jeweils links oben im Kasten angegeben oder explizit, wie beim Elektron-Neutrino

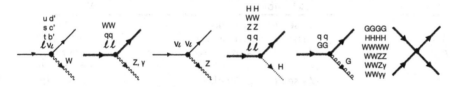

Abb. 15.3 Die Kopplungsvertices der QFD und der QCD. Dabei steht q für ein Quark, G für ein Gluon und ℓ für ein Lepton. Die dicken Linien symbolisieren den jeweils passenden Typ

Die elektroschwache Wechselwirkung der Quarks erfolgt durch Kopplung (Abb. 15.3) von $q_a \bar{q}_b$ an W oder Z oder γ, wobei q_a und $\bar{q}_b$ unterschiedliche (im Falle W) oder gleiche (im Falle Z und γ) Quarkflavors sein können. Die d, s, b Quarks koppeln als d′, s′, b′, die sich aus einer Transformation mittels der CKM-Matrix ergeben: $(d′, s′, b′) = V_{CKM} (d, s, b)$.

Die Leptonen koppeln an W durch geladene Kombinationen $(\nu_e′, e)$, $(\nu_\mu′, \mu)$, $(\nu_\tau′, \tau)$ und an γ bzw. Z durch neutrale Kombinationen $(\ell, \bar{\ell})$, wobei ℓ ein Lepton ist. Die Neutrinos der schwachen Wechselwirkung $(\nu_e′, \nu_\mu′, \nu_\tau′)$ ergeben sich durch eine Transformation mittels PMNS-Matrix aus den freien Neutrinos $(\nu_e, \nu_\mu, \nu_\tau)$, also $(\nu_e′, \nu_\mu′, \nu_\tau′) = V_{PMNS} (\nu_e, \nu_\mu, \nu_\tau)$.

Aufgrund der großen Masse von W und Z ist die Reichweite der schwachen Wechselwirkung nur ungefähr ein Hundertstel der Größe eines Atomkerns.

Das Überraschendste beim Standardmodell ist, dass es so wunderbar stimmt! Es wurden alle im Standardmodell genannten Teilchen experimentell bestätigt und es wurden keine entdeckt, die nicht ins Schema passten. Die Eigenschaften der Teilchen wurden und werden immer genauer vermessen, und die Ergebnisse bestätigten die Vorhersagen des Modells.

Gründe dafür, dennoch unzufrieden zu sein, gibt es mehrere. Das Standardmodell enthält Parameter, deren Werte nach heutigem Verständnis nicht aus dem Modell selbst berechnet werden können, sondern die experimentell bestimmt werden müssen. In diesem Sinne sind die Parameter Naturkonstanten wie das Plancksche Wirkungsquantum oder die Lichtgeschwindigkeit. Viele Teilchenphysikerinnen und Teilchenphysiker sind der Meinung, dass zumindest einige der Parameter aus derzeit noch unbekannten Theorien ableitbar sein müssten.

Wir fassen die Parameter des Standardmodells in Tab. 15.1 zusammen und geben die derzeit bekannten experimentellen Werte laut Particle Data

Tab. 15.1 Parameter des Standardmodells.

Parameter	Beschreibung	Wert
m_u	Masse des up-Quarks	2,2 MeV/c^2
m_d	Masse des down-Quarks	4,7 MeV/c^2
m_c	Masse des charm-Quarks	1275 MeV/c^2
m_s	Masse des strange-Quarks	93,4 MeV/c^2
m_t	Masse des top-Quarks	173 GeV/c^2
m_b	Masse des bottom-Quarks	4,18 GeV/c^2
m_e	Elektron Masse	0,511 MeV/c^2
$m\nu_e$	Elektron-Neutrino Masse	< 1,1 eV/c^2
$m\mu$	Myon Masse	105,7 MeV/c^2
$m\nu\mu$	Myon-Neutrino Masse	< 0,19 MeV/c^2
$m\tau$	Tauon Masse	1777 MeV/c^2
$m\nu\tau$	Tauon-Neutrino Masse	< 18,2 MeV/c^2
Θ_{12}	CKM Matrix	13,1°
Θ_{23}	CKM Matrix	2,4°
Θ_{13}	CKM Matrix	0,2°
Δ	CP-Verletzungsphase	0,995
U_{12}	PMNS Matrix	?
U_{23}	PMNS Matrix	?
U_{13}	PMNS Matrix	?
Δ	PMNS Matrix	?
α_{QED}	Feinstrukturkonstante	1/137,036
$\alpha_s(m_z^2)$	Kopplungskonstante der QCD	0,12
m_W	Masse des W-Bosons	80,38 GeV/c^2
m_Z	Masse des Z-Bosons	91,19 GeV/c^2
m_H	Masse des Higgs-Bosons	125,18 GeV/c^2

Group (R.L. Workman et al. (Particle Data Group), Prog. Theor. Exp. Phys. 2022, 083C01 (2022)) an.

Sieben Parameter in der Liste sind nur dann notwendig, wenn auch die drei Neutrinos Masse haben, wofür es deutliche Hinweise gibt. Drei davon dienen zur Festlegung dieser Massen. Die anderen vier Parameter benötigt man für die Pontecorvo–Maki–Nakagawa–Sakata Matrix (PMNS) bezüglich der Transformation der Neutrinos, analog zu CKM-Matrix für die Quarks.

Es gibt aber auch Hinweise auf Teilchen, die nicht im Standard-modell Platz haben: Die Gravitation, als Wechselwirkung betrachtet, benötigt zumindest ein Austauschteilchen. Ein solches Graviton wurde noch nicht nachgewiesen. Man hat allerdings im Jahr 2015 Gravitations-wellen gemessen. Und wie im nächsten Kapitel ausgeführt wird, hat man sehr starke Indizien, dass etwa ein Viertel unseres Universums aus dunkler Materie besteht. Und auch diese Materie könnte aus derzeit unbekannten Teilchen bestehen.

Wegen dieser „Unvollkommenheit" des Modells wurde in den letzten Jahren intensiv nach neuen Teilchen gesucht, die nicht ins Schema des Standardmodells passen, und es wurden Eigenschaften von Teilchen immer präziser vermessen, um auf diese Weise etwaige Unstimmigkeiten im Modell zu erkennen.

A 15.1 Steven Weinberg: Ich denke, es ist sehr wichtig, nicht herablassend für die Allgemeinheit zu schreiben. Man muss bedenken, dass man für Menschen schreibt, die nicht mathematisch ausgebildet sind, aber genauso schlau wie man selbst.

Zur Zeitgeschichte: 2010-

Beim Ausbruch des Vulkans Eyjafjallajökull auf Island im Frühjahr 2010 bildet sich eine Aschewolke, welche die europäische Luftfahrt tagelang behindert und zum Teil stilllegt.

Prinz William und Kate Middleton heiraten 2011 unter den Augen von etwa zwei Milliarden Fernsehzuschauern.

Die Sonde Curiosity landet am 6. August 2012 auf dem Mars.

„Game of Thrones" ist eine sehr erfolgreiche TV-Serie; der Inhalt folgt lose der (bisher) fünfbändigen Fantasie-Romanreihe „A Song of Ice and Fire" von George R. R. Martin. Zwischen 2011 und 2019 entstehen acht Staffeln mit 73 Folgen. 2020 erfolgt die Ausstrahlung des letzten Teils der Serie „Lindenstraße", die 24 Jahre und 4 Monate ein treues Publikum hatte.

Wladimir Putin wird 2016 zum dritten Mal zum russischen Präsidenten ernannt. Im November wird Donald Trump zum Präsidenten der USA gewählt.

Bob Dylan erhält den Nobelpreis für Literatur.

Im Juni 2016 stimmen 52 % der Briten für den EU-Austritt und im Januar 2020 verlässt das Vereinigte Königreich die Europäische Union.

Es finden vermehrt islamistisch motivierte Terroranschläge in Westeuropa statt. Der „Islamische Staat" beherrscht ab 2014 weite Teile Syriens und des Irak.

Im April 2019 zerstört ein Brand das Dach der Kathedrale Notre-Dame in Paris.

Im Januar 2020 wird in Frankreich die erste COVID-19-Infektion in Europa bestätigt. Das Coronavirus tritt 2019 in der chinesischen Stadt Wuhan auf. Die Pandemie fordert in den ersten Monaten zahlreichen Todesopfer. Man versuchte durch Schutzmasken und Kontakteinschränkungen die Ansteckungen zu kontrollieren. Die rasche Entwicklung neuer Impfstoffe und Medikamente führt im Lauf von 2021 zu einem langsamen Ausklingen der Pandemie.

Tausend Anhänger von Präsident Trump versuchen 2021 das Kapitol zu erstürmen, um eine offizielle Bestätigung des Wahlergebnisses zu verhindern.

Die englische Königin Elisabeth II stirbt 2022 nach 70jähriger Regentschaft. 1923 wird ihr Sohn zum König Charles III gekrönt.

2022 marschieren russische Truppen in die Ukraine ein. Der Marsch auf Kiew wird gestoppt, Gebiete im Osten der Ukraine werden besetzt.

Ende 2022 wird ChatGPT, ein auf künstlicher Intelligenz (KI) basiertes Texterzeugungsprogramm, freigegeben. Es findet in kürzester Zeit Millionen von Benutzern und es gibt kritische Stimmen.

Der Klimawandel wird zu einem heiß diskutierten Thema. Die Politik reagiert zögerlich. Als allgemeine Klimaziele soll die globale Erwärmung auf unter 2 Grad sinken und bis 2050 soll es keine globale Treibhausgasemission mehr geben.

Literatur und Quellennachweis für Anekdoten und Zitate

A 15.1 highprofiles.info/interview/steven-weinberg/

16

Spekulative Teilchenphysik

Zusammenfassung Es gibt sowohl Erweiterungen des Standardmodells durch mögliche weitere Teilchen und Anregungen als auch Einbettungen in andere Theorien. Eine vereinheitlichte Theorie der elektroschwachen und der starken Wechselwirkung als Yang-Mills Theorie mit einer geeigneten Symmetriegruppe wird diskutiert, aber auch supersymmetrische Formulierungen. Ein gänzlich anderes Konzept ist eine auf Strings oder Superstrings beruhende Quantentheorie. Für keine dieser Hypothesen gibt es derzeit experimentelle Bestätigungen. Der Ursprung der dunklen Energie und die Art der dunklen Materie sind uns unbekannt.

Da unser Thema „Teilchenphysik" ist, könnten wir jetzt aufhören, denn es wurden nach der Entdeckung des Higgs im Jahr 2012 bisher keine weiteren elementaren Teilchen gefunden. Wohl aber gab und gibt es Versuche, das Standardmodell zu prüfen und zu erweitern. Die Zusammenführung mit einer QFT der Gravitation ist ein Traumziel. Fermionen und Bosonen in einer gemeinsamen Symmetrie einordnen zu können, vielleicht sogar als Eichtheorie, ist ein anderes. Oder sollte man die Quantenfeldtheorie statt auf Raum-Zeit-Punkten auf ausgedehnten Strings formulieren?

Und schließlich eine beunruhigende Beobachtung: Alle bekannte Materie, also all das, was wir hier durch das Standardmodell und die Allgemeine Relativitätstheorie beschreiben und verstehen können, macht nur 5 % unseres Universums aus. 27 % sind unbekannte „Dunkle Materie" und 68 % werden als „Dunkle Energie" bezeichnet. Über 95 % des Universums

C. B. Lang und L. Mathelitsch, *Haben Sie eines gesehen?*,
https://doi.org/10.1007/978-3-662-67972-2_16

erkennen wir nur durch gravitative Beeinflussung der Galaxien und anderer Strukturen unseres Universums.

A 16.1 Eine Anekdote berichtet davon, dass der immer optimistische Werner Heisenberg seine von ihm aufgestellte Einheitliche Feldtheorie – über die er mit Pauli diskutiert hatte, der sich aber zunehmend davon distanzierte – im Radio als „Heisenberg-Pauli-Theorie" vorstellte und sagte, sie stünde kurz vor der Vollendung, es fehlten „nur ein paar Details". Pauli schickte darauf an George Gamow am 1. März 1958 eine Postkarte, auf der nur ein Quadrat gezeichnet war, mit der Bemerkung „Das soll der Welt zeigen, dass ich malen kann wie Tizian." Darunter stand in kleiner Schrift: „Es fehlen nur die technischen Details."

A 16.2 Stephen W. Hawking in „A Brief History of Time" (1988):
Wenn wir eine vollständig vereinheitlichte Theorie entdecken, sollte sie mit der Zeit im Großen und Ganzen für jeden verständlich sein, nicht nur für ein paar Wissenschaftler. Dann werden wir alle, Philosophen, Wissenschaftler und ganz normale Menschen, in der Lage sein, uns an der Diskussion darüber zu beteiligen, warum wir und das Universum existieren. Wenn wir die Antwort darauf finden, wäre das der ultimative Triumph der menschlichen Vernunft – denn dann würden wir die Gedanken Gottes kennen.

16.1 Experimente

Experimente zur Teilchenphysik versuchen, die Genauigkeit früherer Ergebnisse zu verbessern oder auch neue Teilchen zu finden. Damit wird die Gültigkeit und Vorhersagekraft des Standardmodells ausgelotet. Abweichungen würden Hinweise auf „New Physics" geben.

Im Standardmodell sind die Teilchenmassen Parameter, die gemessen, aber nicht berechnet werden können. Größen wie das magnetische Moment können hingegen berechnet werden, wobei natürlich die Eigenschaften anderer Teilchen eine Rolle spielen. Hochpräzise Rechnungen kann man mit hochpräzisen Experimenten vergleichen. Wenn sie nicht übereinstimmen und weder in den Rechnungen noch im Experiment Fehler verborgen sind, dann stimmt etwas in der Theorie nicht.

Ein Beispiel ist die 2021 und 2022 publizierte genauere Bestimmung des anomalen magnetischen Dipol-Moments des Myons (das „g-2 Experiment") am Fermilab. Das magnetische Moment des Elektrons ist die genaueste bestimmte physikalische Eigenschaft überhaupt, der experimentell bestimmte Wert und die theoretische Vorhersage stimmen auf mehr als zehn signifikante Stellen überein. Beim magnetischen Moment des Myons zeigte sich jedoch eine signifikante Abweichung vom erwarteten Wert. Ist das Myon unterschiedlicher vom Elektron als man angenommen hat? Um die statistische Zuverlässigkeit zu erhöhen, finden weitere Messungen statt.

Die Neutrinos sind noch immer rätselhaft. Neben den im Standardmodell vorkommenden Dirac-Neutrinos könnte es auch sehr schwere, rechtshändige „sterile" Neutrinos geben, die nur an die Gravitation koppeln, aber den linkshändigen leichten Neutrinos Masse verleihen können.

In Erweiterungen des Standardmodells kommen oft auch Majorana-Neutrinos vor. Es sind dies ihre eigenen Antiteilchen, sie verletzen daher die Leptonenzahlerhaltung. Ob Neutrinos ihre eigenen Antiteilchen sind, kann durch spezielle Experimente geklärt werden.

A 16.3. Bereits einmal hat eine kleine Diskrepanz von Theorie und Messung zu einem Umsturz des Weltbilds geführt: Man maß eine Verschiebung des Perihels des Merkurs, und zwar um 43 Bogensekunden pro Jahrhundert. Diese Verschiebung war nicht erklärbar und man schrieb sie zuerst dem Einfluss eines noch unbekannten Planeten (Vulkan) zu. Die Erklärung gab dann Albert Einstein mit der Allgemeinen Relativitätstheorie.

Bei hohen Temperaturen, wie sie zum Beispiel im Sonneninneren herrschen, erfolgt eine Zerlegung der Atome in Kerne und Elektronen zu einem sogenannten Plasma. Der Fortschritt der Beschleunigerphysik erlaubt es, Kollisionen von schweren Atom-Ionen zu beobachten. Für einen kurzen Augenblick werden die Quarks und Gluonen auf sehr kleinen Raum zusammengepresst. Man kann so die Eigenschaften von elementarer Materie bei großen Temperaturen und Dichten erforschen, ähnlich wie es der Zustand kurz nach dem Urknall war oder wie bei Sternexplosionen. Auch hier ist die Störungstheorie (Kap. 12) nur in bestimmten extremen Situationen anwendbar, über weite Bereiche der Werte für Dichte und Temperatur sind die Rechenmethoden jedoch noch mangelhaft und die Interpretation der Experimente diskutabel. Man nimmt an, dass sich bei höheren Temperaturen und Drücken auch die Kernteilchen in ihre Bestandteile auflösen und zu einem neuen Aggregatzustand führen, zu einem „Quark-Gluon Plasma". Die Erkundung der Eigenschaften dieses Plasmas ist ein zentrales Thema experimenteller und theoretischer Teilchenphysik von heute.

Am Large Hadron Collider am CERN werden fallweise auch Blei-Ionen zur Kollision gebracht. Beim Relativistic Heavy Ion Collider (RHIC) am BNL, USA, stoßen Gold-Ionen aufeinander. Am GSI Helmholtzzentrum für Schwerionenforschung in Darmstadt hat man jahrzehntelange Erfahrung mit Schwerionenbeschleunigung. Zurzeit ist eine neue Anlage zur Untersuchung von Kollisionen von Ionen- mit Antiprotonenstrahlen FAIR (Facility for Antiproton and Ion Research) im Bau.

16.2 Erweiterungen des Standardmodells

Das Higgsfeld und das Higgsteilchen sind rätselhaft. Es ist kein Materieteilchen, es ist kein Vektorboson, es ist das einzige elementare skalare Boson. Als 1936 unerwartet das Myon entdeckt wurde, fragte der spätere Nobelpreisträger Isidor Isaac Rabi: „Who ordered that?" Ähnlich können wir zum Higgsboson H fragen: „Wer hat das bestellt?"

Da es keine Theorie gibt, welche die Existenz, Masse und Kopplungsstärken vorhersagen, kann man nur spekulieren. Es könnte zum Beispiel Anregungen von H geben, genauso wie es für andere Teilchen angeregte Zustände gibt. Das gilt auch für die Vektorbosonen W und Z, und es gibt keinen stichhaltigen Grund, diese Möglichkeit auszuschließen. Wenn es diese Zustände gibt, dann haben sie offensichtlich wenig Einfluss auf unsere Beobachtungen im aktuell zugänglichen Energiebereich.

16.3 „Grand Unified Theory"

Eines der wichtigsten Resultate der Quantenfeldtheorie war, dass die Kopplungskonstanten keine Konstanten sind, sondern davon abhängen, bei welchem Abstand oder in welchem Energiebereich man sie misst. Aus den ersten Termen der Störungsreihe kann das Verhalten bei kleinen Abständen oder großen Energien beschrieben werden.

In der QED misst man die Stärke der Kopplung als Feinstrukturkonstante α bei großen Abständen, im sogenannten Coulomb-Limes. Dieser Wert ist in den Tabellen der fundamentalen Konstanten angegeben. Misst man diese Größe bei immer kleineren subatomaren Abständen, so wächst α. In der elektroschwachen Wechselwirkung, der QFD, gibt es eine weitere Kopplungskonstante für den „schwachen" Anteil; diese fällt bei kleineren Abständen ab. Wie Gross, Wilczek und Politzer gezeigt haben, ist das typisch für Eichtheorien mit nicht-abelscher Eichsymmetrie. Auch die Kopplungsstärke der QCD nimmt mit dem Abstand ab.

Man sagt zu diesem Verhalten „die Kopplungskonstanten laufen" („running couplings"). Bei Abständen, die 15 Zehnerpotenzen kleiner als der

Atomkern sind, beziehungsweise bei Energien 15 Zehnerpotenzen größer als die Protonenmasse, sind die drei Kopplungskonstanten ähnlich klein.

Die Eichgruppe der QCD ist $SU(3)_C$, die der QFD ist $SU(2) \times U(1)$. Es liegt daher nahe, zu fragen, ob es vielleicht eine übergeordnete Eichtheorie gibt, deren Eichgruppe die $SU(3)_C \times SU(2) \times U(1)$ enthält. Da alle bekannten Elementarteilchenmassen klein gegen 10^{15} GeV sind, könnte diese „große vereinheitlichte Theorie" (Grand Unified Theory) im Prinzip für masselose Teilchen hingeschrieben werden. Symmetriebrechende Terme würden dann bei niedrigeren Energien für die Masse sorgen.

Es wurden in den vergangenen Jahrzehnten zahlreiche Möglichkeiten vorgeschlagen. Den Anfang machten 1974 Howard Georgi und Sheldon Glashow, die als übergeordnete Eichgruppe die $SU(5)$ wählten. Quarks und Leptonen befinden sich in gemeinsamen Multipletts und können an superschwere Eichbosonen X und Y koppeln. Damit wäre die Baryonenzahl verletzt und das Proton könnte zerfallen. Diese Theorie sagt also eine maximale Lebensdauer des Protons vorher. Obwohl für diese Suche ein eigenes Großprojekt umgesetzt wurde (NDE bei Kamiokande), konnte kein solcher Zerfall beobachtet werden. Die experimentell bestimmte untere Grenze für die Lebensdauer des Protons ist bereits weit über der vorhergesagten.

A 16.4 Freeman Dyson in „Disturbing the Universe" (1979):
Der Boden der Wissenschaft war übersät mit den Leichen toter vereinheitlichter Theorien.

16.4 Supersymmetrie

Julius Wess und Bruno Zumino schlugen 1974 ein Modell vor, in dem Bosonen und Fermionen durch eine neue Symmetrie verbunden sind: die Supersymmetrie. Teilchen mit ganzzahligem Spin (Bosonen) sollen Partner mit halbzahligem Spin (Fermionen) haben. Schon wenige Jahre vorher (1971) hatten Juri A. Golfand und sein Student Jewgeni Lichtman und auch D. V. Volkov und Wladimir Akulow in der damaligen UdSSR eine Boson-Fermion Symmetrie formuliert, aber die Arbeiten wurden im Westen nicht bekannt.

A 16.5. Bruno Zumino war ein extrem netter und freundlicher Mann. Sein junger Kollege Raphael Busso erinnert sich: „An meinem ersten Tag in Berkeley besuchte mich Zumino in meinem Büro. Er sah Krümel am Boden und beseitigte diese sofort, unglücklich darüber, dass der Raum für mich nicht gereinigt worden war."

In einer supersymmetrischen Welt haben zum Beispiel die fermionischen Quarks skalare Partner „Squarks" und Vektorbosonen Gluonen fermionische Partner „Gluinos". Howard Georgi und Savas Dimopoulos formulierten 1981 ein „Minimal Supersymmetrisches Standardmodell" (MSSM), in dem alle Teilchen des Standardmodells supersymmetrische Partner haben. In der Welt der Elementarteilchen sieht man diese Partner nicht – wenn es die Symmetrie gäbe, so müsste sie auf unbekannte Art gebrochen sein.

In einer supersymmetrischen QFT heben sich manche Divergenzen gegenseitig auf. Die „laufenden Kopplungskonstanten" des Standardmodells stimmen bei 10^{15} GeV mit Supersymmetrie besser überein als ohne. Bis heute wurde aber kein experimenteller Hinweis auf Supersymmetrie gefunden.

16.5 Supergravitation

Die Supersymmetrie erweitert die Raum-Zeit-Symmetrie, beide sind globale Symmetrien. Wenn man sie als lokale Symmetrien postuliert, wie man es bei Eichtheorien macht, so muss man zwei weitere Teilchenfelder einführen: das Graviton mit Spin 2 und das Gravitino mit Spin 3/2. Diese sogenannte Supergravitation ist in $10+1$ Dimensionen einfacher zu formulieren. Wir leben in einer Welt mit $3+1$ Dimensionen: Raum und Zeit. Die überzähligen Dimensionen könnten die bekannten Symmetrien $SU(3)_c$ und $U(1) \times SU(2)$ beherbergen.

16.6 Stringtheorie und Superstrings

Die Stringtheorie geht von einem völlig neuen Konzept von Raum-Zeit aus. Die Felder sind nicht auf Punkten definiert, sondern auf Strings (Fäden), die sich schwingend in einer 10-dimensionalen Raum-Zeit bewegen. Es ergibt sich, dass diese Strings supersymmetrisch sein müssen. Neben den eindimensionalen Superstrings gibt es auch zweidimensionale Membranen und D-dimensionale D-Branen („M-Theorie"). Die Idee verborgener Dimensionen tauchte schon mehrmals in der Wissenschaft auf. Meistens stellt man sich diese als so klein gekrümmt vor, dass man sie nicht beobachten kann.

Superstringtheorien sind Kandidaten für eine Vereinheitlichung des Standardmodells und einer Quantengravitation. Sie werden seit vierzig Jahren studiert und sie hängen mit vielen faszinierenden Gebieten der

Mathematik zusammen. Experimentelle Belege dafür, dass unsere Welt so beschaffen ist, gibt es bisher keine.

A 16.6 Stephen Hawking (2013): Um das Universum auf der tiefsten Ebene zu begreifen, müssen wir verstehen, warum es etwas gibt und nicht nichts. [...] Warum gibt es uns? Warum genau diese Menge von Gesetzen und nicht irgendeine andere? Ich glaube, die Antworten auf all diese Dinge liefert die M-Theorie.

A 16.7 Gerard 't Hooft ist skeptisch (2021): Was dringend benötigt wird, ist eine Verschmelzung der Allgemeinen Relativitätstheorie mit der Quantenmechanik. Ich sehe jetzt klarer, dass die Ansätze, die von fast allen Experten befürwortet werden, ermutigt durch die angeblichen Erfolge der Superstring-Theorie und der „M-Theorie", möglicherweise nicht so vielversprechend sind, wie sie denken. Was zuerst getan werden muss, ist eine viel sorgfältigere Analyse der tieferen Interpretationen der Quantenmechanik selbst.

A 16.8 Neben begeisterten Anhängern der Superstrings gibt es auch deklarierte Gegner. Sheldon Glashow ist ein Skeptiker der Superstring-Theorie. In der zweiten Folge der Fernsehserie „The Elegant Universe", beschreibt er die Superstring-Theorie als eine Disziplin, die sich von der Physik unterscheidet, und sagt: „... Sie können es einen Tumor nennen, wenn Sie so wollen ...".

Viele bekannte Physiker kritisieren die Stringtheorie als unwissenschaftlich, da nicht falsifizierbar. Peter Woit zitiert dazu einen Ausspruch, den Wolfgang Pauli in einem anderen Zusammenhang gemacht hat: „Nicht einmal falsch".

16.7 Dunkle Materie und dunkle Energie

Der Kosmos wird durch die Gravitationskraft dominiert. Dank extrem leistungsfähiger Supercomputer und cleverer Astrophysikerinnen und Astrophysiker kann man heute das Verhalten von schwarzen Löchern, Galaxien, Galaxienhaufen und Supergalaxien vertrauenswürdig simulieren und mit den Beobachtungen vergleichen. Dabei stellte man fest, dass es neben der bekannten, im Standardmodell beschriebenen Materie noch zusätzliche, unbekannte Materie geben muss. Diese Materie wirkt durch ihre Gravitationskraft, koppelt aber sonst nur schwach, wenn überhaupt, an die uns bekannte Materie, daher die Bezeichnung „Dunkle Materie".

Die Rechnungen zeigen, dass die bekannte Materie etwa 5 % des Materie-Energie Inhalts des Universums ausmacht, die Dunkle Materie aber 27 %, also mehr als das fünffache. Der Rest wird der Dunklen Energie zugeschrieben.

Bisher gibt es nur Spekulationen, was die Dunkle Materie sein könnte. Man sprach von WIMPS (Weakly Interacting Massive Particles), Machos (Massive astrophysical compact halo objects), Axionen und supersymmetrischen Teilchen. Auch die schon (Abschn. 16.1) erwähnten sterilen Neutrinos sind Kandidaten für die dunkle Materie.

Vielleicht befindet sich ein komplett anderes System von Teilchen und Kräften mit eigenen Gesetzen, gleichsam in einem „versteckten Tal" (Hidden Valley), verborgen vor uns.

Albert Einstein wollte erklären, warum das Universum statisch sei, sich also weder ausdehnen noch schrumpfen würde. Das war ein verbreitetes Vorurteil dieser Zeit. Um das zu erreichen, fügte er 1917 seinen Gleichungen der Allgemeinen Relativitätstheorie eine „kosmologische Konstante Λ" an. Später entfernte er sie wieder und bezeichnete seinen Irrweg als „größten Blödsinn meines Lebens." Heute wissen wir, dass sich das Universum ausdehnt. Als Erklärung dafür wird die sogenannte „Dunkle Energie" angeführt. Es ist dies eine gleichmäßig über Raum und Zeit des gesamten Universums verteilte Vakuumenergie. Da sie gleichmäßig ist, bewirkt sie keine inneren Kräfte, sondern wirkt pauschal auf das ganze Universum, wie Einsteins Λ, und sorgt dafür, dass sich das Universum ausdehnt. Aus der gemessenen Ausdehnungsrate kann man ihren Anteil bestimmen. Die dunkle Energie macht 68 % des Materie-Energie Inhalts des Universums aus.

16.8 TOE

Stephen Hawking veröffentlichte 1981 einen Text mit dem Titel „Is the End in Sight for Theoretical Physics?". Darin vermutete er, dass es in den kommenden Jahren eine „Theory of Everything" (TOE) geben könnte, in der das Standardmodell, die Quantentheorie der Gravitation und eine Erklärung zumindest der Konstanten des Standardmodells enthalten sein würde. Im Laufe der nachfolgenden Jahre wich er von dieser Vorstellung ab. Er bezog sich dabei auf eine Erkenntnis des aus Österreich stammenden Logikers Kurt Gödel. Dieser hatte gezeigt, dass in einem scheinbar vollständigen System von Aussagen (genauer: in einem vollständigen widerspruchsfreien Axiomensystem) es immer auch Aussagen gibt, die weder beweisbar noch widerlegbar sind.

A 16.9 Stephen Hawking war ursprünglich ein Anhänger der „Theory of Everything", aber nachdem er Gödels Theorem in Betracht gezogen hatte, kam er zu dem Schluss, dass so eine Theorie nicht möglich war. „Einige Leute werden sehr enttäuscht sein, wenn es keine ultimative Theorie gibt, die sich als endliche Zahl von Grundätzen formulieren lässt. Früher gehörte ich zu diesem Lager, aber ich habe meine Meinung geändert."

A 16.10 In seiner Zeit in Dublin dachte und arbeitete Schrödinger bereits an einer „Theory of Everything". Er nannte sie damals bereits GUT. Schrödinger meinte dies als Abkürzung für „Grand Unitary Symmetry", heute ist es die Abkürzung für „Grand Unified Theory".

Es ist daher denkbar, dass wir in der Zukunft die ultimative Theorie finden, ihre Richtigkeit aber nicht beweisen können.

„Dass ich erkenne, was die Welt im Innersten zusammenhält" lässt Goethe seinen Privatgelehrten Dr. Faust sagen. In der Physik versucht man diese Frage durch Zerlegung von Dingen und Erklärung von grundlegenden Gesetzen zu beantworten. Die Physik der Elementarteilchen in den vergangenen 120 Jahren ist eine Erfolgsgeschichte.

Wir wissen heute, wie Atome aufgebaut sind, wie ihre Kerne gebunden sind oder zerfallen können. Wir haben in die Kerne, in die Kernbausteine gesehen und entdeckt, wie vier Grundkräfte die Welt zusammenhalten.

Schon oft glaubte man in der Physik, alles zu wissen. In der Antike nahm man an, alle Dinge könnten aus den vier Elementen Erde, Feuer, Wasser und Luft zusammengesetzt werden. Im Mittelalter glaubte man, die Erde sei das Zentrum des Universums, und im 19. Jh. dachte man, die Welt mit Hilfe der Newtonschen und Maxwellschen Gesetze vollständig erklären zu können. Immer wurde man durch neue Entdeckungen eines Besseren belehrt.

A 16.11. Wenn in einer Sintflut alle wissenschaftlichen Kenntnisse zerstört würden und nur ein Satz an die nächste Generation von Lebewesen weitergereicht werden könnte, welche Aussage würde die größte Information in den wenigsten Worten enthalten?
Diese Frage beantwortete Feynman in seinen „Feyman Lectures" folgendermaßen: Ich bin davon überzeugt, dass dies die Atomhypothese (...) wäre, die besagt, dass alle Dinge aus Atomen aufgebaut sind – aus kleinsten Teilchen, die in permanenter Bewegung sind, einander anziehen, wenn sie ein klein wenig voneinander entfernt sind, sich aber gegenseitig abstoßen, wenn sie aneinander gepresst werden.

Letztlich stehen wir vor einer wohlgeordneten Tabelle von Elementarteilchen und einer Liste von zwei Dutzend Zahlen, für deren Größe wir aber derzeit keine Begründung haben. Warum haben Protonen und Elektronen die gleiche, aber entgegengesetzte Ladung? Warum diese Symmetrie zwischen Quarks und Leptonen, warum der Außenseiter Higgs (nicht Peter, sondern das Teilchen)? Warum diese scheinbar zufällig gewählten Massen? Und vor allem: Was ist die dunkle Materie, was die dunkle Energie?

Die Untertitel dieses Kapitels umfassen „grand", „super", „dark". Dies beschreibt auch recht gut die heutige Situation der Teilchenphysik. Auf der einen Seite steht der Triumph des Standardmodells, in das alle bisherigen experimentellen Daten eingeordnet werden konnten. Auf der anderen Seite untermauern große, offene Fragen die Worte von Richard Feynman: „How little we know!"

Literatur und Quellennachweis für Anekdoten und Zitate

A 16.1 de.wikipedia.org/wiki/Wolfgang_Pauli
Wolfgang Pauli: Wissenschaftlicher Briefwechsel mit Bohr, Einstein, Heisenberg u.a. Hrsg.: Karl von Meyenn. 1. Auflage. Band IV, Nr. IV. Springer Verlag, Berlin/Heidelberg 2005, ISBN 3–540–40296–9, S. 998
A 16.2 Hawking (1988), S. 191
A 16.3 www.unifr.ch/alma-georges/articles/2021/ist-neue-physik-in-sicht?lang=de
A 16.4 Dyson (1979), S. 62.
A   16.5   www.dailycal.org/2014/06/25/bruno-zumino-renowned-uc-berkeley-physicist-dies-91
A 16.6 Joseph Serna in Los Angeles Times. 10.4.2013 www.latimes.com/science/la-xpm-2013-apr-10-la-sci-sn-stephen-hawking-cedars-sinai-20130410-story.html
A 16.7 Interview of Gerard `t Hooft by David Zierler on April 8, 2021, Niels Bohr Library & Archives, American Institute of Physics, College Park, MD USA, www.aip.org/history-programs/niels-bohr-library/oral-histories/47016
A 16.8 en.wikipedia.org/wiki/Sheldon_Glashow
A 16.9 A Stephen Hawking „Gödel and the end of physics" Center of Mathematical Science, Cambridge University, July 20, 2002 www.damtp.cam.ac.uk/events/strings02/dirac/hawking.html
A 16.10 Thirring (2008), S. 78
A 16.11 Feynman (1963) Bd.1, 1–2.
Dyson (1979) Freeman Dyson: Disturbing the Universe. Harper & Row, NYC
Feynman (1963) Richard Feynman, Robert B. Leighton, Matthew Sands: The Feynman Lectures on Physics. Addison–Wesley.

Fritzsch (2009) Harald Fritzsch, The Fundamental Constants: A Mystery of Physics. World Scientific, Singapore.

Greene (2000) Brian Greene: The Elegant Universe, Vintage.

Hawking (1988) Stephen W. Hawking: A Brief History of Time, Bantam, New York.

Satz (2021) Helmut Satz: Kosmische Dämmerung, 2. Aufl., Verlag C.H.Beck.

Thirring (2008) Walter Thirring „Lust am Forschen". Seifert Verlag, Wien.

Glossar

Naturkonstanten

eV, Elektronenvolt Die Energie, die ein Elektron erhält, wenn es eine Spannungsdifferenz von 1 V durchläuft ($1{,}602\,176\,634 \times 10^{-19}$ J).

keV, MeV, GeV, TeV kilo (1000), Mega (1 000 000), Giga (10^9), Tera (10^{12})

Elektronenmasse $m_e = 0{,}510\,998\,950\,00(15)$ MeV/c^2

Protonenmasse $m_p = 938{,}272\,088\,16(29)$ MeV/c^2

Plancksches Wirkungsquantum $h = 6{,}626\,070\,15 \times 10^{-27}$ erg s $= 6{,}626\,070\,15 \times 10^{-34}$ J s

Reduziertes Plancksches Wirkungsquantum $\hbar = h/2\pi = 1{,}054\,571\,817 \times 10^{-34}$ J s $= 6{,}582\,119\,569 \times 10^{-16}$ eV s

Elementarladung $e = 1{,}602\,176\,634 \times 10^{-19}$ C

Lichtgeschwindigkeit $c = 299\,792\,458$ m/s

Feinstrukturkonstante $\alpha = e^2/(\hbar\,c) = 1/137{,}035\,999\,084(21)$

Boltzmann-Konstante $k = 1{,}380\,649 \times 10^{-23}$ J/K

Teilchenbezeichnungen

Hadron Unterliegt neben der Gravitation der schwachen, der elektromagnetischen und der starken Wechselwirkung.

Lepton Unterliegt neben der Gravitation der schwachen und elektromagnetischen Wechselwirkung.

© Der/die Herausgeber bzw. der/die Autor(en), exklusiv lizenziert an Springer-Verlag GmbH, DE, ein Teil von Springer Nature 2023
C. B. Lang und L. Mathelitsch, *Haben Sie eines gesehen?*,
https://doi.org/10.1007/978-3-662-67972-2

Fermion Teilchen mit halbzahligem Spin
Baryon Fermionisches Hadron
Boson Teilchen mit ganzzahligem Spin
Meson Bosonisches Hadron
Skalares Boson Boson mit Spin 0 und positiver Parität
Pseudoskalares Boson Boson mit Spin 0 und negativer Parität
Vektorboson Boson mit Spin 1 und negativer Parität
Axialvektorboson Boson mit Spin 1 und positiver Parität
Eichboson Vektorboson einer Eichtheorie

Abkürzungen

BNL Brookhaven National Laboratory
CERN Europäische Organisation für Kernforschung *(Conseil Européen pour la Recherche Nucléaire)*
DESY Deutsches Elektronensynchrotron
FNAL, Fermilab Fermi National Accelerator Laboratory
SLAC Stanford Linear Accelerator Center
PDG Particle Data Group; diese Arbeitsgruppe analysiert und veröffentlicht in regelmäßigen Abständen Forschungsergebnisse und Eigenschaften von Elementarteilchen, sowie weitere fachrelevante Daten. Publikation 2022: R.L. Workman et al. (Particle Data Group), Prog. Theor. Exp. Phys. 2022, 083C01 (2022)
QCD Quantenchromodynamik
QED Quantenelektrodynamik
QFD Quantenflavordynamik
QFT Quantenfeldtheorie

Namenverzeichnis

Printed in the United States
by Baker & Taylor Publisher Services